U0076385

品格 設計的

The
Esthetics
of
InDesign

邵昀如
Daphne Shao

著

推薦序 Foreword

周如蕙

台灣設計研究院專案經理

邵昀如老師有著極緻的美學品味，無論是以教師、作者或設計創作者等角色，都有著獨特的遠見及魅力特質。作品集是學生至社會人士等皆重要關鍵的籌碼，也能展現出自我特色的專業代表，在閱讀本書時，文字及圖像能帶領更精確解讀、分析脈絡，將資訊轉化成故事般的邏輯架構，每一步都清楚且有條理，從最小至最大單位的細節皆完整呈現，存在不同面向的意義。全書集結重點精華，必會帶來滿滿的能量，相信也將會是永久經典。

The Esthetics of InDesign

Beautiful and sophisticated:
How to make a perfect portfolio

我在上研究所的設計課時，常發現到現在的同學很有創意，但是有時又不知如何有效的應用創意，特別是在印刷物的編排上，文字的大小、位置、行間、字間，以及圖片的大小與位置等等的處理均不得章法，交談之後發現到原來同學對於編排之基本的規範並不清楚。

InDesign是非常通用的編排軟體，對於學習設計的同學，熟悉之後對於編排的工作必定會很方便。邵昀如老師的著作《設計的品格》除了介紹InDesign編排軟體的操作之外，也利用作品集製作的實例說明實務操作的過程，對於設計系同學的學習應有很實質的助益。

林品章

現任銘傳大學講座教授
兼教育暨應用語文學院院長

曾任台南應用科技大學校長、銘傳大學設計學院院長、中原大學設計學院院長、台灣科技大學設計系主任

曾啟雄
國立雲林科技大學
視覺傳達設計系名譽教授

作品集的設計，往往成為設計學子就職或入學時，投石問路的工具或敲門磚。作品集，除了展示自己的能力外，也成為檢視學習成果的媒介。作品集，需於眾多競爭者裡，突出能見度外，亦須散發獨特性。然而不論能見度與獨特性，則須從基礎的字體、色彩、造形、版面、列印等要素與技術的點滴巧妙掌握，加上視覺上的無形特質，最後方能於作品集裡，綜合性集結呈現。本書，透過邵老師的精心安排，漸進說明作品集的製作與集結要領，相信必能有所助益。

The Esthetics of InDesign

Beautiful and sophisticated:
How to make a perfect portfolio

賴佳韋
賴佳韋工作室負責人

創立工作室10年間，看過不少應徵者的作品集，不諱言地，我給每本作品集自我介紹的時間總是短暫而近乎殘酷。引人注目的作品集是一場Show，Show是狡慧地精算過觀眾心理情緒且細膩說好一段高潮迭起的故事，而大多數作品集給予的卻是雜燴大拼盤。我相當樂見《設計的品格》可以導入「企劃」與「編輯」的概念，帶領讀者透過實戰與宏觀的視野學習InDesign，軟體工具書終於可以伴隨你的設計生涯隨時翻閱自省，而不再只是一堆不知所云的無聊範例，從第一頁永遠翻不到最後一頁就已經躺在回收廠。

作者序 Preface

邵昀如

「完美，沒有絕對的期限；觀眾，沒有絕對的品味；設計難分好壞，只有取捨」

這是十年前在澳洲進修博士時，為《設計的品格》第一版所寫的自序，幾年前出版社提出改版計畫，反覆閱讀花了四年才完成的第一本書，用心有餘仍有不足，感謝出版社及編輯再次給我檢視自己繼續學習成長的機會。

從網路訂購一本十幾年前自美國購回珍藏的再版書，除了新的書封設計及新的裝幀，可惜打開新書護膜後，翻閱內容的瞬間是失落的，身為仰慕的讀者殷殷期待的再版書，是希望可以追隨作者升級再成長，所以將心比心，這次改版如廢掉不足功夫重練，也認真揣摩讀者學習的旅程，因而重新調整章節，更實踐設計教育中重要的理念——做中學。花了一年多時間，從訪談到帶領學生完成作品集。

為何是「作品集」？在學校學習的終點就是下一個升學或就業的準備，而「作品集」就是整合階段性學習最好的練習。若邀稿知名設計師提供作品集範例，應該比自己創作輕鬆，同時也可快速提升本書美感，但坊間沒有介紹作品集製作流程的書，美感可以學

Beautiful and sophisticated:
How to make a perfect portfolio

The Es of InDesign

習，但需透過製作過程轉化成自身經驗，而這也是設計教育者可以努力的目標。選擇用一年的時間帶領六位學生，從規劃、討論、到製作，經歷反覆修改的設計流程，實踐另一個學習寶貴的價值——錯中學。

匈牙利插畫家Istvan Banyai的經典插畫書《Zoom》，描繪的每一個畫面中的人、事、物、景，其實都是下一頁故事的伏筆縮圖，生命中的所有成全，不也都是處處伏筆？我在資策會認識的電子書老師黃震中，特別邀請他幫本書寫專欄，而黃老師引薦給我的字嗨版主熱情分享字體專業，在咖啡廳裡認真聆聽柯志杰先生幫本書字體單元上了一課。本書受訪的專業設計師或廠商，也都是經由朋友或學生介紹而來的。

貝茲起始的錨點，若未連結另一個錨點則無法成形，人生的關鍵點，若沒連到另一個關鍵點也無法累進。十年前開始寫書的起點，同時也是博士的開始，十年後寫書階段性完成，巧合的是博士也完成。

完成是儀式，不是真的結束反而是新的開始，生命總在未知與懵懂中，或交織或平行的前進著，凡是努力盡心，過程即使崎嶇，也更顯欣慰。

「花若盛開，蝴蝶自來，你若精彩，天自安排」爾後，我若不在邵導辦公室，就是已出發在另一段學習旅程。

本書獻給摯愛的母親、父親，愛如影隨形，不曾遠離。也獻給此生最重要的兩位室友維冠Eden和若珩Zoe，還有我的家人、朋友，以及成就我的所有緣分。

目錄 Content

Part 01 / 設計的基本
Introduction

A

Lesson4
視覺元素：文字Texts

Lesson5
視覺元素：形Shapes

The
Esthetics
of
nDesign

Part
03 ／ 編輯整合
Integration

The
Esthetics
of
InDesign

Part

04 / 編輯應用
Application

Lesson 12
作品集製作

A

附錄 / InDesign 的數位化課程

附錄內容將放在網頁上
觀賞，請見QR Code

導讀

版面編輯軟體也經歷一段長時間的改變與轉換,從年代久遠的QuarkXpress或PageMaker,再到現在的InDesign,作者於求學及就業期間也跟隨了這段陣痛過程。而目前的InDesign無疑是針對製作出版物最好的編輯整合軟體,但使用者必須要有學習的動力才能發現它的所有優點。

本書將InDesign的學習步驟規畫出四個章節:《第一章:設計的基本(Introduction)》不只提供軟體入門所需,更介紹相關設計流程,除印前電腦製作階段,還涵蓋企劃、設計、印前、印中及印後等階段,並透過設計師的訪談了解編輯工作常見問題,幫大家建立一套成書過程的基本概念。

InDesign並不只是專業編輯軟體,其處理繪圖及影像的功能也十分強大,可透過《第二章:視覺的創意(Exploration Texts/Shapes/Images)》使用InDesign玩文字、繪圖及製作影像特效,可直接製作出版面所需的豐富設計元素。

在《第三章:編輯整合(Intergration)》中,則透過一些案例引導大家認識InDesign的編輯工作。但進入印前編輯之前,

Beautiful and sophisticated:
How to make a perfect portfolio

會先協助讀者建立色彩計畫、版面結構、版面韻律節奏等設計概念。軟體只是設計的工具，唯有好的設計觀念更可提升設計的價值。

《第四章：編輯應用（Application）》帶領讀者從作品集規劃、作品整理、印前、印後等進行整合性的應用練習。作品集非常實用，不論是升學或就業都有需求，因為這是最能表現個人編輯能力的履歷表。本單元花了半年至一年的時間帶領六位沒有製作過作品集的同學，一同經歷章節一到三的所有流程，也將過程確實記錄下來，其中也分享製作過程中所犯的錯誤。正如同進入InDesign教學課程一樣，所有成功或失敗的經驗皆很寶貴。

本書比較有趣的是，最後單元邀請黃震中老師擔任專欄作家，運用他在數位出版界的豐富經驗與我們分享InDesign數位化的專業知識。整本書五個單元採循序漸進教學，希望大家依照我們所安排的步驟，開心學習編輯設計！

A

Part
01

設計的基本
Introduction

Beautiful and sophisticated:
How to make a perfect portfolio

The
Es
of
InDesign

A

在《Lesson 1：設計工作流程》中，除了
分享筆者自身工作經驗外，還特別增加與
印刷界資深專家及新一代年輕設計師的訪
談，透過不同角度來分享編輯設計流程的
豐富性。《Lesson 2：InDesign 快速上手》
會先從 InDesign 的工作區、InDesign 編
輯設計的基本流程（新增至儲存結束工
作）、偏好設定、Adobe Bridge 及參考
線等來介紹。《Lesson 3：InDesign 工
具概念介紹》則是告訴你細微的工具運
用，包含工具列、功能表清單、控制條板
及浮動面板等說明。

Lesson 1
設計工作流程

從最初的設計發想到最後結案的流程大致可分為以下：企劃、設計、印前（此為本書重點）、印中，以及印後階段。平面設計師有時不會參與企劃，大多參與設計及印前、印後較多，但每個專案仍有差異。在設計、印前完成後，設計師可透過雲端寄送最終檔案給印刷廠進入印刷流程。

事實上，設計、印前、印後是充滿挑戰的階段，即使是有經驗的資深設計師仍需在印中與印後間做好充分的溝通甚至試做打樣，才可以確保作品是否符合自己的期待。

經營印刷廠快三十年的師傅也向我們表示，即便是經驗豐富的設計師也會在不同專案中遇到檔案、色彩、紙質、裝訂等挑戰，這些都仰賴之前的經驗才能避免錯誤並解決問題。對資深設計師而言，從每個專案汲取經驗值是維持作品水準的重要學習，尤其是挑戰創新的印製手法時，必須與印刷廠進行印前及印後的密集溝通。設計師與專業的印務需經過無數次的磨合才會產生互相信任的默契。

一般設計科系學生在準備作業時，大多是送到輸出中心或請印刷廠以一條龍作業方式製作成品，是無法掌控最後的印製品質。此外，輸出中心有時會直接幫忙修改檔案或解決檔案缺失的問題，學生是無法從錯誤中累積經驗，因而缺乏正確製作檔案概念，所以會發生檔案不完整、字體遺失、CMYK色彩設定、無出血及色偏等問題。

這次特別邀約設計師、字體專家、印刷廠，及裝訂廠進行訪談，希望透過不同專業者的經驗分享，介紹每個專案的同與異，其中包含概念發想、媒材運用，是十分寶貴的設計知識。

跟著我們採訪的腳步，更深入認識編輯設計工作。

1.1 企劃流程

STEP01 | 文案企劃

包含了文案（Copy Writer）、標題（Slogan）。大型公司會聘任大多為廣告、語言或大傳背景的文案人員，搭配視覺設計師一同進行，有時文案企劃是由客戶端自行提供。也越來越多設計師也具備了文案企劃的素養。

STEP02 | 專案企劃

包含客戶需求、經費預算、執行進度規劃。

01 | 客戶需求

了解客戶的需求進行企劃是很重要的，比如，設計品的用途及訴求對象為何？設計品的表現形式與材質？呈現的設計風格？

與客戶溝通過程中，盡量提供視覺的範例，比如過去執行的案例或他人的設計範例，可以縮短溝通的時間及落差，只透過語言及文字是很容易造成認知的差異。

02 | 經費預算

很多理想的設計是需要投入更多的成本，需依客戶提出預算來決定設計的素材與產出方式。比如，影像是採用高價格的專業攝影或是預算較省的圖庫；若預算還包含印製，則需要在一開始規劃時與印製廠溝通，材質、印法、數量及加工方法等價格落差很大，皆需於印作前仔細評估。

03 | 執行進度規劃

像是攝影Model的選擇接洽或場租，相關印中印後廠商的時間配合，都需要在企劃過程中一併納入。

STEP03 | 設計企劃

包含設計風格（Style）、工作團隊（Teams）、色彩計劃（Color Scheme）、提案（Presentation）。

01 | 設計風格

這部分需考量客戶的產業屬性及銷售目的等才能進行規劃；設計的品味固然重要，但設計也算是一種服務業，表現風格與客戶需求必須事前做良好的溝通。

02 | 工作團隊

擁有適任的文案、攝影師、插畫家，甚至印製的配合，可以達到事半功倍的成果。當然，人事等經費價格相差也很大，這些也是影響設計素材取得的主要因素。

03 | 色彩計劃

色彩是初步企劃中的重要工作，必須依據客戶形象、產業屬性或季節等因素進行考量。

04 | 提案

這是設計師與客戶傳達設計理念相當重要的步驟，需要利用大量的視覺，例如模擬影像、模型、打樣、簡報。以筆者過去的經驗，每次的提案並不會提供太多選擇（二至三案），再從這些提案中慢慢溝通。過多款式反而容易失焦，讓客戶無法做出明確的決定。

TIPS

Tips:

完美提案的必備妙方

素材準備

隨時拿起你的相機，從日常生活中取得影像素材。如溫暖的午後所拍攝的頂樓花園的盆栽，或是某趟旅行中擦身而過的行人。提案的影像也可以透過免費或付費的圖庫取得。在經費許可的狀態下，也可請專業的人像或產品攝影師進行拍攝，更符合畫面的需求。若有些無法取得的影像素材，也可以透過繪畫示意。

視覺模擬

提案時需呈現設計風格，筆者習慣用兩種對比的形式來進行。對比是針對主題（Theme）、或色彩（暖調或冷調）或表現形式（向量或點陣）進行構思。

提案時，一定要透過視覺來呈現，文字是輔助。盡可能製作素材進行示意，透過合成或試做，將最終設計的形式模擬出來，提供客戶設計的尺寸、形式等概念才可以形成共識。

試作

除了要表現設計的真實性外，也可以當作試探客戶潛力的一種實驗。有時候保守的客戶也許想要有所突破但不自知，設計師可以使用各種素材「試作」，如加入部分手工質感或改變固定開數。也許客戶在這次提案並不會選擇新的嘗試，但至少透過提案慢慢給他們其他的啟發，也許下次就會選擇新的改變。

1.2 印前作業

STEP01 ｜ 印前作業

此為本書的主軸，會關係到電繪軟體（Software）、視覺元素（Visual Elements）、規格設定（Format）、輸出（Output）。

01 ｜ 電繪軟體

主要是Adobe Creative Suite中的Adobe Illustrator（向量）、Adobe Photoshop（點陣）、Adobe InDesign（整合編輯）、Adobe Bridge（檔案管理）。

02 ｜ 視覺元素

文字（Texts）、形狀（Shapes）及影像（Images）的製作（請參考《第二章：視覺的創意》）。

03 ｜ 規格設定

版面設定、色彩設定、樣式設定、主頁版設定（請參考《第三章：編輯整合》）。

04 ｜ 輸出

檔案格式、其他媒體應用（請參考第一章、第四章）。

STEP02 ｜ 印刷企劃

這包含規劃製作物的開數（Size）、頁數（Page）、型式（Form）、紙張、預算等。

最後成品的質感與效果，才是成功設計的關鍵。印中與印後需仰賴印刷廠師傅的經驗與耐性，才能掌握最後呈現的水準。大多數印刷廠都有印務人員，印務也負責幫設計師估價，找對具印製及設計皆有概念的印務，才足以應付印刷與設計的各種衝突並給予好的替代建議。許多資深設計師本身也擔任印務的工作，更可以自主掌握設計到印製的流暢性。

日本的印刷廠，他們習慣會在印製前，依設計師所選出的紙樣，裝訂出一本無印刷但以實際材質、頁數及裝訂方的假書，也稱為「白樣」。提供設計師真實的印刷品厚度與質感以便調整，提高最終成品的精準度，台灣也有白樣製作但較不普遍。

1.3 印中流程

STEP01 ｜ 打樣

打樣，是印製品進入正式印刷前先試印的樣本，提供設計師校正色彩及確認內容。印刷方式有：主流的數位打樣及逐漸式微的傳統打樣。數位打樣既快速又合乎成本是目前主要選擇，但使用的彩色墨水與印製的油墨相差較大，且打樣的紙張選擇較少，與實際印刷的差異較大，因此，色彩的校對更顯重要。傳統打樣是使用與印刷時相同的紙張及油墨試進行試印，是最接近印刷成品的打樣方式，但因製版及人工印製等成本較高，已明顯被數位打樣取代。

STEP02 ｜ 校對回樣

校對回樣，是確認好打樣，並做上修改註記，回覆給印刷廠。一般而言，設計師發現打樣的顏色不如預期時，會親自前往印刷廠校對色彩，希望能接近自己所需要。若無法親自到現場，需要仔細檢查打樣品的內容及色彩，並清楚註記更正的項目，再回樣給印刷廠進行後續的印製。設計師可以要求第二次打樣，但需仔細評估因打樣所產生的成本。

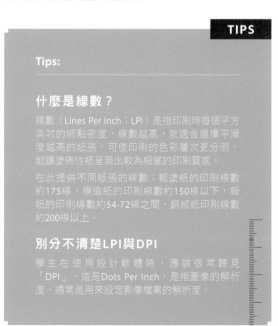

TIPS

Tips:

什麼是線數？

線數（Lines Per Inch；LPI）是指印刷時每個平方英吋的網點密度，線數越高，就適合選擇平滑度越高的紙張，可使印刷的色彩層次更分明，能讓塗佈性紙呈現出較為細膩的印刷質感。

在此提供不同紙張的線數：輕塗紙的印刷線數約175線，模造紙的印刷線數約150線以下，報紙的印刷線數約54-72線之間，銅板紙印刷線數約200線以上。

別分不清楚LPI與DPI

學生在使用設計軟體時，應該很常聽見「DPI」，這是Dots Per Inch，是指圖像的解析度，通常是用來設定影像檔案的解析度。

STEP03 ｜ 印刷

印刷，就是後端的印製流程。傳統印中流程包含：收稿、修髒點、製作小版、看樣、組大版、出網片、印刷；數位印中流程則包含了：收稿、數位打樣、看樣、組大版（雷射直接噴版，不再出網片）、印刷。

其實，印刷的整體流程變化不大，反倒是印品的紙張選擇較為多樣。常用傳統印刷紙張主要有二大類：非塗佈性紙張（Uncoated Paper），如模造紙、道林紙，但因紙面粗糙油墨不易顯色，給人印刷不夠精美的印象，常被用在成本較低的印製品，如報紙、漫畫書籍等。另一類為塗佈性紙張（Coated Paper）如銅版紙，因紙面細緻光滑，印刷後色彩顯得飽和，但亮面反光的感覺常會有商業性的氣質（且塗佈也不環保）。

現在更多人選擇輕塗性紙張（Light Weight Coated Paper；LWC），這是介在非塗佈性及塗佈性紙張之間，既保持飽和的色彩又不過度反光，是目前設計師較為喜歡的選項，輕塗性紙張大多印有美國森林協會認證環保FSC標誌，既環保又具美觀性。

在這個章節中，筆者特地拜訪兩位資深印刷專家與我們分享印中、印後的注意事項，補足設計系學生對於印刷後端的認知，在此十分感謝博創印藝童光印先生及尚祐印刷洪銘佑先生誠懇講解。

圖1-1：尚祐印刷洪銘佑先生（右）及印務邱湞溦小姐（左）正詳細解說特殊裝幀。

圖1-2：參觀博創印藝並訪談童光印先生（左），學習印刷專業。

1.4 印後流程

STEP01 | 表面加工

01 | 上光
有局部上光、亮面PP、霧面PP、磨砂、發泡、有色局部光，還有最近流行上水性油的處理方式。

02 | 燙金
燙金色膜有金、銀、黑、白等，顏色可多達60多色，但在台灣約只有20～30色提供選擇。

03 | 打凸
如浮雕效果需選擇展韌性好的紙張，用公母模進行加工。

04 | 壓紋
公版紋路可挑選，如需特殊紋路可自行開版，但費用不斐。

STEP02 | 裁切裝訂

01 | 軋型
可分全雕半雕，類似鏤空。模切的加工需有刀模方可進行加工，若是少量印刷時，則會用割盒機取代軋型，不過，割盒機切割的邊界較粗糙。

02 | 摺紙
有包摺、彈簧摺、開門摺、十字摺、平行對摺等。

03 | 裝訂
有膠裝、穿線膠裝、裸線膠裝、騎馬訂、活頁裝、經書折、平裝、平精裝、精裝、軟精裝、銅扣精裝等。

圖1-3：慶威膠裝騎馬釘裝訂廠全體員工。

特別專欄

｜設計師工作流程

在Lesson 1提及設計流程包含：企劃、設計、印前、印中，以及印後階段。設計是充滿創意與想像力的專業，在流程中的企劃、設計階段是設計師最容易掌握的部分，一旦完成設計之後，就會進入到設計師與印刷團隊配合的階段。事實上，印刷並不是接在設計完成後的階段，它應該在設計的最初及過程中，就必須仔細的規畫了，才不至於出現設計與成品的落差。因此，本章節將透過設計師的訪談，吸取他們的設計經驗，了解他們是如何處理設計的完整流程，包含了企劃到印後過程，就讓我們看看設計師從何開始介入呢？

這五位年輕設計師分別從事不同出版設計領域：專精書籍與包裝設計的彭星凱、從事書籍封面裝幀及展演活動主視覺的張溥輝、以品牌設計為核心的何婉君、擅長活動類型專案設計的羅兆倫及攝影、SOHO設計師的周芳妤。一同來了解他們是如何企劃自己的作品，將平面的思維拉成實體的成品。

一般而言，出版品的設計流程可分成四個階段：設計企劃、印前製作、印中製作及印後製作。以下訪談將可以明瞭每位設計師在設計過程中的思考，但因每位設計師工作流程有些許差異，特別為每位設計師繪製工作流程圖表，方便讀者快速抓到設計流程重點。

彭星凱

張溥輝

何婉君

羅兆倫

周芳妤

01

彭星凱

平面設計師，空白地區工作室負責人，學學文創講師。專精書籍與包裝設計。著有散文詩集《不想工作》、作品集《吃書的馬》、設計論述《設計·Design·デザイン》（2018）

訪談：邵昀如／王昱鈞　攝影：李宗諭、陳宛以

書封設計（照片提供：彭星凱）

《吃書的馬》個人作品集（照片提供：彭星凱）

《折騰到底》封面設計（照片提供：彭星凱）

《浮生記行》是蔣友梅的圖文詩集（照片提供：彭星凱）

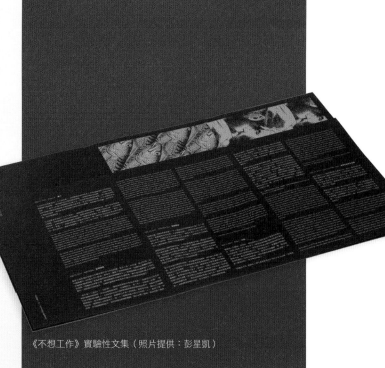

《不想工作》實驗性文集（照片提供：彭星凱）

《過去是新鮮的, 未來是令人懷念的》
封面設計 (照片提供: 彭星凱)

Q1 從一接到設計案到完成製作, 這中間需要經歷哪些步驟? 是否有企劃/印前/印刷/印後呢? 還是有其他步驟?

我與出版業合作, 大多以封面設計為主。一般來說會先收到編輯所提供的新書資料, 可看作是企劃書, 而設計師直接從製圖階段切入, 之後交付印刷、確認成品是否與預想相符, 才算是結案。

Q2 合作案是如何進行? 是否會分出設計企劃/文案企劃/印刷企劃? 您會怎麼排出順序呢? 每一項企劃的工作內容又會是什麼呢?

在出版業中, 設計師鮮少會與「企劃」接觸, 通常是由編輯主導。有些出版社是總編直接指派責任編輯執行新書企劃, 有些則有行銷企劃部門, 但仍會以編輯要如何傳達這本書作為核心。書的內容是固定的, 而出版社要做的是挑選出能夠吸引讀者的局部。換句話說, 是從書延伸出符合它的企劃, 而不是將企劃套用在一本書上, 後者形式經常出現在商業產品中, 因為許多產品在未經包裝之前是沒有個性的。

我目前接觸的出版社都不會這樣劃分。企劃書 (即新書資料) 是為了將概念交付給共事者理解, 所以由編輯提供給設計師是必要的。之後再由設計師提供給編輯設計稿。在印刷端, 我們很少會以企劃書來說明, 通常是「印刷工務單」, 在上頭會詳細註明紙材及加工方式。

我的進行順序是: 書稿→新書資料→文案→設計→完稿→印刷。

Q3 印前製作的主要流程為何? 會使用何種軟體? 會先在紙上畫出Layout再到電腦作業嗎? 還是整個設計流程全在軟體上操作?

我會使用Photoshop、Illustrator、InDesign來完成作品。一開始會先在腦海中預設幾個草圖, 但很少直接畫出來, 一方面是草圖並不準確, 無法呈現最終樣貌的微妙氣質; 二來是我認為對畫面保有模糊想像可以在上機操作時有更多嘗試的空間。除非需要手繪或攝影的素材, 否則通常是全部在軟體上作業。

Q4 會參與到後端印刷、加工步驟嗎? 是否會建議印刷材質/印刷方式/裝訂方式/特殊處理? 也會推薦配合的廠商?

出版社通常已有固定配合的印刷廠, 我不會介入。為了銷售的考量, 會是由出版社決定書籍的裝訂方式, 尤其是國外翻譯書, 精裝書的授權費用較平裝來得高, 所以無法隨意改變。若是國內作者的書籍, 則有比較多的變化空間, 只要在預算範圍內並能切合書的內容, 無論是特殊處理、裝訂、開本, 編輯都可以接受提案。

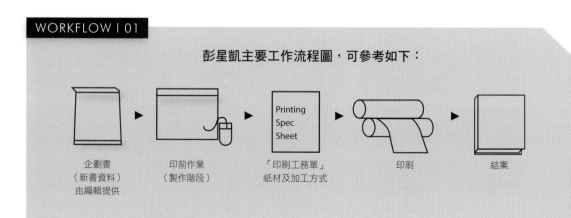

WORKFLOW | 01

彭星凱主要工作流程圖, 可參考如下:

企劃書
(新書資料)
由編輯提供
▶
印前作業
(製作階段)
▶
Printing Spec Sheet
「印刷工務單」
紙材及加工方式
▶
印刷
▶
結案

Designer Q & A

張溥輝

02

台灣平面設計師。作品曾獲得東京TDC入選。2015年「未-展覽主視覺」獲得金點新秀年度最佳設計獎視傳類金獎。從事書籍封面裝幀、藝文表演、展演活動主視覺平面設計。

訪談：邵昀如／王昱鈞　攝影：李宗諭、陳宛以

30 Years Anniversary

二〇一七
國家戲劇院整修紀念

醞釀三十・小酌回憶

1987 年 10 月 6 日國家戲劇院揭起大幕，自此開啟了 29 年來的奇幻旅程，這段時間無數藝術工作者成就幕起燈亮的每一刻，期間參與的上百萬位觀眾，則共同成就國家兩廳院的不凡。2017 年，國家兩廳院 30 週年，卸下 29 年歷史身分的舞台「天幕 Cyclorama」、「華格納幕 Wagner Curtain」，優雅轉身，以重新打造的 Re-Cyclorama 文件夾與證件套、Re-Wagner Curtain 提袋，進入你我的日常生活！

→ Paper Folder
20 × 27.5cm
made by Cyclorama

NTCH Renovations Project 2017

Re-
Cyclorama

NTCH Renovations Project 2017

Re-
Wagner Curtain

→ Tote Bag
27×38.5cm
made by Wagner Curtains

兩廳院三十週年紀念提袋
（照片提供：張溥輝）

劇場視覺／女僕節目冊（照片提供：張溥輝）

肉食主義（照片提供：張溥輝）

Q1 從一接到設計案到完成製作，這中間需要經歷哪些步驟？是否有企劃/印前/印刷/印後呢？還是有其他步驟？

一開始會先閱讀編輯整理好的書籍資料，若時間充裕的話，會將整本書讀完。接著，與編輯討論大致上的設計方向，也會與一併談及整體的裝幀想法，然後就會開始設計了。之後的流程與題目提出的順序差不多。若成品需要特殊印刷方式，或是複雜的加工項目，在印前也會與印刷業務來回討論甚至打樣。

Q2 合作案是如何進行？是否會分出設計企劃/文案企劃/印刷企劃？您會怎麼排出順序呢？每一項企劃的工作內容又會是什麼呢？

就我目前做過的案子，出版社的企劃（編輯）幾乎是包辦所有企劃、編輯項目了（佩服貌），同時也對印刷有基本概念。不過，印刷的細膩工法，通常是由印務與設計師溝通再統整給編輯，讓他們來判斷能否執行（這會關係到成本以及書店平台上的呈現）。在設計企劃上，大多交由設計師決定，但編輯也會有預設的期望方向，例如：開本大小、是否需製作精裝等。最終還是由編輯決定大方向。

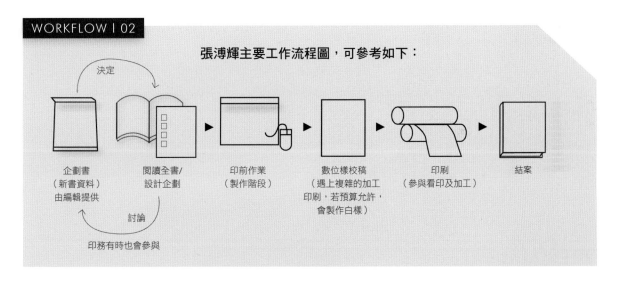

WORKFLOW | 02

張溥輝主要工作流程圖，可參考如下：

決定

企劃書
（新書資料）
由編輯提供

閱讀全書/
設計企劃

印前作業
（製作階段）

數位樣校稿
（遇上複雜的加工
印刷，若預算允許，
會製作白樣）

印刷
（參與看印及加工）

結案

討論

印務有時也會參與

Q3 印前製作的主要流程為何？會使用何種軟體？會先在紙上畫出Layout再到電腦作業嗎？還是整個設計流程全在軟體上操作？

在設計書時，就會一併考慮設計與印刷是否可行。當編輯、印務都認為可以執行，印刷廠會在印前提供數位樣來校稿、確認顏色等。若是較複雜的加工，在印刷預算許可之下，會請印刷廠製作白樣確認。

我通常是使用Illustrator、InDesign。設計完成後，儲存成印刷用的檔案給印刷廠進行印製。

Q4 會參與到後端印刷、加工步驟嗎？是否會建議印刷材質/印刷方式/裝訂方式/特殊處理？也會推薦配合的廠商嗎？

如果碰到畫冊類的書籍，顏色講求精準，因此在製版分色時就會參與。否則就只會參與看印部分，到現場與印刷師傅溝通、調整墨色，若有燙金等額外加工，也會一併確認加工效果。

印刷方式、材質通常是跟著設計構想一起決定的，當然也必須考量到出版社預算和上市時間（有些加工很耗時）。配合的廠商都是與出版社本身長期合作的印刷廠。

何婉君

訪談：邵昀如／陳宛以　攝影：李宗諭

03

CONTACT BOOK（照片提供：Houth）

HOUTH 藝術總監。HOUTH，是一個位於台北，以品牌設計為核心的團隊，有效整合創意、設計、插畫、動態圖像、影像等資源，為客戶創新解決方案。作品曾收錄於德國Gestalten、法國étapes、香港viction:ary、香港BranD、韓國The T Magazine、中國Sendpoints等各國設計出版書籍。

坂野充学，名片設計（照片提供：Houth）

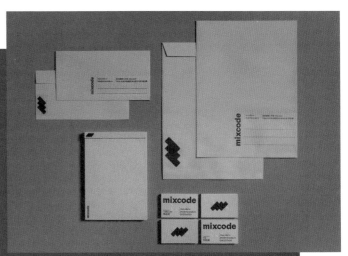

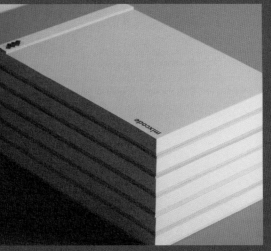

Pharos Coffee包裝設計（照片提供：HOUTH）

mixcode混合編碼工作室品牌識別更新（照片提供：HOUTH）

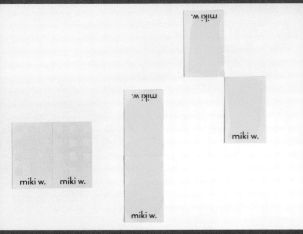

miki w.品牌識別設計（照片提供：HOUTH）

坂野充学，名片設計（照片提供：Houth）

Q1 合作案是如何進行？是否會分出設計企劃/文案企劃/印刷企劃？您會怎麼排出順序呢？每一項企劃的工作內容又會是什麼呢？

有時候是客戶提供企劃，有時候是我們提出企劃。企劃提案就是如何説出一個完整的故事，通常會先以主題內容去發想文字概念，先把範圍拉很大，再慢慢縮小精簡。接下來，會找一些可用的視覺素材，與文案企劃一起將設計師的想法與概念呈現，整理成簡報與客戶溝通。溝通內容時，也會一併談到印刷時間及預算範圍。

我的順序會是：設計→完稿→現場看樣→交貨確認。

Q2 印前製作的主要流程為何？會使用何種軟體？會先在紙上畫出Layout再到電腦作業嗎？還是整個設計流程全在軟體上操作？

企劃提案後，會與客戶一起決定以何種風格呈現，選擇最合適的表現技法。有時候是手繪，有時候是電繪來畫出簡易的草稿，再開始執行。

Q3 會參與到後端印刷、加工步驟嗎？是否會建議印刷材質/印刷方式/裝訂方式/特殊處理？也會推薦配合的廠商？

關於使用材質、印刷方式與配合廠商，需視各專案內容而定，會與預算、時間、數量、印刷效果有密切關係。

會為了想要更接近設計構想，就會採用相符的印刷方式或效果，有重點卻不過度複雜。當印刷形式確認後，同時會向印刷廠詢價與確認印刷時程，待客戶評估確認後，即可發包。通常會先打數位樣，請客戶再度確認後，正式印刷時會到印刷廠看印，校對細節校色，印刷完成即交付給客戶。

WORKFLOW I 03

何婉君主要工作流程圖，可參考如下：

提案企劃（有時由客戶提供） ▶ 簡報 視覺呈現/ 文案/印刷/ 期程規劃 ▶ 草圖（手繪或電繪） ▶ 印前作業（製作階段） ▶ 數位樣校稿 ▶ 印刷（參與看印及校對） ▶ 結案

Designer Q & A

羅兆倫

04

我們為何學術

2.8-15 Wed-Mon
臺北世貿展覽一館 B402
Taipei World Trade Center Exhibition Hall 1 B402

串展——台北國際書展
大學出版社聯展

設計總監。舊金山藝術大學主修平面設計碩士，畢業後於美國Salt Branding廣告公司和New Relic科技公司實習。目前任職於archicake design 築點設計，接觸案子除平面設計外，也負責空間展覽規劃設計。設計風格喜歡簡單實用為主。而專案設計則以活動類型印刷品為主，如海報、手冊甚至精裝書。

訪談：邵昀如／王昱鈞　攝影：李宗諭、陳宛以

我們為何學術，2016台大書展視覺海報。

629．2016 629世界工業設計日主視覺（照片提供：築點設計）

YOUTH IN DESIGN

629

世界
工業設計日

WORLD INDUSTRIAL DESIGN DAY
Youth in Design
Designed of the Next Generation

街角．2015 臺北街角遇見設計手冊
（照片提供：築點設計）

臺北街角
遇見設計
2015 TAIPEI DESIGN, ACTION!

臺北設計城市展專書（照片提供：築點設計）

街角專書，臺北街角遇見設計專書。集結兩年的街角活動，將設計散播至每一個生活街區的過程記錄成冊。照片提供：築點設計

100種情感交流的可能

萊單改造計畫

FASHION RUNWAY SHOWS

Q1 從一接到設計案到完成製作,中間需要經歷哪些步驟?有企劃/印前/印刷/印後呢?還是有其他步驟?

一般接觸到的出版品,除了活動案本身所需的印刷品外,也有針對一個主題專題來製作精裝書。如果是活動案的話,會與專案企劃溝通了解活動內容主題,依照討論後擬定的方向,設定出版品的材質、顏色、尺寸等。

如果是專題設計,會先與客戶討論,了解此次想透過此出版品傳達的訊息,透過訪談來揣摩對方的想法,幫助客戶了解需求,再依照決定的方向來設定印刷材質及效果。

Q2 合作案是如何進行?是否會分出設計企劃/文案企劃/印刷企劃?您會怎麼排出順序呢?每一項企劃的工作內容又會是什麼呢?

一般企劃負責對口客戶,了解客戶的想法,整合客戶需求後再與設計師溝通,做為客戶與設計師之間的橋樑,將客戶的需求找出設計端可執行的方向。有時,設計師也會直接與客戶接洽,第一時間就能了解客戶需求。某個程度來說,溝通技巧也是設計師必須具備的能力之一。不論是要說服客戶採用新的材質或是讓客戶了解此次特殊作法的用意,溝通都很重要。

Q3 印前製作的主要流程為何?會使用何種軟體?會先在紙上畫出Layout再到電腦作業嗎?還是整個設計流程全在軟體上操作?

接到合作案時,會先與企劃討論並擬定方向,或直接與客戶討論,歸納出需求後,再進行草稿繪

製、材質庫設定、顏色方向、照片風格等,將元件設定好後,即可將草圖的版型入到電腦排版,才不會在電腦上機作業後又需要重新修改(雖然偶爾還是會發生)。

有些合作案有時間上的限制,就會採直接上機製作排版,但Layout會先在腦中畫出輪廓,這必須靠經驗的累積才能如此。書籍類的排版都是用InDesign,海報或小型摺頁會使用Illustrator,處理影像的話,肯定就是Photoshop了,幾乎會用到這三種軟體完成專案。

Q4 會參與到後端印刷、加工步驟嗎?是否會建議印刷材質/印刷方式/裝訂方式/特殊處理?也會推薦配合的廠商?

我的流程是完稿→打樣→修改→送印。選擇印刷材質時,通常會先以成品的調性及預算來思考,控制在預算內也是相當重要的。會選擇熟悉的印刷廠來配合,並且與印刷業務討論所選的材質是否適合,他們也會針對特殊材質印出來的效果、顏色的搭配,提供專業的見解。

有時,我也會用量少的印刷品來測試新廠商,畢竟還是要多準備一些印刷廠口袋名單,這樣一來,當印刷量大時或不同需求,就可以找不同廠商配合。可是,最常找的還是熟悉的印刷廠,因為合作久了,也了解彼此的需求。有些印刷廠業務必須透過多次的磨合,才會讓日後的合作較順利。

遇到特殊加工時,例如運用特別色或特殊的裝幀方式,就會親自到印刷廠看樣,確認印刷效果同時與印刷師傅直接溝通,避免印出的效果不如預期。裝訂方式及特殊效果通常都是依照案件的屬性,在構思過程中,會透過加工的技法來表現出作品想要傳達的訊息。有些特殊效果若真能使用,會讓成書的過程更有趣。

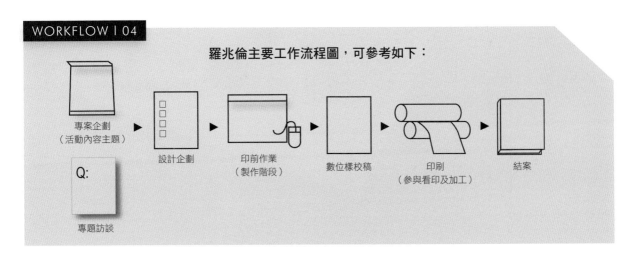

WORKFLOW | 04

羅兆倫主要工作流程圖,可參考如下:

專案企劃
(活動內容主題)

Q:

專題訪談

設計企劃

印前作業
(製作階段)

數位樣校稿

印刷
(參與看印及加工)

結案

周芳仔

05

《迷絲》攝影書，藝術微噴、輸出印刷、壓克力顏料、手工黏貼（攝影：李宗諭）

訪談：邵昀如／陳宛以　攝影：李宗諭

擅於平面設計、影像創作，榮獲莫斯科國際攝影比賽美術抽象組第一名。國內榮獲台北國際攝影節新銳獎，作品曾展出於第一、二屆WFD台北國際攝影藝術交流展出。現為獨立接案的平面設計師／攝影師，持續創作攝影作品。

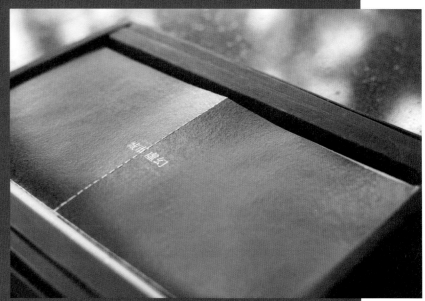

《城市虛幻》攝影書，藝術微噴、Premium Semigloss Photo Paper頂級半光面相紙（攝影：李宗諭）

《城市虛幻》攝影書內頁：15頁藝術微噴、輸出印刷、壓克力顏料、蜂蠟、手縫、打米線（攝影：李宗諭）

Q1 從一接到設計案到完成製作，這中間需要經歷哪些步驟？是否有企劃/印前/印刷/印後呢？

製作手工書的步驟，我大概會分成兩大部分：企劃及印前、印刷及印後。手工書製作的數量通常很少，後續依設計需求有時需要自己拼貼、繪畫或縫紉等加工。完成案子並不困難，但需要有自己的設計流程，才不會在製作時慌亂手腳。比起當設計上班族，創作自己的作品很自由，更能「玩」設計！

Q2 合作案是如何進行？您會怎麼排出順序呢？每一項企劃的工作內容又會是什麼呢？

企劃與印前：不外乎是發想、打草稿，思考書本的形式、印製所需如何效果等，之後再進入到自己熟悉的設計軟體進行製圖、排版作業。

每一本攝影手工書的設計、文案、印刷都是自己策劃的，順序是文案→設計→印刷。通常設計進行到三分之二後，會詢問朋友的建議或是向自己熟悉的印刷廠、藝術微噴店家請教；這樣讓最後的三分之一思考更加完整，也讓印刷與印後的步驟較順利。

製作攝影手工書，概念以追求攝影本質製作，而不只把照片分類、編排、集結成冊而已，需帶入「作者」的角度去思考。攝影書如同蒐藏的展覽，縝密的規劃內容後，帶入作者本身的思想、故事、情感，方能成為一本完整的「書」。

印刷跟印後：就是送印及校稿的作業。在送印前需與印刷廠溝通稿件，如何製作、材料及價錢（預算會影響媒材跟成果，這就是現實與理想的掙扎）。樣品出來即進行校稿、對色，再經調整、溝通，才能順利產出成品。

Q3 印前製作的主要流程為何？會使用何種軟體？

我熟悉的軟體是Adobe Illustrator及InDesign。書籍的內頁、文案會用InDesign來規劃，設計部分會先在紙上發想、打草稿，再進Illustrator製稿及顏色媒材等設定。有些設計案，偶爾直接上機完成，但最初也用軟體打草稿後，才進行細緻的繪圖作業，逐步完成能送印的稿件。

Q4 會參與到後端印刷、加工步驟嗎？是否會建議印刷材質/印刷方式/裝訂方式/特殊處理？

攝影書最重視的是內容的細緻度。內頁大都會交由專業印製作品的藝術微噴店家完成。使用媒材不限相紙或一般的平光紙材，印刷方式也會以襯托攝影作品的質感為主要考量。

手工書的製作極為少量，媒材會選擇能保值的材質，如無酸紙及無酸類膠帶或膠水等（在一般的氣溫跟環境下，紙質不易變黃，也能夠確保印刷不易變質，但相對比一般媒材貴許多）。

另外，製作手工書的數量有時可能只有一本，若需要縫線或黏貼，就會一針一線的縫紉、手工完成，有些特殊效果還會以手繪方式完成。

依內容所需，裝訂方式也會不同。例如，有些攝影書利用膠裝的特性，打開書頁時會吃掉中間夾住的內容，讓作品更加有趣。但，千萬別只因手法有趣而使用，使設計掩蓋原作品的特色，造成反效果。

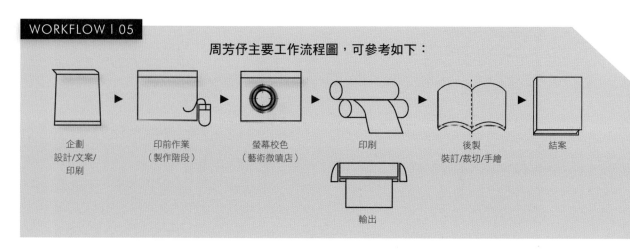

WORKFLOW I 05

周芳伃主要工作流程圖，可參考如下：

企劃
設計/文案/
印刷

印前作業
（製作階段）

螢幕校色
（藝術微噴店）

印刷

輸出

後製
裝訂/裁切/手繪

結案

｜設計師教會我們的一些事

經過上述設計師的分享，我們可以得知設計流程大致架構相同，但因為每個專案狀況不同會有些微差異。有些設計師參與企劃工作比例較多，有些則不需要。也明白了個人工作室形態的獨立設計師因為團隊人數較少，需要跑完從企劃到印後的所有流程。

最後，我們還請每個設計師分享各自在設計與實際製作最常遇到的困難，不妨可以做為自己日後執行設計案時的提醒。

彭星凱

從一本書開始，我都會到印刷現場確認上機印製。若有與預想不符的部分，可以嘗試從油墨調整，或是重新製版、換紙等。若是費用不允許（出版業的預算通常很吃緊），只能依當時的狀況妥協，並且學習這次的經驗，在下一次的設計案修正。我的習慣是以過去的經驗完成大部分的設計，但每一次會多放一點新的嘗試，逐步累積陌生的手法，並多向印務、紙務請益，通常對方都會非常樂意與設計師溝通。

何婉君

與客戶溝通時，較無法想像之後印刷的效果。因此，我們會先以印刷的樣本跟印刷廠討論實際印刷的可行性，再與客戶協調溝通。在印刷過程會親自去現場看印，當下與印務討論調整，確認有無任何問題。

張溥輝

印刷的品質沒達到預期的標準，例如：一些加工搞錯前後順序，或是事情執行的細膩度不夠等等，這些情形在看印的當下發生，便會進行調整與師傅溝通。

羅兆倫

最常遇到的是印刷效果不如預期，可能是印前與經驗不足的印刷業務溝通所造成的結果。色偏也是很常見的失誤，若能現場看樣便可以降低這樣的風險。再來，就是對紙的特性不夠瞭解：選錯紙張的絲向、紙張種類，紙張與印刷色的契合，這些都有可能造成印出後當下看沒問題，可是，過一段時間書籍封面或印刷品變形或變色。

周芳伃

我覺得比較困難的地方在於印製（輸出）後的顏色。攝影類書籍內頁印刷（或輸出）會比一般書籍來得謹慎。印製前，一定得到藝術微噴店校色，不管自身電腦的色彩有無校色正確，都會因印製的機器有所差異，如果成品出來跟自己所想的落差較大時，都需要耐心地和校色師討論。

我很喜歡向校色、印刷師傅多問多學習。記得畢業後的第一份工作，從企劃到成品跟著前輩慢慢學習，不懂的都盡量詢問，才能找出一套適用自己的方法。另外，紙質基底或上面的塗料不同，也會影響印刷或特殊效果，進而牽連整體設計，也必須小心。

｜設計師所給的小祕訣

大量的記錄！

記錄Layout是很重要的一種習慣，不一定花大錢買書，可以準備一本空白的Sketchbook。隨時記錄圖書館借閱的編排書籍中較好的Layout，或到書店大量瀏覽學習。當你看到覺得很棒的圖文運用或版型，就把它們記在腦海裡，回家後著手把構圖畫下來。

記錄Layout

記錄Layout時，段落文字以畫線條表示，線條的粗細表達字級大小，線條的輕重可以表達字體的樣式（粗體或細體），線條的距離則表現行與行的間距。

圖片的表現則用框架繪製，可以分圖形或影像兩種，若在框架中畫一條斜線或交叉線條，通常代表為影像檔，以便區隔由單純的幾何圖形表達的塊面或色塊。

坊間可以找到一些關於Layout的參考用書，提供一些單純構圖組合範例。不過，版面中的物件與空間的互動性是變動的，真正了解基本的設計原理，才是最終的解決方案。

Lesson 2
InDesign 快速上手

進入印前製作時，必須先熟悉
InDesign的工作區，這是使用的
第一步。

InDesign的工作區主要分為文件
視窗、工具列、功能表清單、控
制條板、浮動面板、還有檢視，
本節以全面概括性的方式先介
紹開啟InDesign工作區所見的相
關工具介面，詳細說明請參考
《Lesson 3：InDesign工具概念
介紹》。

2.1 初探InDesign

2.1.1 工作區介紹

開啟文件後,便會出現主要畫面為「文件工作區視窗」,使用者需先了解InDesign的工作區介面(圖2-1的A),才可減少對軟體的陌生感。

InDesign與多數Adobe產品一樣,有使用者熟悉且常用的「工具列」(圖2-1的B)。例如:鋼筆、鉛筆、旋轉、縮放,及變形工具等,還滿多工具與Adobe Illustrator相似。工具列通常預設於工作區之左側,以單欄或雙欄的方式呈現,也可至「偏好設定」→「介面」,更改其位置及呈現方式(欄或列),請參考《Lesson 2.2:偏好設定》。

在工作區的最上方有「功能表清單」(圖2-1的C),也稱下拉式選單,Adobe軟體皆遵循類似的架構,選單由大指令到小指令、由左至右、由上至下排列。另外,位於下拉式選單下方稱為「控制條板(圖2-1的D)」,會搭配工

具列的工具而變換項目,有一般、頁面、字元格式設定控制、段落格式設定控制,以及格點等五種圖示選單,請參考《Lesson 3.3:控制條板》,可由「視窗」→「控制」開啟或關閉其顯示。

「浮動面板(圖2-1的E)」內建在工作區的右邊位置,每個面板包含許多進階的隱藏選單,還滿多是下拉式選單內的選項。電腦作業時,可用「收合至圖示」關閉不佔工作空間,使用時才將面板展開,或拖曳至工作區的任何位置。可至下拉式選單中的「視窗」,尋找所有浮動面板的選項。

其他如工作區最左上方的尺標座標定位、左下角的「預檢選單」,及工作區下方的「檢視(圖2-1的F)」也是常用的工具,將於下文依序說明。

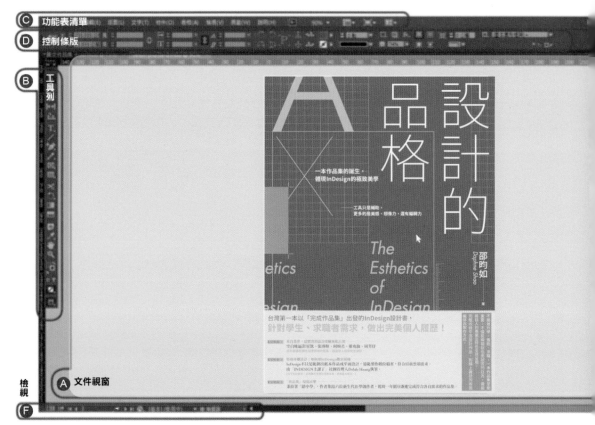

圖2-1:A|文件工作區視窗、B|工具列、C|功能表清單、D|控制條板、E|浮動面板、F|檢視(PC版本)。

圖2-2：尺標座標定位。

A｜尺標座標定位

位在文件工作區視窗左上方，拖曳尺標座標其正方格內的十字，參考尺標可用來重新定位座標軸（0,0）的位置。此工具可搭配設計者的不同需求，將座標軸設定單頁或跨頁的起點，也可設定在文件內的物件，可隨時調整文件尺標起始的座標點（圖2-2）。

B｜工具列

InDesign CC工具列分為選取、文字、格點、繪圖、圖形、框架、旋轉變形及導覽與媒體工具等。請參考《Lesson 3.1：工具列》，及較不熟悉的工具如頁面工具及顏色主題工具（圖2-3）。

圖2-3：工具列。

C｜功能表清單

又稱為下拉式選單，主要以文字描述的選單，幾乎包含位於工具列、控制條板及浮動面板內的所有工具選項。功能表清單依照屬性可分：「檔案」、「編輯」、「版面」、「文字」、「物件」、「表格」、「檢視」、「視窗」及「說明」等9項。第二排清單（也可能出現在右側）則有Adobe Bridge連結、Adobe Stock、縮放層級（螢幕顯示比例）、檢視選項（格點與參考線等）、螢幕模式（同工具列的檢視）及排列物件（多重文件時的視窗排列模式）等圖示，是使用率較少的工具（圖2-4）請見《Lesson 3.2：功能表清單》。

圖2-4：功能表清單。

D｜控制條板

控制條板提供與工具列圖示相對應的選項，例如：選擇選取工具。其中有選取控制條板 ▦ ，提供物件參考點、X與Y軸位置、縮放、旋轉、傾斜、翻轉、效果及對齊等快速圖示（圖2-5）。若是選擇文字工具 ▯ 時，便出現字元或段落控制條板可選擇，關於文字大小、樣式、排列、縮排、間距等相關的圖示選項，可參考《Lesson 3.3：控制條板》。

圖2-5：選取控制條板。

浮動面板

E｜浮動面板

開啟檔案時，若浮動面板沒有出現，可在功能表清單「視窗」尋找，檔案新增或開啟時，隱藏式浮動面板會在工作區的右側，可設定單排或多排，也能調整幅動面板的寬度，讓文字說明出現(圖2-6)。每一個展開的浮動面板都有進階功能的隱藏選項。使用面板右上方選單，將面板展開或收合（圖2-7紅圈處），爭取更多工作視窗的空間，請參考《Lesson 3.4：浮動面板》。

圖2-6：隱藏式浮動面板。可設定單排或雙排，也可調整整面板的寬度，可讓文字說明出現。此為頁面浮動面板及其進階功能的隱藏選項。

圖2-7：左｜找不到的浮動面板可以至功能表清單「視窗」尋找。右｜按浮動面板的顯示選項，可以找到更多進階功能。

F｜檢視

01｜頁面顯示

位於工作視窗左下方檢視區域的頁面顯示有兩項，一為顯示頁面放大縮小之百分比選單（圖2-8-1），另一個為頁面頁碼的選單（圖2-8-2）。兩側的箭頭可快速選擇前後頁，或可在框內輸入或選擇頁碼直接跳往所指定的頁面，這裡也是判斷目前的頁面為一般頁面或為主頁版的參考指標。

圖2-8：檢視比例及頁碼顯示。

02｜預檢選單

預檢是InDesign在文件輸出前檢查檔案的重要步驟，例如：檔案連結、圖片色彩模式設定、文字框溢排文字，及遺失字體等問題的參考指標。點選預檢面板所列出的問題項目，即可連結至問題頁面的位置進行修改（圖2-10），請參考《Lesson 11.1：檢視與封裝》。

圖2-9：預檢符號出現綠色代表無錯誤，檔案可準備封裝輸出；出現紅色錯誤時，需打開預檢面板檢查錯誤並修改。

圖2-10：左下角紅點指出有182個錯誤，其中100個是遺失字體的錯誤。

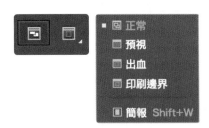

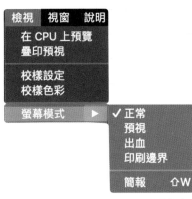

圖2-11：螢幕模式可
分正常、預視、出血
及印刷邊界。這個功
能與下拉選單「檢
視」之「螢幕模式」
是一樣的功能。

其他檢視項目

位於工具列最下方的螢幕模式圖示，左為正
常模式、右為出血模式。若展開隱藏的出血模
式，則會有其他的檢視選單：正常、預視、出血
及印刷邊界等模式。

另外，簡報模式就如同Power Point的簡報播
放畫面。

01｜正常模式

最常使用的工作狀態，會顯現尺標參考線、欄
位、輔助線及物件，以及文字框架的隱藏字元
等，是編輯圖文工作時最方便的模式。

02｜預視模式

可隱藏輔助線及非印刷元素的模式。選擇預
視狀態可預覽文件輸出的最終效果。

03｜出血模式

也是預覽輸出的設定，但除了顯現文件印刷
範圍外，也出現頁面出血範圍。出血是指文件
底圖或色塊向外擴張超出頁面範圍的延伸設
定（出血範圍至少3mm），主要作用為預防底
圖或色塊印後裁切誤差產生的問題，出血範圍
可在「檔案」→「文件設定」調整。

04｜印刷邊界模式

也是預覽輸出的設定，印刷邊界範圍可設定比
出血範圍更大。印刷邊界值可於開啟新檔時就
進行設定。印刷邊界多做為放置文件印刷或印
後加工的說明，如裁切、摺疊輔助線或燙金效
果的標示區域（可參考《Lesson 3.3：頁面工具
介紹》）。

2.1.2 新增文件/書冊/程式庫

開啟InDesign時「檔案」→「新增」有三種選項,分別是「文件」、「書冊」與「程式庫」。

01│新增文件【Ctrl+N】

選擇「檔案」→「新增」→「文件」,所新增的InDesign文件檔,適用單頁、少頁數或整本書的檔案格式,可以設定為列印、網頁及行動裝置的文件格式。(圖2-12)

圖2-12:新增檔案可分紙本、網頁或行動裝置所內建提供的格式。

02│新增書冊(*.indb)

針對需要分工的編務內容,尤其是章節分類多而複雜的書或雜誌,建議以一個章節分建一個文件檔執行,並套用共同的版型與樣式,最後以書冊檔將所有文件檔集結成冊。選擇「新增書冊」(圖2-13),選取已編輯完成的所有文件檔依文件檔排序,書冊將重新自動計算頁碼,並自動將所有文件檔進行色彩模式及段落樣式同步化,即完成書冊存檔。「書冊」檔案是由數個文件檔連接完成,所以每個文件檔的起始頁碼,自動從上一個文件的結束頁碼開始銜接。

「檔案」→「新增」→「書冊」,特別的是書冊檔是一個浮動面板而非工作文件(圖2-13),利用「書冊」浮動面版內的「新增文件」,將所需文件檔加進面板中,最後「另存書冊」完成,請參考《Lesson 11.2:書冊同步化》。

圖2-13:上│新增書冊出現的是浮動面板,而非工作視窗。下│為書冊的檔案圖示

03│新增程式庫

新增程式庫與「新增書冊」一樣是浮動面板,需先儲存程式庫檔案後才出現。這個功能可用來當儲存頁面版型、表格、繪圖、文字等元件的資料庫(圖2-14),在任何InDesign文件中開啟共用,也能當作跨文件或圖文資料的存放空間,雖然筆者覺得好用,但業界設計師反應使用率不高,在此簡略介紹。

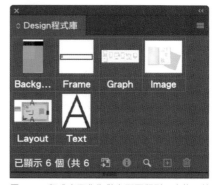

圖2-14:程式庫可作為儲存頁面版型、表格、繪圖、文字等元件的資料庫。

04 | 新增文件基本操作步驟

A | 頁數：設定文件的總頁數，建議新增新檔時可先設定一頁，待文件主頁版的設定完成，再隨時增加頁面即可。（圖2-15-A）

B | 對頁：勾選後，文件則以跨頁形式出現（圖2-15-B）。

C | 起始頁碼：在書本的前言、導論等前頁習慣會用羅馬字頁碼，內文則以阿拉伯數字設定頁碼，通扣除前頁後才會設阿拉伯數字1為起始頁碼（圖2-15-C）。可以在編輯完後，運用編頁與章節再進行調整即可（《Lesson 10.4：編頁與章節》）。

D | 主要文字框：頁面會自動出現設定好欄位的文字框，可提高文字編輯的效率，但這個選項較適用版型較規律的小說或以文字為主的文件。反之，若需要建立活潑版型及自由結構的編排，每頁所需的文字框位置及數量不同，建議關閉此選項，選擇以手動置入字框的方式執行（圖2-15-D）。

E | 頁面大小：印刷裁切後的印刷品成品尺寸（圖2-15-E）。

F | 文件方向：縱向（Portrait）為直式，高度大於寬度。橫向（Landscape）為橫式，寬度大於高度（圖2-15-F）。

G | 裝訂：左側裝訂，文字以水平橫向排列；右側裝訂，文字以垂直縱向排列（圖2-15-G）。

出血及印刷邊界 | 出血（Bleed）是讓滿版圖片或色塊延伸到紙張外的預留範圍，建議出血至少需要3mm，主要用來彌補印刷後裁切產生的偏移誤差。

H | 印刷邊界：可設比出血大，主要用於標示摺疊或裁切線，提供印刷物的注意事項。（圖2-15-H & 圖2-16）

I | 邊界：頁面上下內外留白的距離，主要用來限制文字排列，可保障文字與邊緣擁有安全及美觀的印刷距離。圖片可以出血，只要主要影像不要刻意被破壞就好；若文字太靠近頁面中間或邊界，會產生裝訂處的覆蓋或邊緣被裁切，也會影響到文字的閱讀性與辨識性。（圖2-17-I）

J | 欄位：新增文件時也可預先設欄位數，但也可以開啟文件後，在功能表清單「版面」→「邊界與欄」設定（圖2-17-J）。

K | 欄間距：欄位與欄位之間的距離。通常設內建的5mm及以上（圖2-17-K）。

以上基礎設定完成後，即完成新增文件，便可開始進行編排。

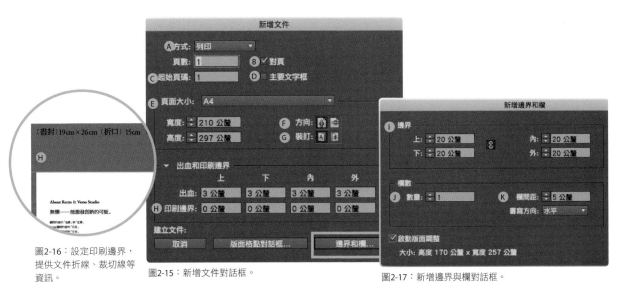

圖2-16：設定印刷邊界，提供文件折線、裁切線等資訊。

圖2-15：新增文件對話框。

圖2-17：新增邊界與欄對話框。

2.1.3 繪圖與影像置入

關於繪圖及影像《第二章：視覺的創意（Exploration）》有詳盡的介紹。InDesign的工具列及浮動面板中有許多圖形繪製工具，也可以從開啟的Illustrator文件中直接將圖案複製貼入InDesign文件中。影像則透過「檔案」→「置入」【Ctrl+D】從Photoshop檔案匯入。也可由外部檔案置入文字、表格或多媒體等素材。

InDesign的文字、繪圖與圖片，都以框架概念建立。輸入文字在工具列選擇「文字工具」（或格點工具）建立文字框，即可輸入文字或匯入文字。影像置入可先建立所需尺寸及位置的圖框，又或是可以直接從檔案匯入圖片（會自動產生圖框）。選擇「物件」→「符合」（圖2-18），讓圖片與圖框的比例以不同方式呈現，請參考《Lesson 6.2：符合》。

另外，運用圖形或鋼筆工具可繪製造型特殊的框架，若用鋼筆工具順著物件邊緣描繪，再將影像貼入框架範圍內，即產生類似去背景的效果，可參考《Lesson 6.1：框架於影像的應用》。

InDesign的繪圖工具雖然沒有Illustrator充足，但本書就是要教你即使單純的鉛筆工具《Lesson 5.1》、線條工具《Lesson 5.2》、鋼筆工具《Lesson 5.3》、路徑管理員《Lesson 5.4》，甚至是轉角效果《Lesson 5.12》等，也可做出如Illustrator或Photoshop的效果。

圖2-18：上｜位於功能表清單「物件」→「符合」內的項目。下｜「符合」也會出現在控制條板上。

圖2-19：敦煌書局DM，利用質感透明度的效果，並且使用鋼筆工具製作去背或不規則圖框，在InDesign就可快速進行AI或PS的影像處理效果。

2.1.4 樣式設定及版面設計

先來跟大家淺談樣式設定、版面設計的邏輯概念,若要了解更深入的操作、
如何運用,可參考《第三章:編輯整合(Intergration)》。

01 | 版面設計

InDesign版面設定的主要項目是主頁版,設定項目有:
邊界與欄、頁眉頁尾、自動頁碼,以及編頁與章節,皆
需設定於主頁版上才可以確實應用於多個頁面中。像
是編務量極為龐大複雜且講求時效的出版業,特別是
每月、每季定期出刊的書報雜誌社,都有完整的制式
化版型及樣式設定,請參考《Lesson 8:版面設定》。

版型在InDesign中稱為主頁版(Master Page),就像
早期印有淺藍色格子的完稿紙一樣。完稿紙上提供不
同大小尺寸的格子,讓美編依據這些格子進行具有原
則、且有效率的圖文配置(傳統稱完稿)。數位化編輯
則需要自訂主頁版的架構,概念與傳統完稿一樣,主
頁版不一定需要很複雜,但需具備靈活的應用性,請
參考《Lesson 10:主頁版設定》。

02 | 樣式設定

若説主頁版是骨架,那樣式就是內容的
規範,樣式是將文字或物件重複執行效
果的設定,可分字元、段落、複合、物件
及表格等。常用樣式如下:「字元樣式」
用於段落中局部字元的色彩或樣式的改
變,常配合段落樣式使用;「段落樣式」
主要設定整個文件或書冊的段落層級,
常以大標、中標、小標、中標、內文、圖
説等用途命名;「物件樣式」用於框架物
件設定(含文字、形狀及影像),可同時
設定多重效果,並快速套用效果於文件
的物件,樣式設定皆可跨文件應用,請
參考《Lesson 9:樣式設定》。

圖2-20:樣式的選單位
於功能表清單「視窗」
→「樣式」內。

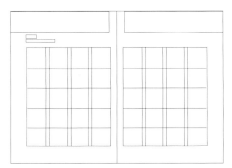

圖2-21:主頁版像早期美編用的完稿紙,提供圖文配置
的參考位置。

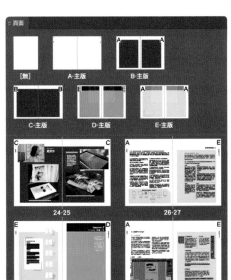

圖2-22:以本書為例共
設計六款以上主頁版,
提供全書不同單元及頁
面使用。
如頁面所示,主頁版可
以相互組合使用,如A主
版的左頁可以搭配E主版
之右頁,以此類推,主
頁版設定即可透過組合
產生更多變化。

主頁版設定除邊界、欄列、參考線、頁尾、頁碼及章節
標記等項目,皆是一般頁面需要固定出現的元素,也
可以是文字、圖形、色塊或影像。一個文件檔可以設計
多款主頁版型,包括單頁或跨頁(多頁)主版,妥善運
用主版排列組合即可衍生更多版面變化。主頁版設定
除了平面設計必用,多媒體如網頁、電子書及簡報等亦
可套用進行設計。

03 | 邊界與欄

新增文件時即設定邊界與欄,若於編輯後想調整,
則選擇「版面」→「邊界與欄」設定邊界與欄位等數
值,如下圖。基本上,同一文件的邊界與欄設定(上、
下及欄間距數)據盡量依據共用規則,因為水平的連
貫性會讓版面具閱讀的舒適性。邊界的內、外及欄位
數則可進行較多的變化,主頁版可以設定不同欄位
數,不論是偶數(對稱)或基數(不對稱)的欄位數皆
可,維持水平的穩定,但增加欄位變化反而讓版面有
趣(圖2-23)。

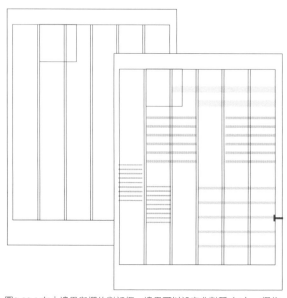

圖2-23:左|邊界與欄的對話框,邊界可以設定非對稱(A)、欄位
數(B)及欄間距(C)是基本的參考線。是基本。右|版面欄位設定
為6欄,文字段落寬度可進行的變化多元。(請將線條視為文字)

04 | 欄間距

是指段落欄位的間隔距離,對文字的閱
讀性來說十分重要。

欄間距設定在5mm~20mm間為佳(字級
越大,欄間距可以加大);若小於5mm,
段落太近易混淆文字閱讀方向(會與字距
產生混淆);反之,欄間距設定過大,段落
閱讀的連貫性不足,以上兩種狀況皆需避
免。欄間距等同直式編排的列間距。

圖2-24:左|上下段落間距太
近,閱讀時很容易就直接一口氣
從第一個字跨到下方段落讀完,
導致不正確的閱讀。
右|上下段落間距太遠,讀者無
法從鬆散的版面連貫閱讀。

05 | 建立參考線

「版面」→「建立參考線」與邊界與欄的設定類似，但這功能更適合用在如九宮格的格子狀結構版型（因為多了列數量的設定）。對話框的選項：參考線符合邊界是指扣除上下左右邊界的範圍，平均設定的欄與列數（圖2-27-A）；若符合頁面則是不考慮邊界，以頁面為尺寸平均設定的欄與列數（圖2-27-B）。參考線若經調整可選擇「移除現有的尺標參考線」的選項，移除之前所設定的尺標參考線，以最後設定的參考線取而代之。

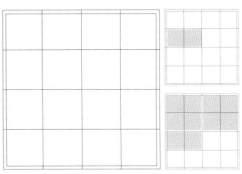

圖2-25：建立參考線可設定欄與列的數量，適合製作規律方格的版面結構。

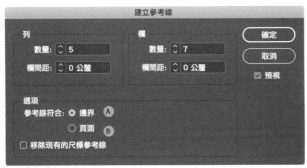

圖2-26：若想建立方格狀的版面結構，請將欄間距都設為0。參考線符合的兩種選項，分別為「邊界」，所謂的邊界是以扣除上下內外後的空間平均分攤欄與列數，如圖2-27-A。選擇「頁面」，則是以文件尺寸之大小直接進行列與欄之均分，如圖2-27-B。

圖2-27：A｜參考線符合邊界之效果，B｜參考線符合頁面之效果

06 | 尺標參考線

從「版面」→「尺標參考線」可設定使用者自己習慣的參考線色彩，請以參考線在文件上能顯現高辨識度為考量。參考線的顏色及呈現方式設定亦可於「偏好設定」→「參考線與作業範圍」進行設定。

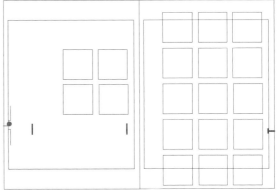

圖2-28：除了運用邊界與欄或建立參考線來製作主頁版型外，也可繪製不規則之線條或形狀製作主頁版參考線。

2.1.5 結束編輯：儲存/轉存/封裝

01│儲存／另存新檔【Ctrl+S】

InDesign檔案的儲存分三種格式，分別為indd、indt（InDesign CC 2017範本），以及提供較舊版本可開啟的IDML（InDesign CS4或更新版本）（圖2-29），其他格式則需使用轉存的方式進行儲存。

圖2-29：舊版InDesign儲存格式可供選擇。

02│「檔案」→「轉存」

InDesign的轉存（Export）格式，用於列印或輸出格式如Adobe PDF（列印）、EPS、IDML、JPEG、PNG。用於多媒體的轉存格式如Adobe PDF（互動）、EPUB、Flash CS6 Professional（FLA）、SWF、HTML、XML。

以下為轉存格式介紹：

01│Adobe PDF（列印）

Adobe PDF為可攜式文件格式（Portable Document Format），「PDF（列印）」為多數輸出中心或印刷廠可接受的格式，檔案小也維持高品質。選擇「Adobe PDF預設集」的「印刷品質」，檔案可直接透過網路傳輸給廠商印製，但有時也會有漏字漏圖及顏色偏差等問題，檔案傳輸前請再三檢查。「PDF（列印）」及「PDF（互動）」皆是eDM最普及的檔案格式。

02│EPUB

即是舊版本的XHTML數位版本格式，現在稱為EPUB，可將檔案轉存成電子書模式。

03│FLA及SWF

可在Flash網頁編輯的轉檔格式，可進一步增加或修改動畫。尤其是應用於製作動態網頁時相當便利。SWF則是無法修改的動畫輸出檔。

Adobe Experience Manager Mobile 文章
Adobe PDF（互動式）
Adobe PDF（列印）
EPS
EPUB（可重排版面）
EPUB（固定版面）
Flash CS6 Professional (FLA)
Flash Player (SWF)
HTML
InDesign Markup (IDML)
✓ JPEG
PNG
XML

圖2-30：有多種的轉存格式。

04│HTML（HyperText Markup Language）

此格式可以允許在Dreamweaver軟體編輯。將InDesign編排的內容直接轉換為網頁格式後，影像編排不會改變，但文字則需在InDesign中選擇CSS（Cascading Style Sheets；層疊式樣式表）的設定，再套用於Dreamweaver軟體。

05│XML（Extensible Markup Language）

此為可擴展標記語言，運用於網際網路，可將資料串列化的標準格式。

以上多媒體格式介紹均參閱《附錄：InDesign的數位化課程》。

03 | 封裝

當InDesign的編輯工作最終完成時，需執行彙整所有檔案的動作，這個步驟稱為封裝。選擇「檔案」→「封裝」，讓文件所用的所有圖片（Links Folder）及字體（Document Fonts Folder）都完整的封裝於文件的資料夾中，在封裝的對話框中也可勾選包括IDML與包括PDF，便可在封裝過程中將所需的檔案一起儲存起來（圖2-31），步驟可參考《Lesson 11.1：檢視與封裝》。

執行封裝前，請選擇「視窗」→「輸出」→「預檢」，所有遺失連結的圖檔、字型、溢排的文字框，或未轉成CMYK印刷色彩照片等錯誤資料將被標示（圖2-32）。檔案遺失（紅色問號）請選擇「視窗」→「連結」→「重新連結圖檔」。若是顯示溢排的文字框，請點選錯誤頁面並逐一修正。經過預檢、重新連結的檔案後，封裝才算完整。不管是再編輯或送印刷廠及輸出中心，只儲存indd的文件檔是無法完整開啟的。

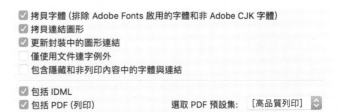

☑ 拷貝字體（排除 Adobe Fonts 啟用的字體和非 Adobe CJK 字體）
☑ 拷貝連結圖形
☑ 更新封裝中的圖形連結
☐ 僅使用文件連字例外
☐ 包含隱藏和非列印內容中的字體與連結

☑ 包括 IDML
☑ 包括 PDF（列印）　　　　選取 PDF 預設集：[高品質列印]

圖2-31：上｜CC版本後版本封裝即自動儲存Indd檔、idml、PDF檔案。下｜封裝後的資料夾內會有一個「指示.txt」可當印刷工務單、Indd檔、idml（降版本檔、CC版本都會自動產生）、PDF（CC版本都會自動產生）、Document Fonts及Links兩個資料夾。

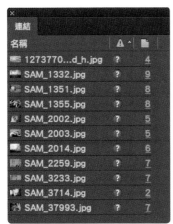

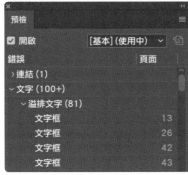

圖2-32：預檢面板中會有連結、文字顯示錯誤。左｜連結視窗出現的紅色問號，代表圖片檔案連結遺失，需重新執行連結。黃色數字代表這些影像所在頁面位置。中｜預檢面板的文字錯誤最多為溢排文字，也標示文字框所在頁面。右｜另一個文字錯誤為遺失字體，並標示哪些字體遺失。

2.2 偏好設定

Adobe軟體都有偏好設定（Preference），提供使用者設定適合自己的作業環境。偏好設定位於功能表清單「InDesign CC」→「偏好設定」，較常用偏好設定如：一般、介面、文字、單位與增量、參考線與作業範圍、顯示效能、文字間距組合選項等（圖2-33）。

InDesign 檔案
偏好設定

一般...	⌘K
介面...	

文字...
進階文字...
排版...

單位與增量...
格點...
參考線與作業範圍...
字元格點...

字典...
拼字檢查...
自動更正...

註解...
追蹤修訂...

內文編輯器顯示...
顯示效能...
GPU 效能...

黑色表現方式...
檔案處理...
剪貼簿處理...
Publish Online...
排字調整選項...

圖2-33：偏好設定選項。

01｜一般

設定檢視頁碼，有章節頁碼或絕對頁碼可選擇。集結成冊的書籍，一般建議使用章節頁碼。若設定為絕對頁碼，當多個文件檔集結成書冊檔案時，即使進行重新編碼的動作，自動編碼將不會產生作用，還是會各自保留原文件的固定頁碼。絕對頁碼較適用於配合章節碼進行的頁面編碼，如1-10、2-10這樣的格式（圖2-34）。

02｜介面

除了外觀選項，面板可設定浮動工具面板於工作視窗內的排列方式，工具列可以設定為單欄、雙欄與單列三種。除此之外，浮動面板亦可以設定為自動收合，以便增加更多視窗空間（圖2-35）。

03｜文字

一旦勾選「文字工具將框架轉換為文字框」，就不特定使用工具列的文字工具，任何框架工具都可自動轉換為可以輸入文字的文字框，或勾選「連按三下以選取整行」，滑鼠快速按三下就可快速選取文字，段落的選取不需使用滑鼠游標拖曳全部文字。（圖2-36）

圖2-34：「一般」對話視窗選項。

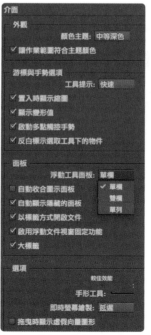

圖2-35：「介面」對話視窗選項。

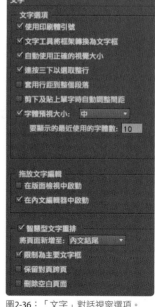

圖2-36：「文字」對話視窗選項。

04 | 單位與增量

在尺標單位中，可以設定文件座標原點（0,0）位置。若選擇跨頁，整個跨頁則一起分享共同的座標系統；反之，若選擇頁面，則座標原點會出現於每個單一頁面的左上方，尺標也以單一頁面計算。

這個對話框也可修改整個文件的單位，如文字單位可分：點Point（美式/台灣使用）、級（日式），請參考《Lesson 4.2：單位與度量》。線條與尺標單位也可設定點（Point）、派卡（Picas）、英制（Inch）與公制（Centimeter）等。另外，分享一個好用的設定給習慣用鍵盤上下左右鍵移動物件的使用者，利用「鍵盤增量」自行設定數值，將鍵盤增量設定較小數字即可做很細微距離移動（圖2-37）。

05 | 參考線與作業範圍

設定邊界、欄、出血、印刷邊界、參考線及輔助線等線條色彩，以及預視的背景顏色。此外，可選擇參考線的顯示位置置於圖文前方，更方便圖片與文字的排列對齊；反之，勾選將參考線置於後方的選項，讓參考線置於物件之後，較不干擾工作畫面（圖2-38）。

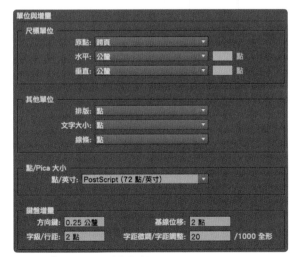

圖2-37：「單位與增量」對話視窗選項。

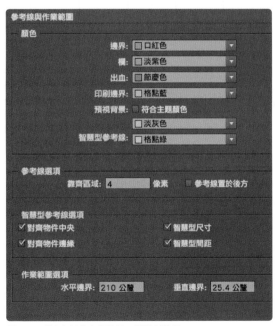

圖2-38：「參考線與作業範圍」的設定選項。

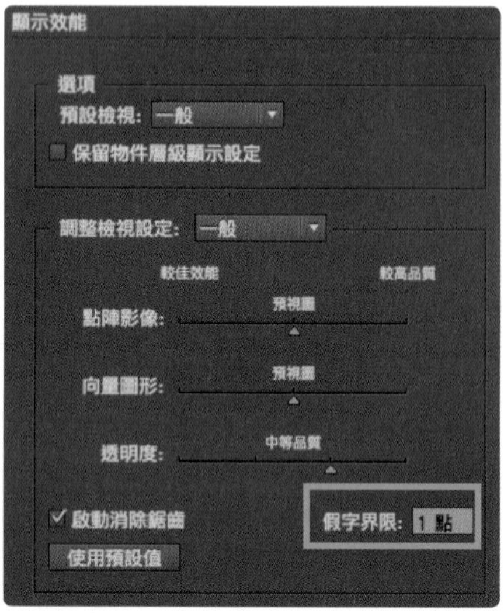

圖2-39：「顯示效能」的設定選項。

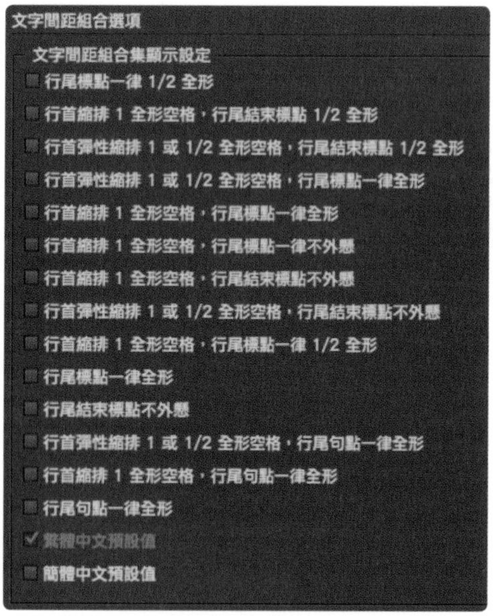

圖2-41：「文字間距組合選項」的設定選項。

06 | 顯示效能

主要設定螢幕預視的畫面，與文件印刷或輸出品質無關。設定普通顯示效能品質，可加速畫面預覽的速度，相對的，文件在螢幕上看起來品質較差。在顯示效能設定中，最推薦的選項是「假字界限」（圖2-39），所謂假字就有點像我們畫草圖時，會用灰色線條替代文字。InDesign的假字設定值為7pt，因此，當我們選擇縮小顯示或使頁面符合視窗的「檢視」時，文字只會以灰線出現而不是文字型態，若要看整體版面的圖文配置效果，會比較難以體會。筆者個人習慣是將假字字級設定為1pt，如此一來，幾乎所有文字不論版面縮小多少比例預覽，文字都會以文字樣貌呈現（圖2-40）。

圖2-40：右｜小於假字界限級數的文字，在版面上會以灰色線條呈現，不方便預覽。左｜假字界限設定1 pt，段落會以文字樣貌呈現。

07 | 文字間距組合選項

此設定可以用來控制整個文件的文字間距關係。全形代表無水平縮放的正常字寬，有時標點保留全形，會造成局部字距太鬆、段落空隙太大的問題，產生字距空間不平均的障礙。不妨將標點設定為1/2的全形，字距在視覺上更為均勻（圖2-41）。

2.3 Adobe Bridge

在《Lesson 2.1.1：工作區介紹》中，得知控制條板的下方有內建Adobe Bridge的選項（圖2-43），Adobe Bridge是用來瀏覽及管理影像、素材及聲音檔的跨平台應用程式，是Adobe Creative Suite內含的軟體之一。Adobe Bridge可以縮圖檢視InDesign文件內的各個連結。InDesign與Adobe Bridge視窗間可互相拖移檔案搭配使用等功能。（詳細資料請參考Adobe網站）

圖2-42：Adobe Bridge的工作視窗。

Ⓐ 可返回Adobe InDesign、從
Ⓑ 篩選器
Ⓒ 檢視
Ⓓ 中繼資料與關鍵字
Ⓔ 預覽模式

圖2-43：點選Adobe Bridge按鈕即可開啟。

返回上一步　篩選器　最近使用的檔案　返回Adobe InDesign　從相機取得相片　提升精確度　在Camera Raw開啟　逆時針旋轉90度　順時針旋轉90度

Ａ區｜ 直接點取InDesign控制條板的Adobe Bridge按鈕，或「檔案」→「在Bridge中瀏覽」，開啟Adobe Bridge軟體。Adobe Bridge是Adobe產品間的檔案組織橋樑，說是中央檔案管理器一點也不為過。運用Adobe Bridge的檔案管理能力，可有效協助龐大的編輯工作。影像可透過關鍵字檢視、搜尋，甚至可以將凌亂的檔名透過「工具」→「重新命名批次處理」，檔名可依文字或日期等順序重新整理成更有系統的檔名（圖2-44）。

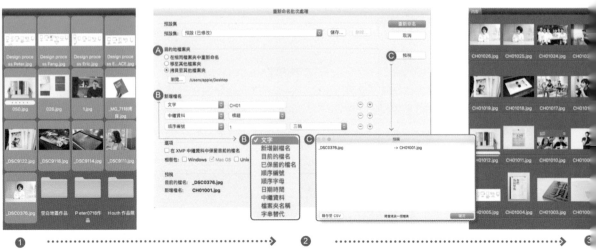

圖2-44：透過重新命名批次處理，可依文字或日期重新整理出更有系統的檔名。

B區

圖2-45：篩選器可使用關鍵字像是：檔案類型、日期，及以圖檔特性、外觀比例及色彩描述檔等名稱。

輸出InDesign文件檔，會運用「封裝」將文件內的所有圖檔連結集檔在Links資料夾，這樣圖片蒐集才算完整。每個封裝的InDesign文件檔皆有自己獨立的圖片資料夾（Links Folder），封裝是最常見的圖片管理方法（可參考《Lesson 2.1.5：結束編輯：儲存/轉存/封裝》）。

Adobe Bridge又提供另一種有彈性的圖片管理選擇，圖片可不依章節等資料夾分類，而是集中在同一個大資料夾中，但依檔案類型、日期等設定的關鍵字進行圖片分類，這方法適用於有大量跨文圖片運用的文件。然後利用篩選器的關鍵字選項，即可快速建立檔案分類（圖2-46）。

除此之外，Adobe Bridge還可以當作相片瀏覽的簡報工具使用，只要選「檢視」→「幻燈片播放」即可。此外，在功能表清單的「標籤」中也可顯示影像的處理狀態，如已審批、檢視、待處理等。

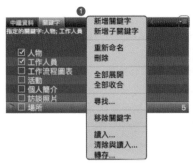

圖2-46：影像可透過關鍵字設定方便篩選及跨資料夾使用，步驟如下：1｜新增關鍵字，2｜每張影像可以有數個關鍵字便於跨文件運用。

Adobe Bridge的幻燈片播放是相片簡報的好用工具。幻燈片的播放模式很多,如推動、縮放、散開、旋轉門及報紙迴轉等,圖2-47提供了四種視覺參考範例。

圖2-47:共有十幾種幻燈片播放效果,如A | 推動,B | 散開,C | 旋轉門,D | 報紙迴轉。

C區 | 點選預視區域圖片時,會出現放大視窗,局部放大的區域可以隨滑鼠游標移動,提供詳細的圖片細節供瀏覽。

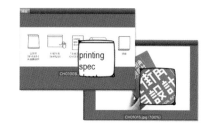

D區 | 中繼資料提供檔案屬性、IPTC Core(製作者及版權等資訊),還有音訊或視訊等音樂檔案的相關資訊。

E區 | 檔案預覽模式可分A | 縮圖格點、B | 內容縮圖、C | 內容詳細資料、D | 內容清單等。

在Adobe Bridge進行顏色設定,可以統一Adobe軟體的色彩描述。選擇「編輯」→「顏色設定」。

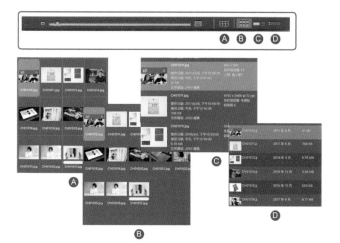

2.4 參考線與智慧型參考線

智慧型參考線是從CS4即擁有的功能，當滑鼠游標靠近物件時，會自動提供相關數據與輔助線，輕鬆進行物件對齊與調整，真的很有智慧！請勾選「檢視」→「格點與參考線」→「智慧型參考線」。

選擇「編輯」→「偏好設定」→「參考線與作業範圍」，可設定參考線以「對齊物件中央」、「對齊物件邊緣」、「智慧型尺寸」和「智慧型間距」等對齊狀態，開啟智慧型參考線可加速編排效率，尤其處理對齊、均分與角度都很便利。而可利用「偏好設定」中的「參考線與作業範圍」可以改變智慧型參考線的色彩，請參考《Lesson 2.2：偏好設定》。

01 ｜ 智慧型間距

智慧型間距可以迅速協助以更直覺、更視覺化的對齊方式排列間距（文字框或物件框），它可以直接顯示參考線水平與垂直間距確認對齊物件是否相等。

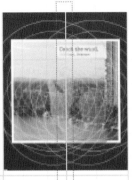

02 | 統一對齊

提供對齊參考線以便快
速對齊多個物件,當游
標靠近時智慧型參考線
會對相鄰物件的對齊提
供輔助線,方便垂直水平
與等間距對齊。

04 | 智慧型尺寸

物件經旋轉後,其鄰近物件也進行旋轉
時,智慧型尺寸就會出現角度提示。旋轉角
度提示可幫助此物件和相鄰物件以相同角
度旋轉。

此外,在縮放物件大小時,相鄰物件的尺寸
資訊會自動出現,幫助被縮放物件快速比
對相鄰物件的寬度或高度,便於調整相等
大小的框架尺寸。

不論物件或文字框都可以使用智慧型參考
線編輯,立即顯示垂直或水平方向的各種
參考數據,提高編輯的效率。

03 | 智慧型游標

可以隨意調整物件大小,滑
鼠游標接近物件外框時,
隨即自動出現物件的X與Y
數值。

Lesson 3
InDesign工具概念介紹

Lesson 3介紹InDesign最常使用到的完整選單，包括《Lesson 3.1：工具列》、《Lesson 3.2：功能表清單》、《Lesson 3.3：控制條板》、《Lesson 3.4：浮動面板》。

基本上，Adobe的軟體工具都有些相似性。比如文件視窗開啟時，工具列大多位於工作視窗的左列，功能表清單都會配置於工作區最上方第一列，控制條板則列於功能表清單下方（第二列），浮動面板則排列在工作區右側。但可用「偏好設定」中的「介面」進行修改工具列位置及排列模式的設定，或自訂「視窗」下選擇所需要的面板。

浮動工具面板： 單欄

✓ 單欄
雙欄
單列

圖3-1：工具列可以
在「偏好設定」中的
「介面」修改工具列
位置及排列模式。

3.1 工具列

工具列也稱工具箱或浮動工具，本章依屬性將InDesign分「選取工具」、「文字工具」、
「頁面工具」、「格點工具」、「繪圖工具」、「圖形工具」、「框架工具」、「變形工具」及
「導覽與媒體工具」等九種，將逐一在以下單元詳細說明。工具列下方還有：「填色工
具」、「套用顏色工具」及「預覽工具」等，都是常用的顏色設定及預覽選項。

A 選取工具

選取工具　直接選取工具

B 文字工具

文字工具　垂直文字工具　路徑文字工具　垂直路徑文字工具

C 頁面工具　D 格點工具

頁面工具　間隙工具　水平格點工具　垂直格點工具

E 繪圖工具

鋼筆工具　新增錨點工具　刪除錨點工具　轉換方向點工具

鉛筆工具　平滑工具　擦除工具　直線工具

漸層色票工具　漸層羽化工具　滴管工具　顏色主題工具

F 圖形工具

矩形工具　橢圓工具　多邊形工具

G 框架工具

矩形框架工具　橢圓框架工具　多邊形框架工具

H 旋轉變形工具

縮放工具　傾斜工具　剪刀工具　任意變形工具

I 導覽與媒體工具

手形工具　度量工具　註解工具

內容收集器工具　內容置入器工具　縮放顯示工具

J 填色工具

切換填色和線條　格式設定會影響物件框　格式設定會影響字

K 套用顏色工具

套用顏色工具　套用「無」工具　套用漸層工具

L 預覽工具

正常　預視　出血　印刷邊界　簡報

圖3-2：工具列圖示，及所有隱藏選項。

3.1.1 選取工具介紹

01 | 選取工具

用來選取圖形、文字框架及輔助線等，可直接單選物件或按【Shift】鍵執行複選。選取工具主要選取的是整個框架，而不是單一節點（圖3-3）。即使物件呈不規則造型，都會以物件最大範圍的矩形框架呈現（圖3-4）。被選取的框架有八個節點，拖曳任一點皆可進行框架縮放，若加【Shift】鍵時框架會以X、Y軸等比例調整。

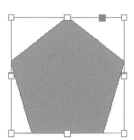
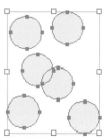

圖3-3：上｜用選取工具選的文字框為例，出現八個節點的框是正常的狀態。下｜但文字框的右下角出現紅色加號時，代表還有文字未完整顯現，這稱為「溢排文字」，需將字框範圍拉大至加號消失，或按紅色加號後，另拖曳一個新的文字框，形成串連文字框架，文字可以連貫。

圖3-4：即使是不規則的造型，還是以最大範圍的矩形框架呈現。

02 | 直接選取工具

若想要移動的是單一節點以進行變形，則需選擇「直接選取工具」，點選單一節點（可加【Shift】鍵複選節點）。這適合用來製作變形的框架（圖3-5的右），或是修改鋼筆或鉛筆工具繪製的圖形錨點。

「直接選取工具」也可當位置工具使用，用來移動或縮放框架內的圖片內容。使用「選取工具」時框架與節點顏色均為藍色（圖3-5）。但若快速點擊框架兩下，「選取工具」就直接切換為「直接選取工具」，出現一個手的小圖示可以進行圖片位置移動，此時框架及節點是咖啡色（圖3-6），或直接選取工具時亦可移動圖片內容。若調整咖啡色框上的節點是針對框內圖片的變形及縮放。

圖3-5：可運用直接框架工具，選擇單一或複數節點（加【Shift】鍵）使框架變形，這也是InDesign中去掉簡單背景的去背方法。

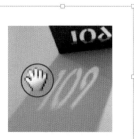

圖3-6：上｜雙擊框架即進入直接框架工具模式（出現小手圖示）、咖啡色的框是圖片本身的大小範圍，通常會就可以調整圖片於框架中的構圖位置。下｜但要注意的是若圖片偏離框架範圍，圖片就有不完整切割的風險。

3.1.2 文字工具介紹

01 | 文字工具

「文字工具」包含文字（水平）、垂直文字。InDesign 置入文字是運用框架的邏輯，需先選文字工具、建立文字框架，才可輸入、貼入或讀入文字。文字框架的操作與Adobe其他軟體的文字工具習慣稍不相同，請特別留意。

也可運用工具列中的「圖形工具（矩形、橢圓及多邊形）」及「框架工具」製作文字框架，InDesign的文字框建立非常富彈性，複製文字於圖框內，即可在各種封閉造型框架內，建立填滿造型的文字如圖3-7，垂直文字工具也是相同的操作流程。

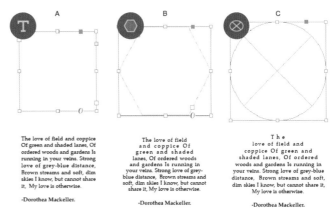

圖3-7：左｜是用「文字工具」建立的字框及應用；中｜是用「多邊形圖形工具」建立的字框及應用；右｜則是用「橢圓框架工具」建立的字框及應用。

02 | 路徑文字

路徑文字分水平及垂直路徑文字，需先使用鋼筆工具或圖形工具製作開放或封閉路徑（圖3-8），再點選路徑上的任一錨點做為路徑工具的起始位置，注意出現文字輸入符號（＋）才可以成功輸入或複製文字於路徑中。

水平或垂直文字工具的差別在文字走向，路徑文字工具（水平）輸入的文字會與路徑呈垂直關係，而垂直文字工具所輸入的文字與路徑是平行，即是完全順著圖形排列（圖3-8）。

「文字」→「路徑文字」→「選項」可修改路徑文字的特效與位置，請參考《Lesson 4.7：路徑文字工具》。

圖3-8：A｜為開放路徑；B｜為封閉路徑。

圖3-9：上｜頁面最上方的是將李煜相見歡詞的第一句運用了垂直路徑工具文字，第二句則用水平路徑文的排列字建立；右｜可愛的早餐盤內容物，是用路徑文字順著不規則及幾何橢圓排列的文字。這些畫面皆在 InDesign完全製作。

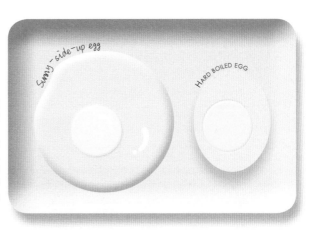

3.1.3 頁面工具介紹

這是InDesign較新的工具選項，適合用在文件中建立特殊拉頁或是針對封面設計使用。多數人習慣將書本的封面設計拉到Illustrator執行，輸出後與內頁進行裝訂。InDesign的頁面工具可以更方便整合封面、內頁或特殊跨頁面在同一個文件檔案，雖然有些印刷廠並不會這麼做，因封面與內頁在尺寸、材質或加工方式大多不同，印刷廠輸出PDF檔時，還是會將書封與內文分開成兩個檔案處理以免混淆。以下範例是使用InDesign頁面工具製作書封的說明。

封面操作步驟

STEP 01 |

先確認書衣結構，基本上分為五個部分：封面、封底、書背、折口（兩份），這個步驟會因為文字排列及裝訂位置的差異，需要調動封面封底的位置，可用張白紙摺一摺並標示封面封底先確認方向是否正確（圖3-10）。

STEP 02 |

新增一個主版，將頁數設定為5頁（圖3-11）。然後直接將五頁的主版拉到頁面浮動面板的頁面區域（圖3-12）。

STEP 03 |

選擇工具列的頁面工具，分別選擇折口及書背頁面調整控制條板上頁面的寬與高進行頁面尺寸修改。例如設定左右折口寬為15cm、中間書背設定寬為2.4cm，直接用頁面工具調整即可，調整完開始置入圖文進行封面的編輯（圖3-13）。

上述介紹的多頁主版做法是作者最常用的封面尺寸設定方式，封面檔案也可以用其他方式製作。較複雜的設定，請參考《Lesson 8.2.2：封面製作》。

圖3-10：書封是由A｜封面、B｜封底、C｜書背、D｜折口構成。上｜是橫式編排（左翻）書封的頁面結構，下｜則是直式編排（右翻）書封的頁面結構，這些順序很容易混淆，需小心確認。

圖3-11：在主頁版浮動面板的右邊選單中，選擇新增主板，並直接設定為五頁的拉頁。

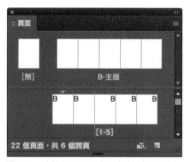

圖3-12：將設了五頁的主頁版拉到下方的頁面面板中，即完成了封面最基本的五個部分，分別是封面、封底、書背、兩頁折口。

TIPS

Tips:

折口的尺寸如何設定？

每一家輸出中心各有不同的規範，尚祐印刷的印務建議至少超過50mm，最簡單的算法就是，以封面寬度的2/3作為預留，這樣不會因折口太長而卡到裝訂處，也不會因折口太短在翻書時容易翹起。

書封都以完整展開圖製作。

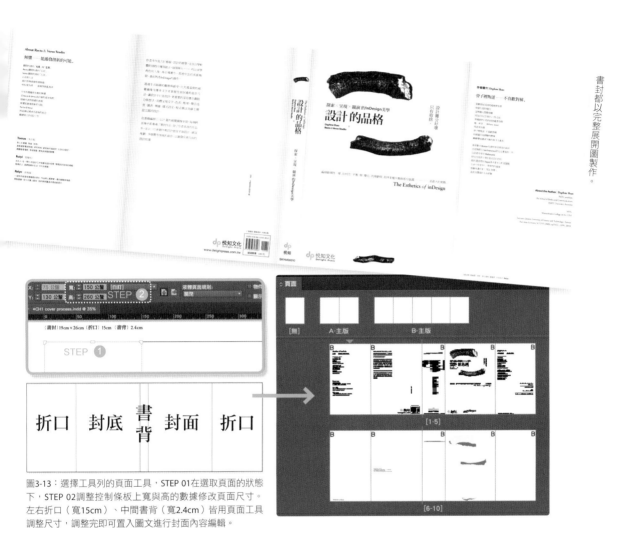

圖3-13：選擇工具列的頁面工具，STEP 01在選取頁面的狀態下，STEP 02調整控制條板上寬與高的數據修改頁面尺寸。左右折口（寬15cm）、中間書背（寬2.4cm）皆用頁面工具調整尺寸，調整完即可置入圖文進行封面內容編輯。

螢幕模式可分正常、預視、出血及印刷邊界。利用印刷邊界的空白區域可提供印刷的相關訊息：A | 檔案用途及尺寸、B | 裁切線、C | 折線（圖3-14）、D | 特殊印後加工標示（如燙金/上光等）（圖3-15上）。

另外滿版圖片或色塊一定要做印刷出血設定（圖3-15），出血色塊需超出頁面至少3mm的範圍才足夠，是利用印刷邊界處理完稿及訊息標示。

TIPS

Tips:

製作封面時，還有什麼資訊需要放置？

在封面上，除了放置書名、作者名，希望讀者不翻開書就能吸引目光的廣告文案之外，還有一些資訊必須要有的。折口處多半會放置作者（譯者）簡介；書背一定要放書名、作者名，因為置於書店書架上時，那是能讓讀者一眼找到的位子；封底則大多是放置書籍重點內容、出版社、價格、ISBN、上架分類等資訊。

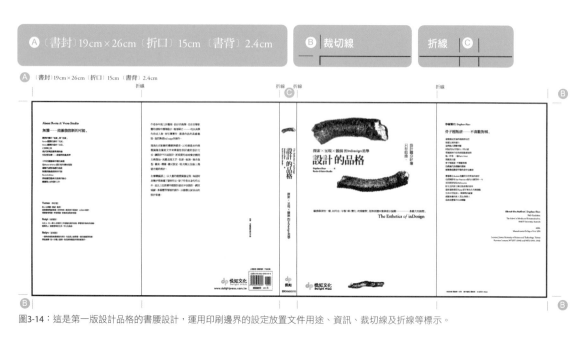

圖3-14：這是第一版設計品格的書腰設計，運用印刷邊界的設定放置文件用途、資訊、裁切線及折線等標示。

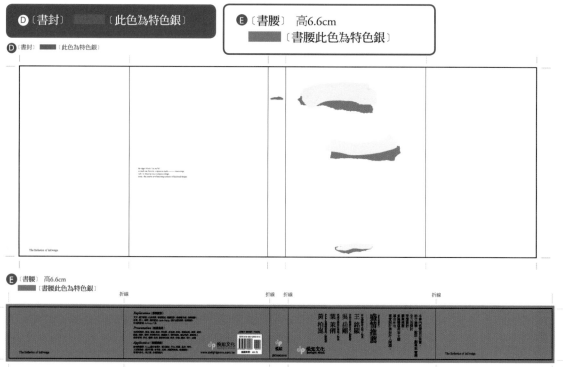

圖3-15：這是第一版設計品格的書腰設計，上｜版面上看到的桃紅色其實是印刷特殊色銀色的完稿。
下｜若要製作滿版底圖時，需特別注意底色或底圖至少要多出3mm以上的出血延伸。

3.1.4 繪圖工具介紹

本書將工具列中的鉛筆、線條、鋼筆、漸層,以及漸層羽化,皆歸類為繪圖工具。

圖3-16:鉛筆工具。

01 | 鉛筆工具

鉛筆、平滑及擦除工具,分別用於繪製、修改及刪除鉛筆圖案。鉛筆工具建議搭配數位板繪製,其效果會較佳《Lesson 5.1:鉛筆工具》。

02 | 平滑工具

可減少鉛筆線條所產生的鋸齒,設定對話框中的數值,可修改精確度與平滑度值,因而產生不同的平滑效果。

03 | 擦除工具

如同鉛筆的橡皮擦,可擦去鉛筆線條、鋼筆,或圖形工具所構成的錨點圖形。

04 | 直線工具

主要繪製直線條,加上【Shift】鍵即可畫出水平、垂直或45度的對角線。可搭配線條浮動面板設定線條類型,例如,設定虛線的線條與間隙顏色的差異,可產生許多有趣的線條變化,請參考《Lesson 5.2:線條工具》。

圖3-17:鋼筆工具。

05 | 鋼筆工具

鋼筆也就是貝茲曲線工具,包含了新增錨點、刪除錨點及轉換方向點工具。結合【Shift】鍵可以精確描繪直線或對角線。繪製封閉圖形時最後一個錨點的游標右下角會出現一個小圓形,協助準確的連結開端的節點,以確保繪製完整的封閉圖型,鋼筆工具的操作請參考《Lesson 5.3:鋼筆工具》。

06 | 新增錨點工具

新增錨點工具需搭配鋼筆工具使用,在已繪製的線條上增加錨點,製作更複雜的轉折細節。錨點需使用直接選取工具選取局部錨點執行移動等動作。

07 | 刪除錨點工具

刪除錨點工具也需搭配鋼筆工具使用,可刪除過多或影響造型的錨點讓圖案簡化。

08 | 轉換方向點工具

鋼筆工具可繪製直線或曲線,快速點選新錨點後立即放開滑鼠,就是繪製直線線段的直線錨點;若確定新錨點位置後但仍按著滑鼠進行拖曳,則出現雙邊控制桿的曲線錨點,產生曲線線段。轉換方向點工具就是讓直線與曲線錨點互相轉換的工具。

09｜漸層工具

用於建立漸層色彩，可分線性及放射狀漸層兩種內定模式。漸層製作的色票可輕鬆套用在邊框、線條、填色及文字等，在已選擇的物件上拖曳滑鼠，即可設定漸層的範圍與方向，請參考《Lesson 7.4：漸層面板》。

10｜漸層羽化工具

漸層羽化工具可應用於文字、形狀及圖片，類似Photoshop合成用的遮罩效果，讓物件用透明度自然融合於背景，操作上也是使用滑鼠在選取物上拖曳產生半透明遮罩，效果自然且快速。操作與範例可參考《Lesson 6.4：漸層羽化》。

11｜滴管工具

可用來吸取色彩或樣式，樣式包括線條、字體、段落，或物件樣式。色彩可以從圖形、照片吸取顏色；複製樣式時，要先選取欲改變的物件，再用滴管吸取被複製樣式的物件，即完成套用。

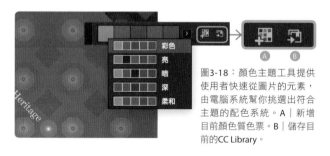

圖3-18：顏色主題工具提供使用者快速從圖片的元素，由電腦系統幫你挑選出符合主題的配色系統。A｜新增目前顏色質色票。B｜儲存目前的CC Library。

12｜顏色主題工具

類似滴管工具，也是透過圖片或物件吸取色彩，主題色滴管吸取後會自動產生一系列五色的色彩，再將整組色票新增至色票面板，建置適合自己或專題的色票（圖3-18）。若不喜歡吸取後產生的色彩，可按【Esc】鍵重新選取一次，或按【Option（Mac）；Alt（Pc）】鍵暫時切換至「挑選」模式就可收集新主題色彩。若按【Shift】鍵也可以從整組顏色（五色）單獨挑選喜歡的顏色儲存就好。整套顏色也提供依彩色、亮、暗、深、柔和等主題延伸的色彩，並可以分別儲存為不同主題色票資料夾，通常主題色自動產生的色彩搭協調性很高，很適合互相搭配，可參考《Lesson 7.3.3：主題色》。

3.1.5 圖形工具介紹

圖形工具包含矩形、橢圓與多邊形工具。

圖3-19：圖形工具。

01｜矩形工具

矩形工具可繪製出矩形圖案，若加【Shift】鍵就是正方形，再利用變形工具就可變成梯形或菱形。

02｜橢圓工具

橢圓工具可繪製橢圓，或加【Shift】鍵成正圓，也可以利用鋼筆工具增加節點變成花瓣等波浪形。

圖3-20：多邊形工具對話框裡的「星形凹度」，是多邊形邊線往中央集中的程度，凹度的百分比越高，代表星形的尖角越銳利。
上｜綠色多邊形邊數：6；星形凹度：20%。中｜藍色多邊形邊數：6；星形凹度：50%。下｜桃紅多邊形邊數：5；星形凹度：70%。

03｜多邊形工具

多邊形工具的預設值為六角形，只需雙擊多邊形工具圖像或加【Option（Mac）；Alt（Pc）】鍵，在多邊形設定對話框修改「邊數」，也可製作出三角形或其他多邊形。對話框裡的「星形凹度」是指多邊形邊線往中央集中的程度，可建立星星造形，凹度的百分比越高，代表星形的尖角越銳利（圖3-20）。

3.1.6 框架工具介紹

框架工具包含矩形框架、橢圓框架及多邊形框架，主要提供影像置入使用。對於需要大量編排圖片的文

圖3-21：框架工具。

件，可將框架運用物件樣式設定效果，即可有效快速在多張圖片置入後產生同樣的效果，請參考《Lesson 6.7：多重影像置入與連結》及《Lesson 9.3：物件樣式》。

框架工具與圖形工具的差異是在正常螢幕模式下，框架工具中間出現一個大叉叉。也是編排的圖示代表照片的意思，但InDesign，繪圖的圖形工具，與置入圖片的框架工具間有很大的彈性，會自動轉換，填色就是色塊、置入照片就成框架、置入文字就變文字框。框架的組合變化，可參考《Lesson 5.4：路徑管理員》。

01 | 矩形框架工具

用於方形圖片的置入，加上【Option（Mac）；Alt（Pc）】鍵還可設定框架中心點。矩形框架工具可搭配變形工具，能產生更多具透視效果的立方體變化，可參考《Lesson 5.5：任意變形工具》。

02 | 橢圓框架工具

提供圖片圓形或橢圓形框，基本用法及設定與矩形框架一樣。

03 | 多邊形框架工具

可製作3～100的多邊形，在對話框內可設定寬、高、邊數及星形凹度。可搭配路徑管理員運用交集或差集變化出更多造型。基本用法及設定與多邊形工具一樣。

3.1.7 變形工具介紹

在工具列中，可改變造形的工具。有旋轉、縮放、傾斜、剪刀及任意變形工具。

圖3-22：變形工具。

01 | 旋轉工具

除了在工具列可以找到旋轉工具，在選取工具的控制條板也有旋轉圖示。旋轉工具適用於文字或物件，控制條板中可鎖定等比或分別設定X與Y軸的縮放比例。按【Option（Mac）； Alt（Pc）】鍵可定位旋轉的軸心，可嘗試運用中心偏移的方式進行物件旋轉複製的動作，即可產生非常有趣的螺旋圖案。可參考《Lesson 5.6：再次變形工具》。

圖3-23：左｜圓形縮放在正中心點：圓心、比例80％。右｜方形縮放的中心點：右下、比例80％，中心點偏離就產生離心的效果。

02 | 縮放工具

縮放工具可進行物件放大或縮小，加【Shift】鍵可等比縮放。按【Option（Mac）； Alt（Pc）】鍵能定位縮放的圓心，也可以嘗試偏移中心點進行縮放複製（圖3-23）。雙擊縮放工具調整XY軸縮放比例後，選擇「拷貝」，原有的物件不但會保留，還會依設定的縮放比例複製新物件，可參考《Lesson 5.6：再次變形工具》進行更多有趣的變化。

03 | 任意變形工具

使用任意變形工具，可以任意變形出上述的效果，與「物件」→「變形」中的移動、縮放、旋轉、傾斜相同，也可以選擇「視窗」→「物件與版面」→「變形」的浮動面板執行相似的動作，可參考《Lesson 5.5：任意變形工具》及《Lesson 5.6：再次變形工具》。

04 | 傾斜工具

可將矩形變成梯形或菱形，這都是將物件傾斜的效果，傾斜造成透視感。該功能與下拉式選單「物件」→「變形」的移動、縮放、旋轉、傾斜是一樣的，可參考《Lesson 5.5：任意變形工具》。傾斜工具適用於塊面、線條、文字及照片。在InDesign中製作傾斜相當簡單，文字不需建立外框字，文字或照片都還會配合傾斜角度變形，封閉或開放框架皆可進行（圖3-24）。

05 | 剪刀工具

須用剪刀切出至少兩個分割點，才可切割圖形中的部分線段。使用剪刀工具所分割的線段需使用直接選取工具選取後，才能移動或刪除，並不像刪除錨點工具會直接變形。

剪刀工具設的分割點可以在框架的任何一處，並不限於錨點，並且不會破壞物件原本外型，這與錨點刪除工具很不相同（圖3-23）。

圖3-26：左｜用剪刀工具去掉一部分線段，再用線條工具的起始點設定增加圈圈與小線段；中｜用剪刀工具去掉一部分塊面，再用直接選取工具將已分割的塊面位移；右｜用剪刀工具去掉部分線段，再用線條工具選擇不同的線條樣式。

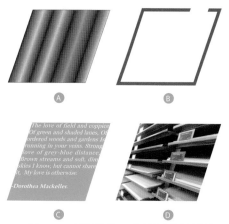

圖3-24：A｜塊面傾斜；B｜密閉或開放線條皆可傾斜；C｜文字傾斜後仍可編輯；D｜置入的照片也可以跟著傾斜調整。

圖3-25：三張運用變形工具及再次變形工具製作連續圖形的海報。

3.1.8 導覽與媒體工具介紹

最後介紹的導覽與媒體工具主要以協助工作視窗的移動、放大縮小及提高操作效能的工具為主，例如，手形工具可用於工作視窗移動、度量工具提供尺寸數據、縮放顯示工具方便調整視窗大小，其中註解工具較不熟悉，但其功能類似Word的註解，可做為團隊工作溝通的工具。

 01｜手形工具

用於移動工作視窗而非移動物件位置（可比較《Lesson 3.1.1：選取工具介紹》）。當工作區經放大檢視或視窗範圍已偏離頁面工作區時，只要快速按選兩下手形工具，工作視窗即可迅速回復到頁面或跨頁最大顯示範圍，這工具與「檢視」→「頁面符合視窗」及「跨頁符合視窗」作用一樣。

在操作工具列的其他工具同時，只需按下鍵盤的空白鍵（Sapce Bar），即自動轉換為手形工具，可不會影響到目前正在使用的工具，還能同時調整工作視窗。

 02｜度量工具

可用來測量版面或物件的尺寸，與滴管工具並列。使用度量工具請先以滑鼠選擇所需測量物件的範圍，畫面上即出現度量尺標（兩邊十字線），數據即呈現於「資訊」浮動面板中。

其實，智慧型參考線提供尺寸、間距甚至角度等更方便，只要至「檢視」→「格點與參考線」→「智慧型參考線」打開即可。請參考《Lesson 2.4：參考線與智慧型參考線》單元。

 03｜縮放顯示工具

縮放顯示工具是針對工作視窗畫面的縮放，而不是物件比例縮放（請比較《Lesson 3.1.7：變形工具介紹》之縮放工具）。通常縮放顯示的預設值是放大鏡（加號）。縮小工作畫面請加按【Option（Mac）；Alt（Pc）】鍵即可（減號）。當快速點選兩下縮放顯示工具，視窗則以實際大小的比例顯示，如同「檢視」→「實際大小」。也可搭配手形工具讓頁面符合視窗。

 04｜註解工具

類似Word的註解，提供編輯團隊透過文字註記，讓共同參與者了解製作時的注意事項。為了方便辨識，註解面板還提供使用者擁有各自的註解色彩；為了方便瀏覽也可設定註解錨點，還能使用註解面板的前後箭頭跳至設有註解的頁面。此外，註解文字也能直接另存檔為PDF格式。

3.2 功能表清單

下拉式功能表清單位於工作視窗最頂處，是以文字呈現的工具選單，功能表清單也稱下拉選單，涵蓋軟體內大多數功能。由左至右排列分 別為01│「檔案」、02│「編輯」、03│「版面」、04│「文字」、05│「物件」、06│「表格」、07│「檢視」、08│「視窗」及09│「說明」等九項。

01│「檔案」功能表清單

02│「編輯」功能表清單

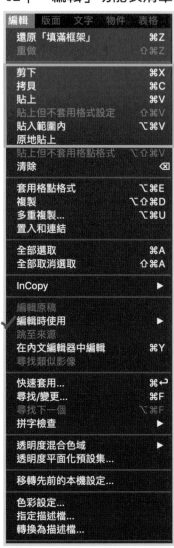

功能表清單工具太多無法詳述，用顏色為讀者將工具進行分類，建議使用快速鍵（綠），常用的功能表選單（紅），也出現在控制條板（藍），也出現於工具列（橘），建議選擇用浮動面板（黃），這些都是多年的經驗分享。

■ 常用快速鍵
■ 常用「功能表」
■ 常用「控制條板」
■ 常用「工具列」
□ 常用「浮動面板」

03 ｜「版面」功能表清單 ## 04 ｜「文字」功能表清單

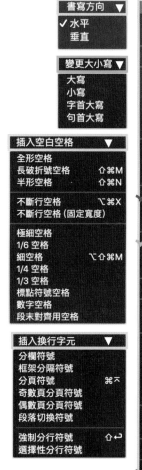

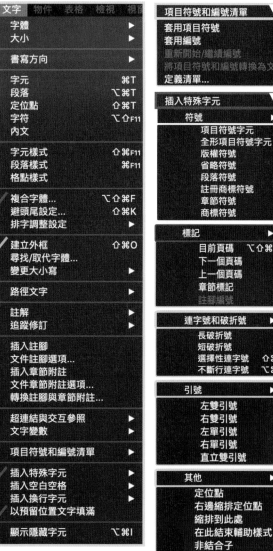

05 | 「物件」功能表清單

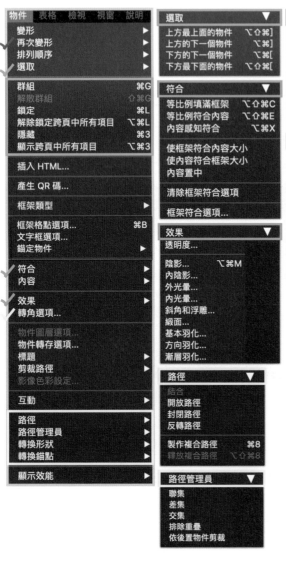

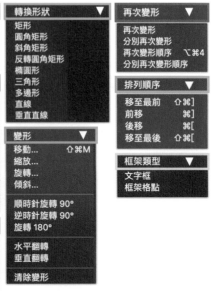

06 | 「表格」功能表清單

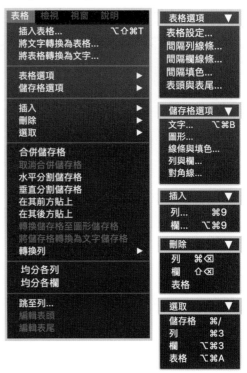

07 │「檢視」功能表清單

開啟檔案時若發現無出現左側的工具列,請在「視窗」勾選「工具」。同樣上方之控制條板未出現時,請於「視窗」勾選「控制」。其他浮動面板也一樣於「視窗」尋找即可。

- 常用快速鍵
- 常用「功能表」
- 常用「控制條板」
- 常用「工具列」
- 常用「浮動面板」

09 │「說明」功能表清單

說明
InDesign 說明... ⑦
InDesign 教學課程...
送出錯誤/功能要求...
管理我的帳戶...
登出... (shao_design@hotmail.com)
更新...
InDesign 連線...

08 │「視窗」功能表清單

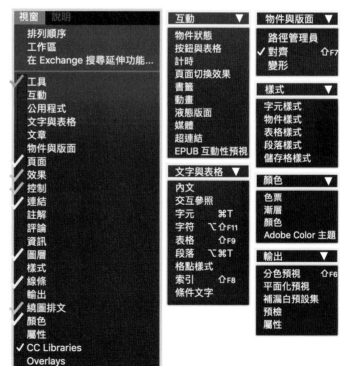

3.3 控制條板

控制條板位於工作視窗上方的功能表清單之下，搭配工具列則呈現不同條板狀態。許多工具會以圖示（icon）出現在控制條板中，更快速好用。

本章節以常用的五種控制條板進行導覽，分別是《Lesson 3.3.1：選取控制條板》、《Lesson 3.3.2：字元控制條板》、《Lesson 3.3.3：段落控制條板》、《Lesson 3.3.4：格點控制條板》、《Lesson 3.3.5：頁面控制條板》。

開啟檔案一旦進入文件視窗，控制條板的預設狀態是開啟的，若沒有自動出現時請選擇「視窗」→「控制」即可。

3.3.1 選取控制條板

搭配選取工具及直接選取工具時，將會出現選取控制條板，主要提供定位、尺寸、縮放變形、旋轉、傾斜、翻轉、選取、線條、物件效果、繞圖排文、轉角效果及符合等圖示工具。這些工具都與功能表清單內「物件」或「物件與面板」浮動面板相似。工具列大多數與物件框架相關的工具也都是搭配著選取控制條板。

3.3.2 字元控制條板

在工具列選擇「文字工具」的狀態下,將出現設定文字屬性的控制條板,條板上方的「字」就是字元控制條板,以選擇字體、級數、基線位移、字體樣式、大小寫、字元縮放、字距微調、比例間距、指定格點數,還有字元前後距離及段落對齊等選單。更多文字的設定可選擇功能表清單「文字」,浮動面板之「字元樣式」及「段落樣式」,請參考《Lesson 9:樣式設定》

■ 搭配「文字工具」 ▨ 搭配「段落樣式設定」

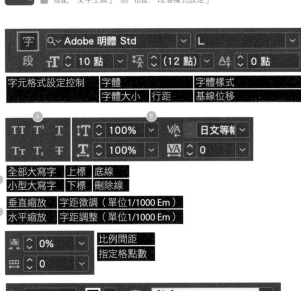

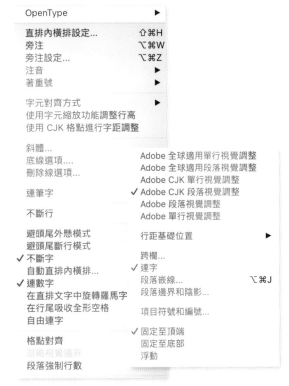

3.3.3 段落控制條板

段落控制條板也在工具列「文字工具」被選擇的狀態下出現，控制條板下方的「段」字就是指段落控制條板，其實與字元控制條板內的項目部分雷同，主要差別在行與段落上的設定，如縮排、行數、段前段後距，段落樣式設定定常使用的「首字放大與輔助樣式」也出現於段落控制條板中。

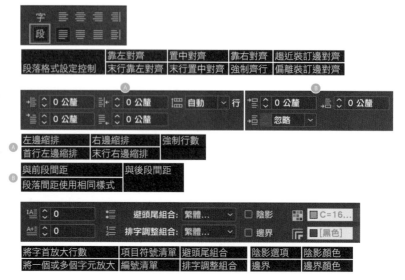

■ 搭配「文字工具」

3.3.4 格點控制條板

格點控制條板僅在使用選取格點工具時出現，前半段設定與選擇控制條板雷同，主要差別在設定格點文字的平長變化、字元空格、格點樣式，以及格點字級等。

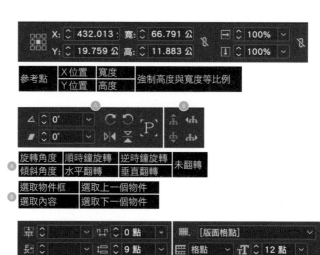

■ 搭配「格點工具」

3.3.5 頁面控制條板

頁面控制條板出現在選取頁面工具的狀態下。主要提供的工具有參考線、頁面尺寸選單、液態頁面規則、物件隨頁面移動及顯示主頁版頁面覆蓋等設定項目。液態版面可為多重頁面大小、方向或裝置設計內容。使用液態頁面規則,可讓內容適合輸出大小。請參考Adobe網站液態版面和替代版面。

■ 搭配「頁面工具」

3.4 浮動面板

浮動面板通常列於工作視窗的右側,可以於「InDesign」→「偏好設定」→「介面」中改變單欄、雙欄及單列的模式。未開啟的浮動面板,請在「視窗」下拉式選單尋找。浮動面板與功能表清單或控制條板都有許多重複的工具,以下提供最好用的浮動面板,分別為物件浮動面板、編輯浮動面板及輸出浮動面板。

01 | 物件浮動面板

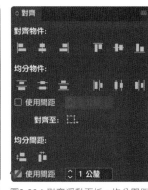

3-27:線條浮動面板,起始結束設定及間隙顏色都是好用的設定。　圖3-28:對齊浮動面板,均分間距可以提供精確對齊的好工具。

圖3-29:色票浮動面板,右上選單隱藏了載入色票的好工具。　圖3-30:路徑管理員浮動面板,提供圖示說明簡單易懂。

02 | 編輯浮動面板

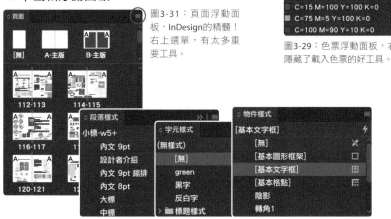

圖3-31:頁面浮動面板,InDesign的精髓!右上選單,有太多重要工具。

圖3-32:樣式浮動面板,編輯最重要的設定,常用的分別為段落樣式、字元樣式及物件樣式。

03 | 輸出浮動面板

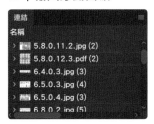

圖3-33:連結浮動面板,是輸出前最重要把關站。

視覺的創意
Exploration

The
Es
of
InDesign

Beautiful and sophisticated:
How to make a perfect portfolio

很多人認為 InDesign 是編輯軟體，而忽略其繪圖及影像處理的能力，本書將透過此章節教大家如何運用 InDesign 製作素材，創造出自己的視覺元素！若能熟悉 InDesign 好用的繪圖及影像處理功能，可讓編輯工作事半功倍！

根據《Visual Language》（Horn, 1998）所說，將視覺語言分三種主要元素：文字（Texts）、形（Shapes）、影像（Images）（其中，Shapes 是指 2D 的形，3D 的形則是 Forms），筆者在教授設計課程時也是用這三個分類探索視覺元素，本章也依序用文字、形及影像，介紹如何運用 InDesign 創造視覺素材的方法與效果。

Lesson 4
視覺元素_文字Texts

文字充斥在我們周遭日常，不論是閱讀的書籍、刊物、海報，甚至是環境中的廣告、指標、告示等。它們可以是友善的、提供訊息、知識、娛樂的，但也是一種宣言、抗議的視覺媒介，例如塗鴉或遊行文宣品。本章在黃震中老師的引介下與《字型散步》作者即經營「字嗨」版主的柯志杰先生，透過他們的專業來豐富本文字的篇章。

4.1 文字初識

字體（Font）的選擇會讓人產生什麼樣的聯想？俄國作家列夫·托爾斯泰的長篇小說《戰爭與和平（War and Peace）》，若改編的電影使用了不同的標題字型呈現，是否會感受到電影的不同氛圍（圖4-1）？

字體可以呈現客觀或主觀，也可以呈現理性或浪漫，或者呈現不同年代的時空背景，例如，Arnold Böcklin 字體就是代表新藝術風格（Art Nouveau）的字體。這些字體讓你感受書籍或電影想表達的劇情重點是什麼嗎？是歷史？戰爭？還是愛情？

01 │ 字體分類

字體主要分成Serifs（無襯線字）及San Serifs（襯線字）兩大類（圖4-2）。

多數襯線字給人正式的感覺（以文字發展史來說，襯線字是發展較早的字體），所以襯線字常見於報章雜誌的內文或標題。襯線字的一大特色，它在小級數的狀態下辯讀性較佳，若大約6pt或更小的分類廣告字體，建議多選擇襯線字。Garamond、Georgia、Palatino及Times都是受歡迎的英文襯線字型，中文最常用的就是明體了。

反之，無襯線字型是隨著鉛字印刷技術，所發展出來的較新的字體。因為筆畫粗細一致，用在標題上顯得特別有份量，也因字體簡潔給人帶來現代感，廣泛運用的英文無襯線字，如Arial、Avant Garde、Helvetica、Lucida等，中文則以黑體字的華康黑體、文鼎黑體等具代表性。

除了襯線字與無襯線字的分類，中文字體還可分：印刷體與書法體。印刷體包含：明體及黑體（包含圓體）；書法體包含：楷書、隸書及行書等（圖4-3），宋體則介在這兩分類間有時被視為印刷體、有時則被歸類為書法體。

同樣的英文字體除了襯線與無襯線的分類，也可分印刷字體、書寫字體（Script）、歌德字體（Blackletter）及展示體（Display）（圖4-4）。

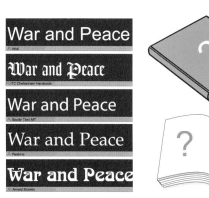

圖4-1：若將左邊五種字體套用到書封上的書名，是否接收到不同的傳達重點？

圖4-2：1-2｜襯線字，3-4｜為無襯線字。

圖4-3：不論在亞洲或西方國家，書法體很容易被應用於招牌，書法體似乎代表正統的東方色彩。

Stencil字體也是比較特殊的字體，它是以噴漆型板的概念所設計的字體，常見於我們小時候學校木頭座椅上噴漆的編號字型（圖4-6）。

圖4-4：日常的路標、招牌、商品，都有許多字體的呈現，如印刷字體、書寫字體（Script）、歌德字體（Blackletter）及展示體（Display），在旅行或散步過程中，都可以領略字體的美麗。

圖4-6：國小六年四班的回憶，運用傾斜工具做出椅子與體的透視感，仿Stencil的字體是用Arial建外框後，以路徑管理員之差集切割出字體的斷線，最後用基本羽化做出噴漆不均勻的質感。

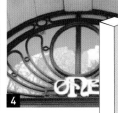

圖4-5：1-2｜浮雕（Raised），3-4｜花體（Swashes Oramentals）。

02 │ 文字基本屬性

在InDesign的文字控制條板中，有六種文字屬性的圖示選項：如大寫、小型大寫、上標、下標、底線及刪除線（圖4-7）。

大寫（Capital）：「視窗」→「控制」→TT

小型大寫字（Small Capital）：「視窗」→「控制」→Tт
需將字首設定大寫，其他字母設為小寫，選擇這功能才可產生效果，原本的小寫字就變成比字首大寫小一點級數的大寫字體。

底線：搭配線條可以用在標題上，可提高段落區隔的效果，可參考《Lesson 9.1.2：底線選項》。

另外，還有字體家族的選擇，如正體、斜體、粗體等變化（圖4-8），運用家族字體可以提高文字層次感，在統一中又能看出變化。

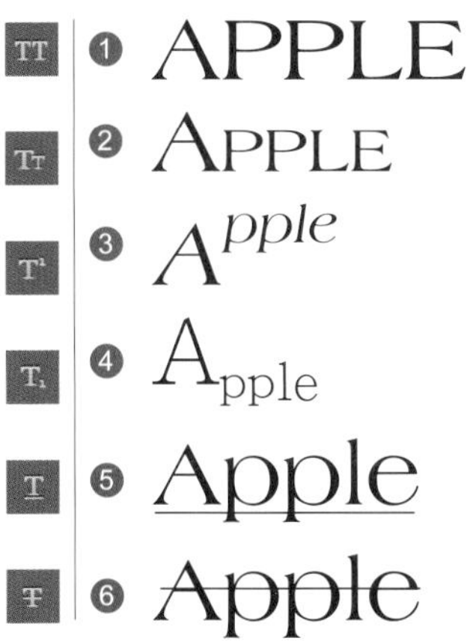

圖4-7：1｜大寫，2｜小型大寫字，3｜上標，4｜下標，5｜底線，6｜刪除線。

圖4-8：同家族的字又可分 1｜羅馬體（Roman），2｜粗體（Bold），3｜斜體（Italtic），4｜特粗體（Extra Bold）等變化，參考字體為Americana。

圖4-9：底線可作為標題強調的設計之一，透過線條工具的間隙顏色產生趣味底線變化，請參考《Lesson 5.2：線條工具》。

03 │ InDesign的其他文字設定

注音設定

在此建議使用注音字體執行，因為注音字型本身已經將注音與中文字綁定，並且直接設定在文字右側，不管打直式或橫式，注音都只能在右側。

著重號

著重號主要用於日文與古文（西文少見），InDesign有幾種預設圖案（小點/魚眼/圓形/牛眼/三角形等）可以選擇。著重號位置也可以設定在字的左/下或右/上，並可設定著重號的大小及著重號與字的位置（距離），可參考《Lesson 9.1.5：著重號》中的應用。

TIPS

Tips:

調整底線

當字體大小不同時，底線自然就會高低不等。為了克服這種視覺干擾，可以運用「控制條板」右側隱藏選項 →「底線選項」調整偏移量，來調整底線與文字的位置。上｜未經過底線偏移量調整的文字，下｜經過底線偏移量調整的文字。

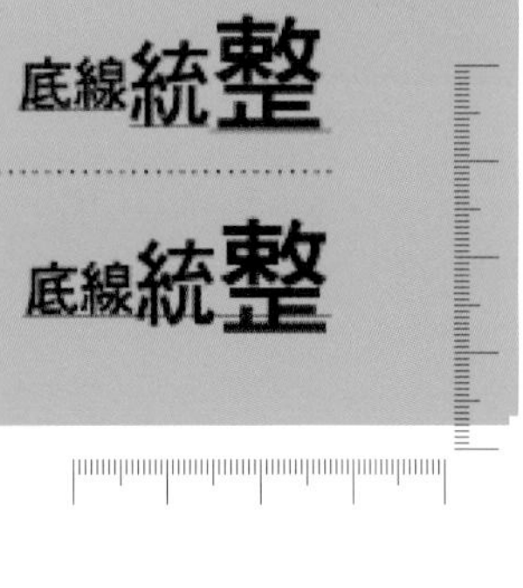

4.1.1 英文大小寫的比例架構

字體設計大多先確定結構（骨架），其次加上筆畫（肌肉）、陸續考慮其他裝飾性元素。本章將介紹基本的英文字體之架構與筆畫原理。影響字體結構除了垂直比例，寬度也會產生影響，字型家族中也常有窄字（Condensed）與寬字（Expanded）的變化體都可以應用。

01 ｜ 英文大寫的比例架構

主要結構由三條線構成，分別為上緣線CL1、中線（腰線）CL2，以及下緣線CL3切割上下兩部分，大寫中線的位置可以自行調整線高字體顯修長。反之，腰線低字體顯矮胖，這是影響字體比例差異的因素。

圖4-10：分別由大寫上緣線CL1、大寫中線（腰線）CL2，以及大寫下緣線CL3切割成兩部分，大寫中線的位置可以調整。（字體：DIN Alternate Medium）

03 ｜ X-height

X-height是依據小寫X所設定的高度。全部26個小寫字母主要重心皆飽滿的落在X-height範圍內，其中只落在X-height範圍的字母如：acemnorsuvwxz。延伸到上緣線的字母：bdfhiklt。延伸至下緣線的字母：gpqyj。

若是X-height一樣的字體就算級數不同，在視覺上容易被判斷為同級數的字（圖4-12）。反之，如果字級一樣大，但X-height不一樣的字體。反之，同字級大小的字體也可能因為X-height高度不同，反而給人字級不一樣的錯覺（圖4-13）。

X-height如何影響編排？如報紙分類廣告版面很小，通常選用6pt以下的字級，建議挑選X-height高的字體，視覺上反有放大效果並便於閱讀。其他許多公共場所或交通運輸之環境標示字體設計，通常也會選X-height高的字體，即使遠距離仍有較佳的辨讀性。美國高速公路道路標示前後期用的字體Clearview或Highway Gothic都是高X-height的字體。反之，選擇小X-height的字體，視覺上有縮小的細膩感，若你的客戶要求大級數字體，不妨選擇小X-height的字型，也是設計師清晰與美感折衷的選擇。

estheti

Ⓐ Baskerville /40pt

圖4-12：兩組級數不一樣大的字，會因X-height的高度接近，產生視覺的大小一致。

esthetic.

Ⓒ Arial /30pt

圖4-13：兩組級數一樣大的字，會因X-height的高度落差，產生視覺的大小的差別。

02 │ 英文小寫的比例架構

英文小寫的結構由五條線構成，其中上緣、中線與下緣與大寫結構一樣，
小寫多加了SL2、SL4，這中間距離被稱為X-height（圖4-11），X-height的
設定很重要，是決定小寫字架構比例的重要關鍵。

CL.1 CL.2 CL.3 **grAphic** SL.1 SL.2 SL.3 SL.4 SL.5 X-height

acemnorsuvwxz ┊ bdfhiklt ┊ gpqy j

位於小寫X-height上下元線之間的小寫字母 ┊ 使用到小寫上升線的小 ┊ 使用到小寫下降線的小寫字母
┊ 寫字母（Ascenders） ┊ （Descenders）

※字體：Arial Black

圖4-11：位於X-height上下緣線之間的小寫字母有13個，超過上升線的小寫字母有8個，超過下降線的小寫字母有5個。

請問A與B兩組字體（圖4-12）何者較大？A│Baskerville的級數是40pt大於B│Georgia字體是34pt喔。因
Georgia字體的X-height較大，雖然級數小卻視覺膨脹，視覺上兩組字體像是同級數字體，是因為X-heigh
的高度，容易被認定為判斷字級大小的依據。

請問C與D兩組字體（圖4-13）何者較大？C│Arial字體與D│Futura字體都是30pt喔。但Arial字體的
X-height比Futura大，所以就產生了視覺上Arial大於Futura的大小差異。

design   esthetics **design**

Ⓑ Georgia /**34pt**

圖4-14：兩組文字在視覺上看起來大小接近，那是因為兩組字的X-height設定一樣高度，其實左邊
是設到80pt，右側字級只有60pt。

esign   esthetics design

Ⓓ Futura (TT) /**30pt**

4.1.2 中文字比例架構

九宮格是中文基礎造字的結構,當然也有其他創意的設計。

文字骨架特徵分:1|形狀(中文字本身就有方、圓、菱形、三角的基本形狀,圖4-15);2|中宮(九宮格的正中間、影響字體結構的緊與鬆,圖4-16);3|重心(視覺的中心點比實際的正中心偏高);4|線條筆畫(圖4-17),皆為中文造字的基本原則。

圖4-15:中文字有方、圓、菱形、三角的基本架構形狀。

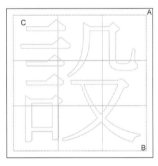

圖4-16:中文字體基本造字九宮格內可分:A是字身(em)、B是字面(ICF)、C是字面率等。

4.1.3 筆畫設定

利用筆畫設定建立不同粗細的字體家族,如細體(Light)、中體(Medium或Regular)、半粗體(Demi Bold)、粗體(Bold)、或特粗黑(Extra Bold或Black)等。

感謝字嗨版主柯志杰先生接受訪談,他分享了創造中文字體的工作概念,首先、先分析所有字的筆畫(但中文字實在太多了),然後找出系統創造字體、最後還需要進行微調,一組字型的設計都需要花上幾年時間。

相對的,英文的筆畫較少,基礎筆畫如:垂直線、水平線、斜線、弧線、連接線等(圖4-18)。在講求個性風格的時代,設計師也可在InDesign繪製基本筆畫後,選擇「檔案」→「新增程式庫(Library)」,將基礎筆畫儲存於程式庫中(圖4-19-3),再從資料庫拖曳部首,於文件中組合字母,就可創造出專屬自己的標題。

InDesign的程式庫是可跨文件運用,所以可以輕鬆、反覆運用這些素材。

品格 adobe 明體

品格 文鼎圓體

品格 文鼎黑體

品格 華康隸書體

品格 華康儷金黑

品格 華康金文體

圖4-17:每個字型的文字線條筆畫可有粗細、襯線、轉角等區別設計。

B.D.E.F.T.I.J.K......

E.F.H.I.J.T.Z

A.K.N.Q.R.S.V.X.Y

C.D.G.P.R.S.U

O.Q

B.M.W

L.J

A.B.O...裝飾用

圖4-18:英文字母基礎筆畫分析,可做筆畫設計的參考。

操作步驟

STEP 01 |

「檔案」→「新增程式庫」。

需先並儲存程式庫。

STEP 02 |

儲存完自動產生跨文件的Indl
檔（圖4-19-2）。

STEP 03 |

直接拖曳文字、圖像甚至版型
至程式庫浮動面板，即可開始
編輯工作了（圖4-19-3）。

圖4-19：左丨是較舊版本
的程式庫圖示，右丨是
InDesign 2020版本的程式
庫圖示。

4.1.4 襯線設計

在《Lesson 4.1：文字初識》中介紹了中英文的基本
分類：襯線字（Serifs）與無襯線字（San Serifs）兩
種。襯線的設計有如身上的裝飾品，可十分醒目或
很低調。可以設計均勻俐落的直線線條，或者較為
古典的圓弧線條。

圖4-20：襯線的變化也是字體設計重要的元素。字體設計
師設計的襯線可以很醒目或是很低調。

TIPS

Tips:

文字的情感表達

文字是可以表達感情的，利用一些單字，運用
單字本身的意涵，不論用編排、質感或立體
化的方式，如空間感（2.5D/3D）、切割、揉
捏、破壞再重組趣味表達其情感。

4.1.5 裝飾設計

字體集提供了許多裝飾性強烈的字體選用，也可以運用InDesign自行創造。可選用現成的字體，執行「文字」→「建立外框」把文字轉換成向量圖形，修改框架上的錨點、或加入圖案用「檢視」→「物件與版面」→「路徑管理員」進行合併、套用材質或效果立體化等，這些都是好用的文字設計工具，請參考《Lesson 4.6：文字工具》。

METRIX ① **METRIX** ② **METRIX** ③

METRIX ④ METRI ⑤ **METRIX** ⑥

圖4-21：1｜將Arial Bold建立外框。2｜建立外框字，並運用工具列的剪刀工具切割，再位移作切割效果。3｜建立外框字，運用轉換方向點工具，創造尖銳效果。4｜建立外框字，剪刀工具縱向切割，創造折疊效果。5｜同4的設計。6｜做成點陣化效果。

WESTERN ①　**ORNAMENT** ②

Script typeface ③　*Wedding* ④

greeting✳ ⑤

圖4-22：1｜Typeface：Rosewood。2｜Typeface：Glddyup Std。3｜Typeface：Mesquite Std。4｜Typeface：Bickham Script Pro再加上鋼筆工具繪製的白色波紋。5｜Typeface：Franklin Gothic Medium先建立外框字，修改尾部錨點及繪製花草圖案組合。

4.1.6 創意標題

以上章節介紹了文字的基本概念，讓我們開始嘗試運用InDesign設計出自己的標題，如《Lesson 4.1.3：筆畫設定》及《Lesson 4.1.5：裝飾設計》的方式外，也可以自行設計結構：格子（圖4-24-1）、點（圖4-24-2），或其他輔助線（圖4-24-3），英國倫敦的TAFF美術館之Logo標準字，就是以漸變的點所構成（圖4-23）。

圖4-23：倫敦TAFE Museum的標準字就是用網點架構設計。

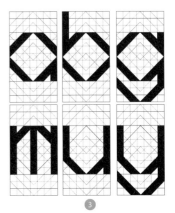

圖4-24：運用不同的格子或輔助線可創造專屬字體。

設計練習X設計專屬標準字

圖4-25：上｜小研圈標準字
（設計：胡芷寧）。中｜隅
果女性刊物標準字（設計：
隅果）。下｜皞皞標準字（設
計：皞皞）。

透過下列三種技巧，讓我們一步一步來完成專屬自己風格的
特色字體吧！

01｜用現成字體進行字距調整

許多知名品牌喜歡用經典的字體，非襯線字的運用有：流行
精品LV，是使用Futura字體，FENDI是使用Helvetica字體，再
透過字距的調整，排列出優美的Logo。而美式居家品牌Crate
& Barrel、3M及Epson的標準字也是選擇Helvetica字體喔（可
參考小林章《字型之不思議》）！或許，我們也可以學習如何
調整文字之間的距離，就能創造出不同質感的文字Logo。

02｜建立外框字

以電腦字體為基礎（這些字體已具備良好的比例與結構），
先建立外框字後再進行架構或筆畫調整，例如，將方正的邊
緣改為圓弧、加點破格的質感，或是將部首移動。「小研圈」、
「隅果，故事」、「皞皞」的專題標準字，都是利用電腦黑體、
圓體或明體進行改造（圖4-25）。

03｜運用鋼筆工具繪製

只要掌握好字體結構及筆畫也可創造自己的字形！圖4-26的
範例是運用鋼筆工具描繪出自己的中文姓氏，再利用線條及
顏色進行變化，結合版面構圖、比例，設計出自己專屬的名
片，可參考《Lesson 5.3：鋼筆工具》。

圖4-26：運用自己的姓氏
用鋼筆工具繪製較抽象型
態的字而延伸的名片設計
（設計：繆易庭）。

4.2 單位與度量

文字單位主要分為：高度的度量及寬度的度量。

01│字高度量

字高單位有四種，常見的是：美規的點（Point / Pt）、日規的級，另外，較少接觸的有：歐規（The Didot System）、公規（The Metric System）系統。在功能表清單「編輯」→「偏好設定」→「單位與增量」可進行文字的單位設定，可參考《Lesson 2.2：偏好設定》。

60字級的字在版面上會是多大呢？適合做為何種用途？在編排的過程中，可能需要反覆將文件紙本輸出，實際目測進行字級調整。所以、若能在腦海中先建立字級實際大小的概念，將可提升編輯效率。

72字級約2.53公分！

試著用拇指與食指比出來這個高度（2.53公分）並且熟記，對字級就不再那麼陌生了。82頁表格1提供字體高度量系統與單位換算的基礎數值。請記住：72 pt = 6 Picas = 1 inch = 2.53 cm

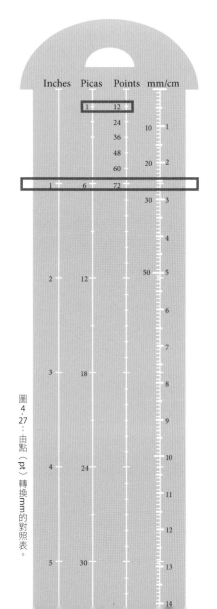

圖4-27：由點（pt）轉換mm的對照表。

6 pt	2.11mm
8pt	2.81mm
9pt	3.16mm
10pt	3.51mm
11pt	3.87mm
12pt	4.22mm
14pt	4.92mm
18pt	6.33mm
24pt	8.43mm
30pt	10.54mm
36pt	12.65mm
48pt	16.87mm
60pt	21.08mm
72pt	25.3mm

pt（點）   1pt = 0.3514mm

及1pt＝0.3514mm這兩個最重要的公式（圖4-27）。表格2是字體級數參考使用表，整理出常用設定值，圖說或附註約：6-7pt、內文約7-14pt、標題設定14pt以上。但，這都只是常用設定而不是標準設定，掌握好字級間的協調性及層次感，其實設計是靈活的，可參考《Lesson 9.2：段落樣式》。

圖4-28：由點（pt）轉換mm的對照表。

表格 1：字體高度度量單位

度量	美規點制	歐規迪多系統	公規系統（十進制）
系統換算	Point	DIDOT	METRIC
單位換算	1 point = 0.0138 inch 72 point = 6 picas = 1 inch 1 picas = 12 point	1 cicero = 1 didot 14 cicero = 15 picas 1 picas = 12 point	1 inch = 25.3mm = 6 picas = 72 point
換算	72 pt = 6 Picas = 1 inch = 2.53 cm 1pt=0.3514mm		

表格 2：字體級數參考使用表

文字類型	用途	字體級數（pt）
最小印刷	分類廣告（Classified-ad） 報紙分類、公告 圖說或附註	5、5.5、6、7
內文	內文（Body Type） 書、雜誌、報紙	7、8、9、10、11、12、14
標題	展示（Display Type） 頭條、標題	14、18、20、24、30、36、48、60、72
展示文字	海報（Poster Type）	
海報、展覽	96、120、144或更高	

02 ｜ 字寬度量

常用「字寬度單位」也是美規單位稱為em，是字體排印學（Typography）的計量單位。em的一半的單位稱en（1em = 2 en），這個單位的計量常以十進位或以100或1000為分母的分數表達（圖4-29）。

圖4-29：美規字寬的單位稱為em，另一個單位是en，為em的一半。

此外，「全形和半形」是電腦裡中、日、韓、越統一表意文字（CJK Unified Ideographs）字元的顯示格式。中、日、韓文字顯示寬度是西文字元的兩倍，因此，中、日、韓等文字稱為全形字元（fullwidth），而歐文字母或數字就稱為半形字元（halfwidth）（可參考維基百科）。

中文字的字寬稱為全形空格，2bu=1/2全形空格、4bu=1/4全形空格（圖4-30），應用複合字體時（中英文組合應用的設定）中文內容要選全形的標點符號，英文與數字則選歐文的半形字，請參考《Lesson 9.5：複合字體》。

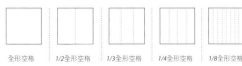

全形空格　　1/2全形空格　　1/3全形空格　　1/4全形空格　　1/8全形空格

圖4-30：全形空格之類型。

4.3 字距

字型有自動字距調整的功能，不過因歐文字母結構寬窄比例相差較大（如I與W），設計人員仍可依視覺舒適度自己調整字距。

試著觀察下列幾組字，字母的字面率會造成字間空間疏密不均感。例如A（正方形）與V（倒三角形），在視覺上產生較大空隙；反之，H（方形）與D（方形）字併排時，視覺上字間顯得擁擠，圖4-31是字距觀察的練習。

01｜字距微調

適當地微調字距可讓標題結構紮實外，也可以讓文字段落看起來更均勻。拉近字距的程度可分：Tight（緊）、Touch（銜接）與Lap（重疊）。但銜接與重疊之效果易導致文字的辨識性變差，通常適用於表達情感而非閱讀性的文字。

VALUE
hillbilly
schoolbus
mummy

圖4-31：這是自動字距的情況下字元的排列，請觀察哪一組字母間產生太大或太小的空間？黃色代表視覺上較大間隙，紫色代表間距較緊密。（Moriarty, 1996）

圖4-32：字距微調，需注意仍要保持文字的辨識性。

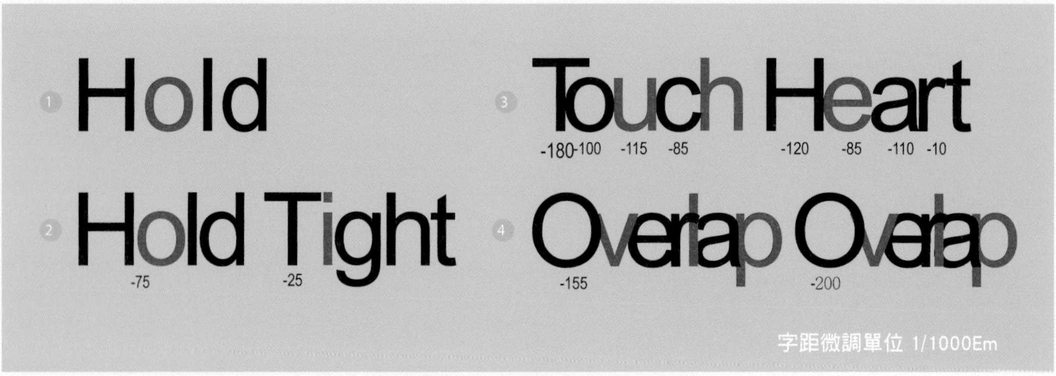

come　little · Tight -1
come　little · Touch -2
come　little · Lap -3

① Hold
② Hold Tight
　　-75　　　-25

③ Touch Heart
　-180-100　-115　-85　　-120　-85　-110　-10
④ Overlap Overlap
　　　　-155　　　　-200

字距微調單位 1/1000Em

圖4-33：字距調整的四種狀態：1｜正常、2｜緊（Tight）、3｜銜接（Touch）與4｜重疊（Lap）。

字高（*The size of type*）
行間距（*The leading*）

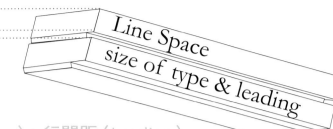

4.4 行距

行距（Line Height）＝字高（Size of Type）＋行間距（Leading）

行距是段落內行與行之間的距離，行距常被誤會為行間距，它正確的算法是字高加上行間距的總合。電腦自動行距的設定就是以字級數加上1~4級的行間距所計算出來。

若希望閱讀更有流暢感需透過段落的層次設定，最基本的層次是：段距大於行距，行距大於字距，如此一來，段落層次分明，閱讀順序更清晰（圖4-35）。

行距的設定與字體的選擇也有關聯，參考《Lesson 4.1.1：英文大小寫的比例架構》X-height如何影響字體的視覺尺寸，圖4-34的段落A與段落B，雖是同字級、同行距及同欄寬的設定，但段落A因選用X-height小的字體，視覺上讓行距變大。反之，段落B選用X-height較大的字體，視覺上讓行距縮小、段落空間產生擁擠感。行距的設定也是編排細膩的關鍵。

 A

Assignments workflow
Work with assignments that contain only the InDesign CS2 elements you need, from a specific area of a page to an entire document. Track and manage file status, and view design changes as the designer makes them available to you.

 B

Assignments workflow
Work with assignments that contain only the InDesign CS2 elements you need, from a specific area of a page to an entire document. Track and manage file status, and view design changes as the designer makes them available to you.

圖4-34：同級數、同欄位寬、同行距的段落，因選的字體X-height不一樣感覺也，造成行距的視覺差異，段落B比段落A看起來擁擠，需調整行距。

圖4-35：北投車站邀請卡與信封上的直式的主標題排列，遵守行距大於字距的原則，閱讀時眼睛自動透過行距與字距的差異，直接判斷文字是直式標題而非橫式編排。（設計：曾玄翰）

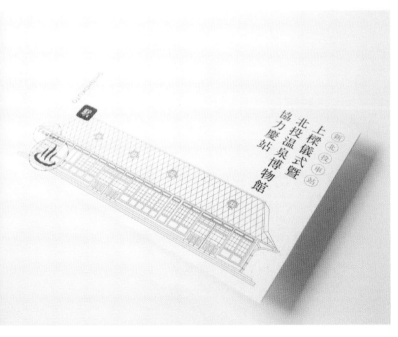

4.5 段落

01 ｜ 段落對齊

InDesign的段落對齊可分為：靠左對齊、靠右對齊、置中對齊、強制齊行，以及齊行（末行靠左置中對齊）。

A ｜ 靠左對齊 段落統一依框架左側邊界對齊，是橫式書寫文章的最慣用設定，因不強迫齊尾，所以靠近右側邊界的文字會參差不齊。

B ｜ 靠右對齊 段落統一依框架右邊界對齊（與靠左對齊相反），這樣的段落因開端參差不齊，閱讀時較為費力，因此，建議運用在版面偏左位置且欄位較窄的段落。

C ｜ 置中對齊 以框架中心為對齊點再往左右對稱的段落排法，易造成每行不規則長度。適用於刻意居中構圖的編排。（可參考《Lesson 8.4.1：米字構圖》）

D ｜ 強制齊行 將段落強迫性的與框架左右邊界對齊的排列方式，若每行字數接近排列起來非常工整；若每行的字數差異較大，則會造成字距不均勻，尤其是最後一行常因字數少，變成不合比例且不美觀。

E ｜ 齊行（末行靠左對齊） 對齊方式與強制齊行一樣，差別在最後一行不進行強迫對齊，而是較為自然的靠左對齊模式。

F ｜ 齊行（末行置中對齊） 對齊方式與強制齊行一樣，差別在最後一行不進行強迫對齊，這種置中對齊的方式是更自然舒適的建議。

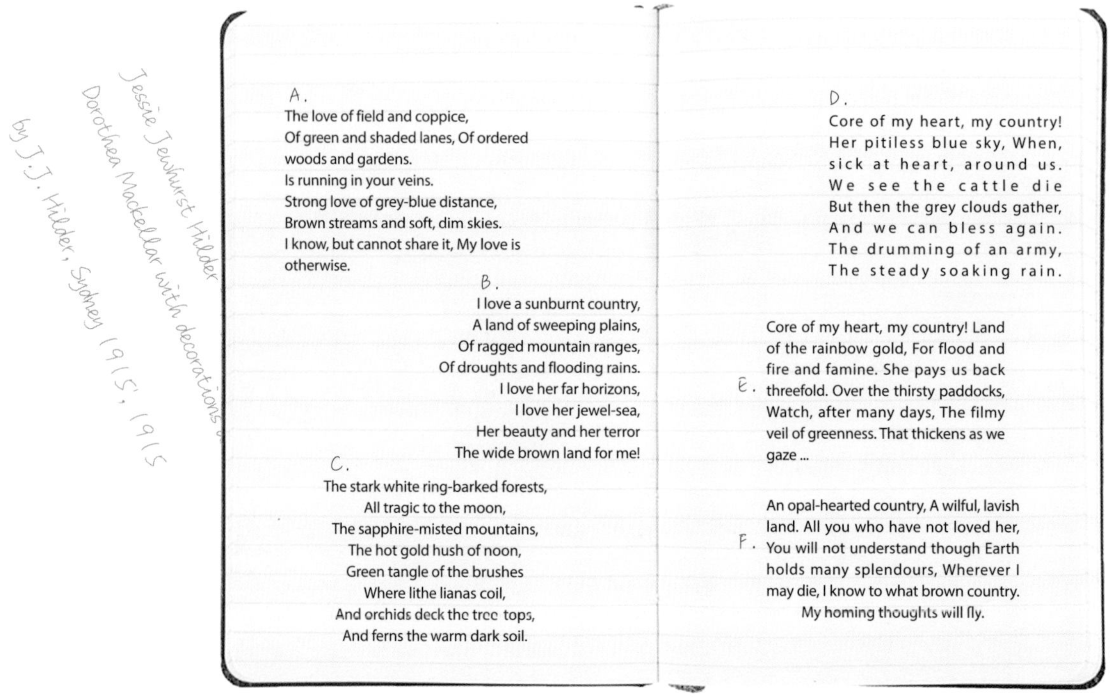

圖4-36：用喜歡的澳洲女詩人Dorothea Mackellar的My Country，依上述段落對齊的編號排列而成。

Core of my heart, my country!
Land of the rainbow gold, For flood
and fire and famine. She pays us
back threefold. Over the thirsty
paddocks, Watch, after many days,
The filmy veil of greenness. That
thickens as we gaze ...

Core of my heart, my country! Land of the rainbow
gold, For flood and fire and famine. She pays us
back threefold. Over the thirsty paddocks, Watch,
after many days, The filmy veil of greenness. That
thickens as we gaze ...

圖4-37：兩段段落同字型、字級、行距，僅段落
寬度不同。上｜段落寬度較小，較符合眼珠活動
的範圍，閱讀不容易疲累。下｜段落寬度過大，
眼珠閱讀活動的範圍過廣，則不易閱讀。

02｜段落的寬度

適當的段落寬度，因眼球移動範圍適中，讓閱讀感到舒服。若段落太寬，容易導致閱讀疲乏；反之，段落太窄時，使得容納的字數受限易產生斷字，進而影響閱讀的連貫性，甚至會產生字義表達的錯誤。

段落寬度與行距的設定也是相對的，段落欄位越寬，行距也建議增加，以提高閱讀的舒適性。

03｜段距

段落間的距離稱為段距，是指段落之間的空間。段距設定必須大於行距，否則會讓閱讀產生混淆。基本的層次：字距<行距<段距。

圖4-38的左頁紅色標示出編排上的問題，A｜紅圈之處因與前段欄間距過大，文字的閱讀性就自然往位在下方的第三段移動，造成閱讀錯亂，B｜紅色加空格符號，則代表加大段距作為A問題的補救方式；圖4-38的右頁因遵守段距大於行距的原則，看起來簡單且順暢易於閱讀。

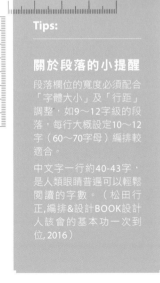

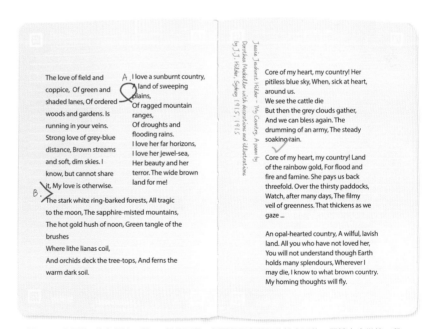

圖4-38：左頁的B其實是第二段，A是第三段，但因行距與段距的設定不佳，閱讀上會從第一段跳到第三段，造成閱讀混亂。右頁相對層次分明，閱讀就很順暢。

04 | 海岸線

圖4-37：紅色線條就是海岸線。

段落的海岸線其實是隱形的，一般人不會介意。但在專業的字體書籍中皆會提起這個專有名詞。它是指段落中每個字母上升線或下降線所產生的彎曲線條（圖4-37）。有時，某些字母間的上下組合會產生過大行距的留白，會造成段落或版面的視覺干擾，就需要透過字距微調或行距重新設定進行修正。

其實，在文章段落中常有不佳的段落對齊方式，如A｜較窄段落又進行首行的縮排；B｜用空白鍵進行首行縮排；C｜段落首行縮排使用定位點設定；D｜選擇較易產生空隙的圓形項目符號排列在每行的開端位置；E｜數字編號與段落對齊（可考慮文字縮排處理）；F｜標點符號排列於段落的開端。這些都會造成段落海岸線產生波浪的狀態，這些都是設計師必須注意的細節（圖4-40）。

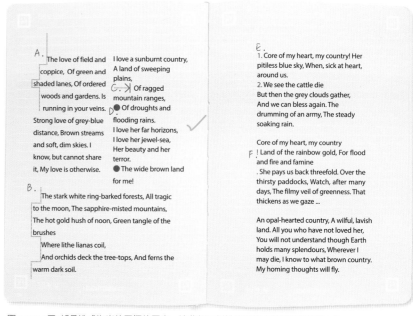

圖4-40：A至F都是造成海岸線困擾的因素，這些都是編排的細節（魔鬼藏在細節！）。

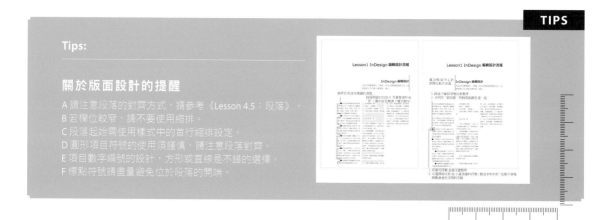

TIPS

Tips:

關於版面設計的提醒

A 請注意段落的對齊方式，請參考《Lesson 4.5：段落》。
B 若欄位較窄，請不要使用縮排。
C 段落起始需使用樣式中的首行縮排設定。
D 圓形項目符號的使用須謹慎，請注意段落對齊。
E 項目數字編號的設計，方形或直線是不錯的選擇。
F 標點符號請盡量避免位於段落的開端。

4.6 文字工具

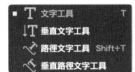

圖4-41：文字工具面板。

在InDesign中，文字在框架內建立，文字工具系列還包括垂直文字工具、路徑文字工具，以及垂直路徑文字工具（圖4-41），請參考《Lesson 3.1.2：文字工具介紹》。文字工具透過InDesign內打字輸入法之外，大多是從Word文件檔置入文字。

本單元是利用文字的簡單特性，如垂直水平排列、不同字級大小組合、改變字或框的顏色，就把文字變簡單趣味圖案的應用（圖4-42 & 4-43）。

建立文字外框可創造更多的變化（參考《Lesson 4.1.6：創意標題》）。接下來介紹的範例一，是選用華康新綜藝體「建立外框」後，結合剪刀工具設計的文字；以及範例二將Chalkboard字體建外框字後再運用鉛筆平滑工具簡化的應用設計。

圖4-42：想要獨一無二/又低調的我。（設計：江婉瑜）

圖4-43：一鍵Back回到過去，儘管天馬行空。（設計：江婉瑜）

範例 | 01

這是學生為自己設計的識別符號及名片應用，運用自己名字中最喜歡的一個字，以拆解的部分筆畫進行專屬圖案的設計。步驟：A｜選擇華康新綜藝體。B｜「文字」→「建立外框」後，用剪刀工具進行切割，接著用直接選取工具移動節點位置。C｜每個筆畫進行不規則放大縮小、移動及調整顏色即完成。

  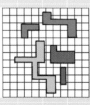

圖4-44：設計發展圖。

圖4-45：運用拆解的部首重新排列組合而成的名片系列。（圖案提供：莊詒安）

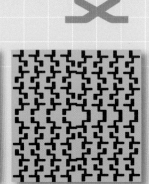

Artist Traveler
Photography&Illustrator
Email:qqaa850929@gmail.com

範例 | 02

這也是學生的識別系統設計成品，標題字的前半段「pleased」選擇將Chalkboard字體建立外框後，使用平滑工具簡化錨點，而標題字後半「star」因字母多為弧線，所以建立外框字及平滑工具簡化錨點後仍很複雜，需手動再刪除錨點進行調整，再用直接選取工具移動錨點位置至期待的造型（圖4-46），最後將這些已轉為圖框的文字可任意套用色彩或圖案（圖4-47）請參考《Lesson 5.1：鉛筆工具》。

pleasedstar
pleasedstar

圖4-46：轉為圖框架的文字，需用平滑工具及刪除錨點工具簡化錨點。

圖4-47：轉為外框字的文字就成了圖框，可以套用手繪圖案或照片豐富其質感肌理。

圖4-48：這是將創意字型運用於個人VI設計。（設計：李靜欣）

Tips:

進階編輯時，文字工具的應用

選取文字框，按下滑鼠右鍵即出現文字的工具（InDesign有許多選單功能都隱藏在滑鼠右鍵）。在此先介紹兩個常用文字重要工具：A｜自動頁碼設定就藏在「插入特殊字元」→「標記」→「目前頁碼」（可參考《Lesson 10.3：自動頁碼》）；B｜「以預留位置文字填滿」可在試排版面時，讓字框填滿替代文字，預覽文字排版效果。

文字　物件　表格　檢視　視窗
插入特殊字元　▶
插入空白空格　　　標記
插入換行字元　　　✓目前頁碼 A
以預留位置文字填滿
B

4.7 路徑文字工具

看到海報上的文案像是波浪狀的擺動著,若想要文字做出這樣的流動感,路徑文字工具就是主要的選擇。但,首先要使用繪圖工具建立出路徑,才可以讓路徑文字工具產生效果,路徑可以是開放亦可是封閉路徑,請複習《Lesson 3.1.2:文字工具介紹》!另外,在「文字」功能表選單選擇「路徑文字」,提供多種有趣的選項,可進行更專業的變化(圖4-51、圖4-52)!

01 | 造型套用

流動文字的路徑可以用鋼筆工具或多邊形工具,繪製開放或封閉路徑,也可用路徑管理員製作更複雜的框架路徑。選擇路徑文字工具,在路徑上點選後即可輸入或置入文字,文字便繞著外框邊緣排列,若不希望路徑線條出現,請將線條改為無顏色即可(圖4-49),文字填色就可以創造出單色、多色甚至漸層色等變化(圖4-50)。以上文字仍保有字元屬性,仍可隨時編輯修改,這是InDesign繪圖很棒的特色。

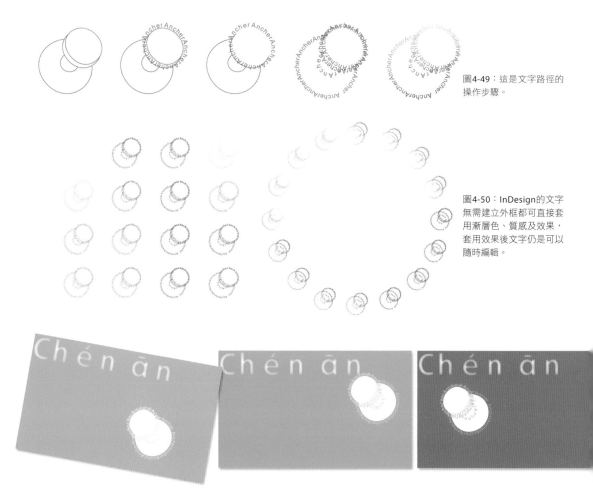

圖4-49:這是文字路徑的操作步驟。

圖4-50:InDesign的文字無需建立外框都可直接套用漸層色、質感及效果,套用效果後文字仍是可以隨時編輯。

圖4-51：使用文字選項。

圖4-52：路徑文字選項。

02｜文字輸入與翻轉

利用功能表選單「文字」→「路徑文字」→「選項」（圖4-51），可進行進階的「路徑文字選項」設定（圖4-52），對話框內有：效果、對齊、間距、至路徑等項目做選擇。其中，效果可分：彩虹、傾斜、帶狀、階梯及重力等（圖4-53）。

對齊也分：基線、置中、全形字框頂端/底部及表意字框頂端/底部等項目。勾選翻轉還可產生更多有趣的文字特效。

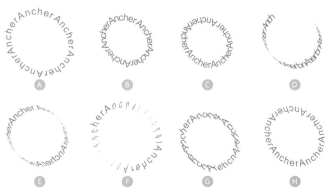

圖4-53：A｜彩虹效果，對齊基線；B｜彩虹效果，對齊表意字框頂端；C｜彩虹效果，對齊基線，翻轉；D｜傾斜效果，對齊基線，間距20；E｜傾斜效果，對齊基線；F｜3D帶狀效果，對齊表意字框底端；G｜階梯效果，對齊全形字框頂端；H｜重力效果，對齊置中，字框底端，翻轉。

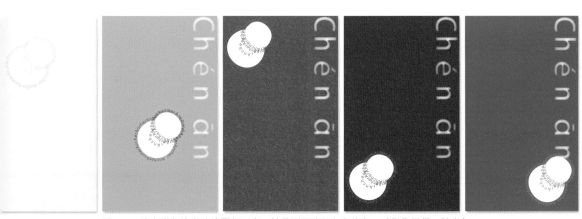

圖4-54：這套彩色的名片的圖釘元素，就是利用路徑文字建立。（影像提供：陳安）

4.8 文字框架格點

InDesign的版面格點功能與書面的版面表單（稿紙）概念相同，可自訂格點屬性（字體、大小）、行與欄（字元、行數、欄數）及格點對齊位置等設定。利用框架格點排版的概念，類似傳統活字排版，先決定內文字級的大小，再推算每一行排列的字數、每頁應該配置幾行。使用框架格點另一項重要的功能是，可以預先規劃每頁的字數且文字排列整齊。

01 | 如何設定

在工具列選擇水平格點工具及垂直水平工具（圖4-55）。另外，功能表選單的「物件」→「框架格點選項」中有：格點屬性、對齊方式、檢視選項、行和欄等設定；格點屬性：設定格點字體大小及行距；對齊方式：針對行、格點及字元對齊進行調整；檢視選項：改變標示總字數的字級及位置；行和欄：設定框架內的字數與行數及行間距（圖4-56）。

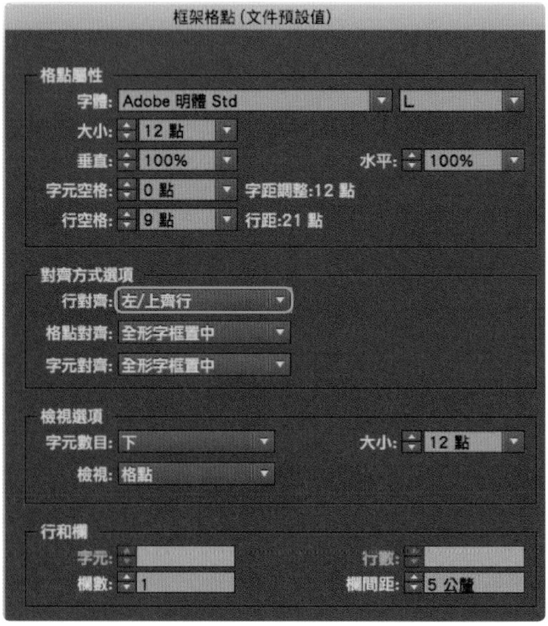

圖4-56：框架格點對話視窗。

圖4-55：A｜水平格點工具，B｜垂直水平工具。

02 | 設計步驟

文字格點的操作步驟，先規畫扣除、下、內、外的邊界，決定版心（此為頁面中主要內容所在的區域）大小，再來定義文字級數及行距。選擇「物件」→「框架類型」後，讓文字框與框架格點可以直接轉換。

圖4-58：轉換框架格點。

03 | 框架轉換

格點編排適用以文字為主，如制式的小說文本。選擇「文字」→「書寫方向」可改變橫式與垂直格點框架。任何已畫好的造型圖框（圖4-57），也可透過「物件」→「內文」轉換成框架格點（圖4-58）。

04 | 格點算式

使用格點的文件在下方會出現一列算式，總字數＝每行字元X行數X欄位。W代表字元（Words），L代表行（Lines），C是欄位（Columns）。總字數會有兩個數字，前者代表格點數、後面括弧代表實際字數（圖4-59）。

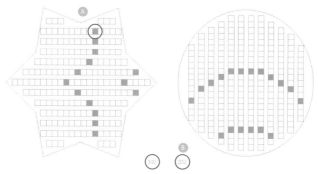

圖4-57：各式造型的圖框皆可設為格點工具，A｜在格點中不論行或列的第十個字元都以實心方格形的格標記呈現，方便計算字數。B｜框架外的數字是頁面字數的總合。總字數會出現在框架末端，橫式格點數字在右下角，直式格點數字在左下角。這些設定可以在框架格點選項之檢視選項重新設定。

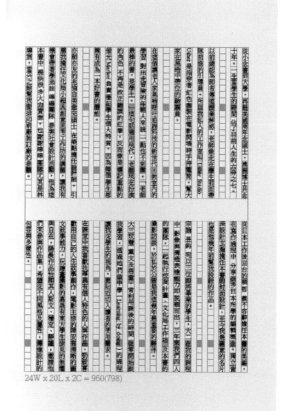

24W x 20L x 2C = 960(798)

圖4-59：24W×20L×2C＝960（798），24W代表每行有24個字元，20L代表共有20行，2C是兩個欄位，所以總共有960個格點，798是實際字數。

Lesson 5
視覺元素_形Shapes

本章將介紹InDesign的繪圖能力，除了強大的編輯能力外，還擁有繪圖創作的超強軟體。大致上，以三個種概念來介紹繪圖相關工具：

關於造型工具：《Lesson 5.1：鉛筆工具》、《Lesson 5.2：線條工具》、《Lesson 5.3：鋼筆工具》、《Lesson 5.4：路徑管理員》。

結合「變形」豐富圖形：《Lesson 5.5：任意變形工具》、《Lesson 5.6：再次變形工具》、《Lesson 5.7：對齊與均分》、《Lesson 5.8：翻轉》。

運用「效果」豐富圖形層次：《Lesson 5.9：羽化及方向羽化》、《Lesson 5.10：光暈效果》、《Lesson 5.11：斜角、浮雕及緞面效果》、《Lesson 5.12：轉角效果》。

其它更適合應用於影像的「效果」工具將會在《Lesson 6：視覺元素_影像Images》中陸續介紹。

私房分享

編輯	版面	文字	物件	表格

編輯時使用

Adobe Illustrator 2019 23.1.1
Adobe Illustrator 2020 24.2.1
Adobe Photoshop 2020 21.2.1
Adobe Photoshop CC 2019 20.0.10

Google Chrome 84.0.4147.89
PDF Expert 2.5.3
Safari 13.1.2
色彩同步工具程式 4.14.0
預覽程式 10.1 (預設)

其他...

圖5-1：利用編輯時回原始軟體修改
後儲存的圖形，返回InDesign工作
視窗時，檔案已立即同步更新。

整合檔案的超級軟體

較為複雜的插畫當然還是建議於Illustrator製作，再選擇「檔案」→「置入」InDesign編輯。當在Illustrator使用多個工作區域儲存的AI檔，也可勾選「置入」對話框左下角的「讀入選項」，便可指定特定的工作區域內的圖形如何匯入，InDesign可接受Illustrator的AI或EPS格式。

匯入的向量圖檔如需再次修改，則無需費時費工的開啟Illusrtator，只要點選圖框按下滑鼠右鍵，選擇「編輯時使用」（圖5-1），選擇軟體後電腦即刻自動開啟Illustrator（自動選製作該圖檔的原始軟體）。更方便的是，一旦在Illustrator修改後執行儲存，InDesign也立即同步更新，不需再選擇重新置入或更新檔案連結。未做特效的Illustrator圖案也可以直接被「複製」，然後於InDesign選擇「貼上」、「原地貼上」或「貼入範圍內」，不需再透過檔案「置入」的步驟，而直接複製Illustrator的圖形還可以在InDesign修改呢，話不多說，開始繪圖吧！

看看誰也玩設計！

美國現代平面設計索爾巴斯Saul Bass（1920-2006）是我最喜歡的設計師之一，作品廣泛應用到電影片頭、海報及企業標誌設計，其最經典的作品Anatomy of Murder（1959），就是運用簡單俐落的塊面形體，做出生動經典的設計。

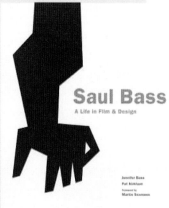

5.1 鉛筆工具

表現自由手繪的質感在設計中打破緊張與定律！

鉛筆工具中的平滑及擦除工具，都是搭配鉛筆繪製後的修改工具。雙擊鉛筆工具出現「鉛筆工具偏好設定」的對話框。其中的「容許度」又分「精確度」與「平滑度」，兩者是對比關係。當精確度設定越高，線條上的錨點越多，鉛筆線條的平滑度越低，越保留手繪的自然彎曲效果；相對地，平滑度越高，線條的錨點將會簡化，產生平滑但失真的線條。

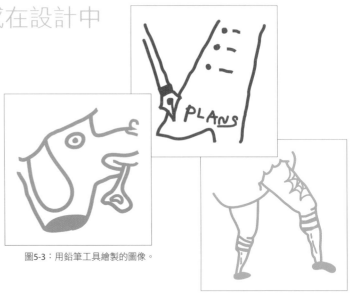

圖5-3：用鉛筆工具繪製的圖像。

圖5-2：鉛筆工具偏好設定面板。

當鉛筆線條的錨點過多，可用平滑工具或擦除工具減少錨點。也可以搭配選取工具或鋼筆工具中的刪除錨點等工具，修改出想要的鉛筆線條。不妨搭配 Wacom Tablet 數位板使用，就像拿著真正的鉛筆來繪圖，更容易描繪出精確的線條與質感。

設計版面時，適當加入手工質感的設計元素，可以平衡畫面的拘謹感。除了運用鉛筆工具繪製外，亦可將手繪的圖形及文字掃描，再以影像置入的方式，搭配「效果」及「圖層」工具，讓手繪元素與畫面結合，可參考《Lesson 6.2：物件與框架工具》之範例。

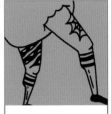

圖5-4：用鉛筆工具繪製出圖像再套用於名片的設計。（設計：莊詒安）

5.2 線條工具

在InDesign中，線條可由直線工具與鋼筆工具繪製，兩者都運用錨點來產生線條，若搭配線條浮動面板的設定，可創造許多豐富的線條樣式。

選擇「視窗」→「線條」開啟線條浮動面板（圖5-5），基本設定如：1｜線條寬度、2｜端點（平端點、圓端點、方端點）。線條轉角設定：3｜尖角限度、4｜結點（尖角、圓角與斜角）及5｜線條位置（提供線條與框線的位置關係：線條對齊框線中央、內部與外部）。

在面板中另有針對線條的型態色彩的設定，如6｜類型（實線、菱線、虛線、斜線等）、7｜起始處、結束處（橫條、正方形、圓形、三角形等）、8｜縮放、9｜對齊項目：讓箭頭尖端伸展到路徑終點外、將箭頭尖端放置到路徑終點兩種。10｜間隙顏色。以上設定看似選擇不多，但只要善於運用組合，就可產生非常豐富的線條組合。線條若選有間隙的類型如虛線、菱線及斜線等，再搭配間隙顏色及間隙色調，又可增加更多變化（圖5-6）。

基本線條設定

平端點，類型：實線

平端點，類型：粗－粗

圓端點，類型：粗－細

方端點，類型：細－粗－細

進階線條設定

類型：右斜線，間隙顏色：綠色

類型：左斜線，間隙顏色：黃色

類型：點虛線，間隙顏色：橘色

類型：波浪線，間隙顏色：藍色

類型：白色菱線，間隙顏色：黑色

類型：虛線，間隙顏色：漸層色

類型：虛線（3和2），間隙顏色：漸層色2

類型：細－粗，方端點／尖角

類型：細－粗，圓端點／圓角

類型：細－細－細，起點：實心正方形，終點：實心正方形

類型：虛線，起點：實心圓，終點：圓形

類型：左斜線，起點：曲線箭頭，終點：倒勾箭頭

類型：虛線，起點：橫條，終點：正方形

圖5-6：運用線條浮動面板的組合產生的線條變化。

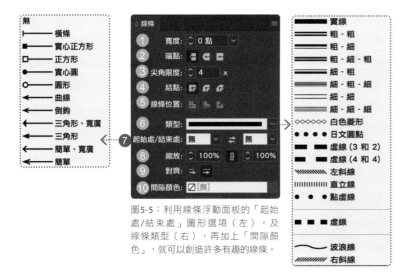

圖5-5：利用線條浮動面板的「起始處/結束處」圖形選項（左），及線條類型（右），再加上「間隙顏色」，就可以創造許多有趣的線條。

設計的品格

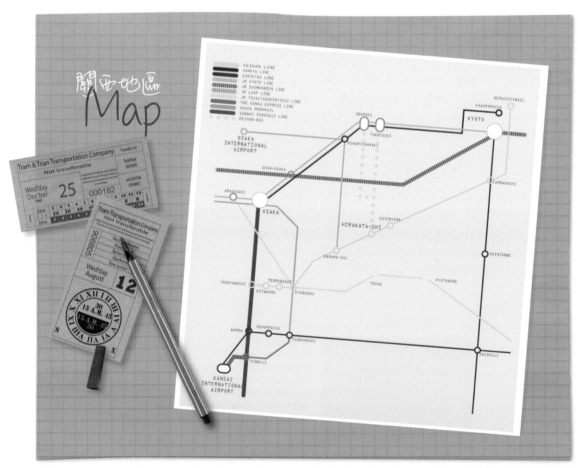

圖5-7：這張地鐵路線圖只使用線條浮動面板的功能，就繪製所有路線（此範例全部元素皆以InDesign繪製完成）。

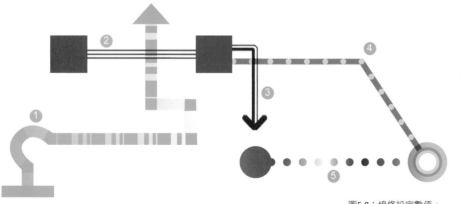

圖5-8：線條設定數值。

① 類型：虛線
起始處：橫條／結束處：三角形
色彩：直線漸層
線段2mm/間隙1mm/線段10mm/
間隙5mm/線段3mm/間隙3mm

② 起始／結束處：實心正方
線條：細細細

③ 類型：細粗
起始處：簡單寬廣箭頭

④ 類型：點虛線
結束處：圓形
間隙顏色：橘

⑤ 類型：日文圓點
起始／結束處：實心圓
色彩：直線漸層

5.3 鋼筆工具

鋼筆工具就是貝茲曲線（Bezier）工具，主要運用錨點串連成直線、曲線或圖形，可以繪製開放或封閉圖形。可描繪直線、曲線轉角、半圓線，可做複雜且細微的線條。而鋼筆工具製作的封閉圖形，也可再利用路徑管理員進行聯集、交集、差集等變化。

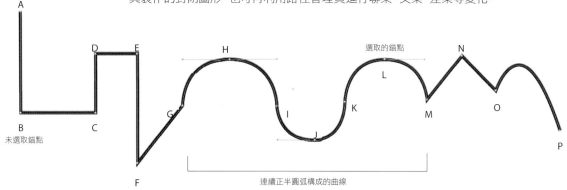

圖5-9：看見鋼筆工具展現直線、圓弧線、尖角、直角的樣貌。

A~F｜水平垂直線段	G｜由直線段轉換曲線的錨點	J&L｜【Alt】鍵轉換單邊控制桿的錨點
F｜45度轉角	H｜水平對稱的錨點控制桿	M｜由曲線轉換直線的錨點

01｜直角及45度

鋼筆工具的錨點可用定點或拖拉的方式繪圖，按【Shift】鍵可繪製垂直、水平、45度角及直角的直線，如圖5-9：A~F的直角，及F~G的45度線段。

圖5-10：A｜標準：將選取的點變為沒有方向點或方向線；B｜轉角：將選取的點變更為有獨立的方向線；C｜平滑：將選取的點變為具有連結方向線的連續曲線；D｜對稱：將選取的點變更為具有等長方向線的平滑點。

02｜轉換曲線與弧形

G~H則是由直線到曲線的轉換錨點。將滑鼠移至H，不放開滑鼠進行拖曳，錨點會出現兩端方向線的控制桿，控制桿越長曲線弧度越大，找到適當圓弧時鬆開滑鼠即可。若要對稱的圓弧請在拖曳過程按【Shift】鍵，控制桿會出現左右對稱且水平的狀態。

若需要繼續銜接另一個對稱半圓弧，則必須將對稱垂直控制桿變成單邊控制（如J），按住【Option（Mac）；Alt（pc）】鍵即變成單邊的控制桿，如此一來，I~J的圓弧將不再變動。K~M半圓弧線就重複G~I動作。

03｜編輯錨點

若要將曲線的線條結束轉換為直線，按下【Option（Mac）；Alt（pc）】鍵，游標會出現轉換方向點的符號，即轉換曲線錨點為直線錨點，如同鋼筆工具中的「轉換方向點工具」，請參考《Lesson 3.1.4：繪圖工具介紹》。

04 │ 範例步驟

可參考圖5-11，由左至右。01│請先思考圖案的前後
配置，用鋼筆工具繪製四段封閉的線條（紅色3藍色
1），許多人在繪製這樣的圖片都習慣用開放的路徑，
後續作業將造成上色的麻煩。建議用封閉圖形繪製，
之後塊面或線條填色或加上質感，都會更為方便。

02│「物件」→「排列順序」置前置後調整物件的空間
關係。03│調整線條粗細。04│再用鋼筆工具繪製陰影
塊面及其他元素，可以參考完成圖。以此類推完成其
他圖案，並依喜好調整色彩（圖5-12）。最後應用於平
面構圖（圖5-13）。

圖5-11：1│繪製封閉線條。2│調整物件的空間關係。3│調整線條粗細。

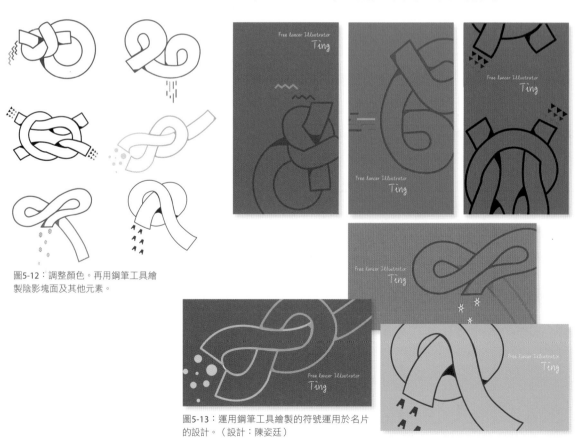

圖5-12：調整顏色。再用鋼筆工具繪
製陰影塊面及其他元素。

圖5-13：運用鋼筆工具繪製的符號運用於名片
的設計。（設計：陳姿廷）

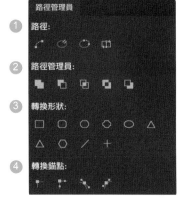

5.4 路徑管理員

InDesign的路徑管理員用法與Illustrator相仿，需建立封閉物件才可進行聯集、交集或差集的組合。想要開啟路徑管理員的浮動面板，請選擇功能表清單「視窗」→「物件與版面」→「路徑管理員」，或「視窗」→「工具區」→「基本功能」，在工作區的右側出現的浮動面板選單。可進行的設定分為：1︱路徑、2︱路徑管理員、3︱轉換形狀及4︱轉換錨點（圖5-14）。

圖5-14：路徑管理員浮動面板，分路徑、路徑管理員、轉換形狀及轉換錨點四大功能。

01 ︱路徑

在路徑的項目分別為：A︱結合路徑：連結兩個端點；B︱開放路徑：開放封閉的路徑；C︱封閉路徑：封閉開放的路徑；D︱反轉路徑：變更路徑的方向（圖5-15）。

圖5-15：路徑管理員面板。

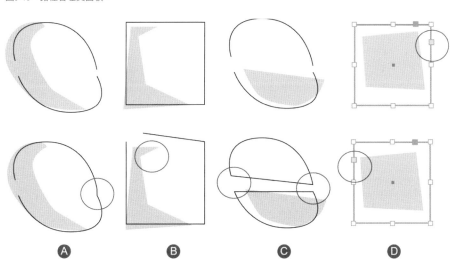

圖5-16：分別運用A︱結合路徑；B︱開放路徑；C︱封閉路徑；D︱反轉路徑產生的效果。

02 | 路徑管理員

路徑管理員：有A｜聯集；B｜差集；C｜交集；D｜排除重疊；E｜依後置物件剪裁（圖5-17）。

聯集：將選取物件組合成一個形狀；差集：將最後面的物件依最前面物件形狀裁減（以保留後方物件為主）；交集：只保留物件交集區域；排除重疊：排除物件重疊的區域；依後置物件剪裁：最前面的物件減去最後的物件形狀。

圖5-17：路徑管理員圖示。

03 | 轉換形狀

用轉換形狀可將任何圖框快速套用預設好的幾何圖形，用法：A｜將形狀轉換為矩形。B｜根據目前「轉角選項」的半徑大小，將形狀轉換為圓角矩形。C｜根據目前「轉角選項」的半徑大小，將形狀轉換為斜角矩形。D｜根據目前「轉角選項」的半徑大小，將形狀轉換為反轉圓角矩形。E｜將形狀轉換為橢圓。F｜將形狀轉換為三角形。G｜根據目前「多邊形工具」的設定，將形狀轉換為多邊形。H｜將形狀轉換為直線。I｜將形狀轉換為垂直或水平直線（圖5-18）。

圖5-18：轉換形狀圖示。

04 | 轉換錨點

在轉換錨點中，有A｜標準：將選取的點變更為沒有方向點或方向線；B｜轉角：將選取的點變更為有獨立的方向線；C｜平滑：將選取的點變更為具有連結方向線的連續曲線；D｜對稱：將選取的點變更為具有等長方向線的平滑點（圖5-19），可參考《Lesson 5.3：鋼筆工具》。

圖5-19：轉換錨點圖示。

05 | 範例說明

本單元範例是學生設計的Logo應用，大致的步驟如：A｜先用鋼筆工具及橢圓工具建立個別物件；B｜運用差集用水瓶減去背景；C｜差集後的圖形；D｜將眼睛與鳥喙圖形疊至上層（圖5-20）。

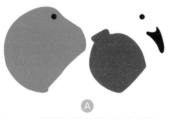   

圖5-20：利用路徑管理切割出的基本造形。

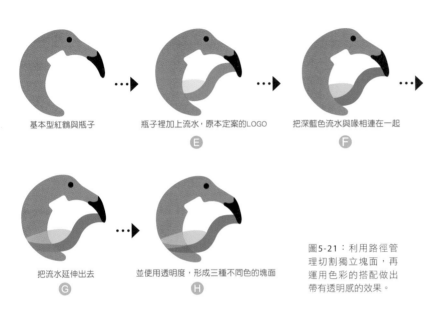

基本型紅鶴與瓶子

瓶子裡加上流水，原本定案的LOGO
Ⓔ

把深藍色流水與喙相連在一起
Ⓕ

把流水延伸出去
Ⓖ

並使用透明度，形成三種不同色的塊面
Ⓗ

步驟E至H，是繪製內部水波圖案的步驟，再度運用路徑管理員製作分割後獨立的塊面，就可進行顏色配置，創造出色彩透明度的重疊效果。所以，用路徑管理員製作的封閉圖形，比用鋼筆工具可能因錨點未連結而成的開放造型，更有利於快速套用內容及線條之色彩或質感變化。（圖5-21）

圖5-21：利用路徑管理切割獨立塊面，再運用色彩的搭配做出帶有透明感的效果。

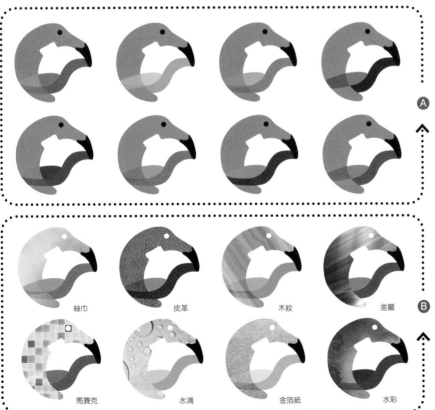

絲巾

皮革

木紋

金屬

馬賽克

水滴

金箔紙

水彩

Ⓐ

Ⓑ

圖5-22：利用路徑管理分割的圖形是封閉塊面，A｜可以更自由利用色彩套用於內容或線條。B｜也可以直接製作或置入質感於圖形框架中，Logo就是可以透過這樣的方法玩起變化的。（範例設計：張蕙文）

5.5 任意變形工具

前面章節介紹了製作基本圖形的工具,現在開始要豐富其變化!首先選擇工具列中的「任意變形工具」(圖5-23),或功能表選單中「物件」→「變形」,可將物件進行:移動、縮放、旋轉、傾斜與翻轉等變形(圖5-22),「選取」工具的控制條板中也有變形工具的圖示功能(圖5-24),可參考《Lesson 3.1.7:變形工具介紹》並搭配智慧型參考線使用,見《Lesson 2.4:參考線與智慧參考線》。

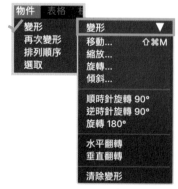

圖5-22:「物件」下拉選單內的變形工具選項。

01 | 移動

可從「物件」→「變形」→「移動」,選取物件框架內部,出現箭頭時即可用滑鼠移動框架位置。移動工具可與縮放及旋轉工具同時搭配使用。

02 | 縮放

可從「物件」→「變形」→「縮放」,拖曳框架任一控制點調整物件尺寸,加【Shift】鍵讓物件以等比例縮放(工具列也有縮放工具)。選擇任意變形工具並按【Option(Mac);Alt(pc)】,物件會以框架正中心為基準點進行縮放。

圖5-23:工具列中的變形工具圖示選項。

03 | 旋轉

可選「物件」→「變形」→「旋轉」,使用任意變形工具時,當游標移至框架角落時會出現旋轉符號(工具列也有旋轉工具)。而「物件」→「變形」設有「順時針旋轉90度」、「逆時針旋轉90度」、「旋轉180度」三種選項供使用(圖5-22)。另外,可用「檢視」→「格點與參考線」開啟智慧型參考線,角度提示更能快速完成旋轉設定。

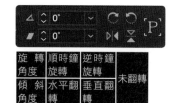

圖5-24:選取工具於控制條板之呈現。

04 | 傾斜

可從「物件」→「變形」→「傾斜」,選擇傾斜工具,滑鼠移到控制點或邊框時,物件即可往水平、垂直或斜角傾斜,若按【Option(Mac);Alt(pc)】即可自行定位傾斜的基準點(內訂是中心點),若基準點設定離物件越遠其變形程度就越大(工具列也有傾斜工具)。

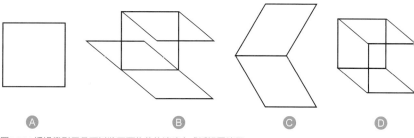

圖5-26:透過變形工具可以將平面物件快速建立成透視圖效果。

05 ｜ 翻轉

可選「物件」→「變形」→「水平翻轉」或「垂直翻轉」，翻轉即是鏡射。翻轉工具不在工具列，但出現在選取控制條板（圖5-24）。其實，翻轉還有更簡易的方法，直接按住選取工具在框架格點往反方向拖曳（翻過框架的另一邊），就可直接執行水平或垂直翻轉，雖然便捷但無法掌握物件正確比例。

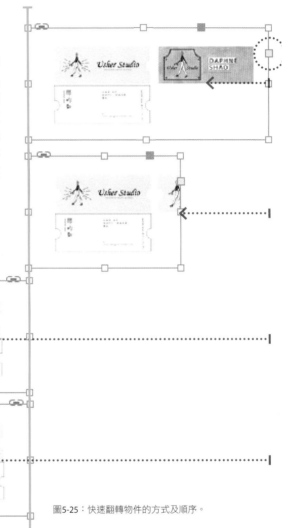

圖5-25：快速翻轉物件的方式及順序。

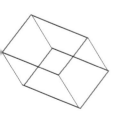

06 ｜ 範例說明：從基本形到立體化

A｜基本形：正方平面（圖形或框架工具）。B｜上下透視圖：「物件」→「變形」→「傾斜」，由A衍生出的透視造型。C｜斜面透視圖：也是由A衍生出的斜面透視造型，與步驟B一樣只是傾斜角度不同。D｜正立方體：結合A、B（上下透視圖）及增加側面透視圖，所組合而成的正立方體。E｜先將D群組後，再進行「物件」→「變形」→「傾斜」，可產生其他透視角度的正立方體。

5.6 再次變形工具

再次變形工具需先使用變形工具後,再複製變形的先前指令(如移動、縮放、旋轉或傾斜),換句話說,就是記憶前次動作,然後快速複製最後操作的動作。

可以從「物件」→「再次變形」進入,內有「再次變形」、「分別再次變形」、「再次變形順序」及「分別再次變形順序」等選項(圖5-27)。再次變形工具建議使用快速鍵【Command+ Option + 4(Mac);Ctrl + Alt + 4(pc)】,適合用於等比、等距或放射等複雜圖形的重複製作。

圖5-27:再次變形工具。

01｜再次變形

記憶最後一個操作變形的指令,然後套用到選取範圍。

02｜分別再次變形

記憶最後一次變形操作的指令,並個別套用到選定物件,而不是整個群組套用。

03｜再次變形順序

記憶最後一系列變形操作的指令,依操作順序套用到選取範圍。

04｜分別再次變形順序

記憶最後一系列變形操作的指令,再依順序分別套用到每個選定物件上。

範例一:縮放、拷貝與再次變形

參考左圖,步驟一:建立基本造形,選擇縮放工具,按下【Option(Mac);Alt (pc)】鍵設定縮放的圓心位置於物件左側(離心)。步驟二:選擇「物件」→「縮放」,設定放大比例,選擇「拷貝」,則完成第一個放大複製動作。步驟三:重複按【Command+ Option + 4(Mac);Ctrl + Alt + 4(pc)】,直到所需的拷貝數量為止。

圖5-28:調整縮放的比例。

範例二：傾斜、拷貝與再次變形

參考下圖，步驟一：建立透視立方體造形。步驟二：選擇工具列的傾斜工具，設定傾斜角度，選擇「拷貝」完成另一組傾斜後的立方體（原地傾斜）。步驟三：重複按【Command+ Option + 4（Mac）；Ctrl + Alt + 4（pc）】，直到所需的拷貝數量為止。

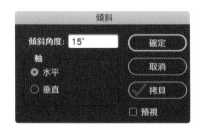

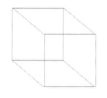

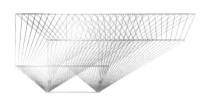

圖5-29：調整傾斜角度。

範例三：旋轉的再次變形之圓心應用

選擇旋轉工具按下【Option（Mac）；Alt（pc）】，當游標出現十字就可重新定位圓心位置。改變圓心的位置再進行再次變形，很容易產生更有趣的圖形。步驟一：選擇旋轉工具按【Option（Mac）；Alt（pc）】重新定位圓心。步驟二：旋轉視窗內設定角度，並選擇「拷貝」。步驟三及四：重複【Command+ Option +4（Mac）；Ctrl + Alt + 4（pc）】，打開預覽可看見效果。

圖5-31將線段以五種不同圓心設定，透過再次變形工具不斷旋轉複製，改變定位點產生變形的豐富性，也能簡單創作出漸變、四方連續或如萬花筒的放射圖形(圖5-32)。

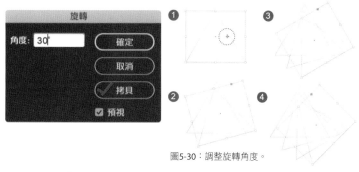

圖5-30：調整旋轉角度。

圖5-31：這些直線設定不同圓心位置（紅色十字）旋轉複製，可產生如萬花筒般的圖形。

圖5-32：利用不同的角度設定旋轉複製，可以變化出不同密度的圖案。

範例四：移動、拷貝與再次變形

建立基本造形後，即可參考下圖指示。步驟一：
按下【Option（Mac）；Alt（pc）】鍵，選擇物件
進行拖曳複製。或選擇「物件」→「移動」，在對
話框設定移動的水平及垂直距離，並選擇「拷
貝」，則完成第一個移動複製的動作。步驟二：
重複按【Command+ Option + 4（Mac）；Ctrl +
Alt + 4（pc）】，直到所需的拷貝數量為止。步驟
三：將物件套用彩虹漸層色彩（圖5-33）。

移動的再次變形可快速排列陣列，選擇不同的
移動軸線，如：水平垂直移動（規律）或斜角移
動（交錯）。先建立整列或欄的圖形複製，再將
整列（欄）進行位移（運用變形的移動複製）或
鏡射的複製也行（參考上述範例一至三的操作
說明），使用再次變形工具重複以上動作，豐富
的布花圖案就可產生（圖5-34）。

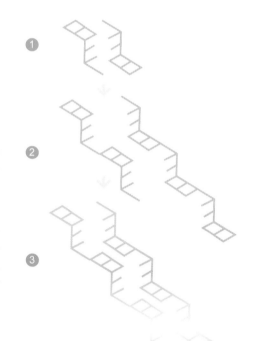

圖5-33：移動的再次
變形操作步驟。

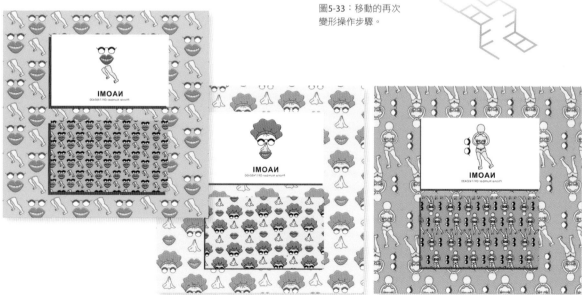

圖5-34：利用四方連續概念延伸的布花及名片設計。（設計：陳芝瑗）

5.7 對齊與均分

選取「視窗」→「物件與版面」→「對齊」,就會出現對齊浮動面板,可以看到A|對齊物件、B|均分物件、C|對齊至、D|均分間距(圖5-35),在這章所提的對齊工具,是用於物件與物件的對齊,與段落文字對齊不同(可參考《Lesson 4.5:段落》)。

浮動面板中的「對齊至」(圖5-35-C)最常用的設定多為:1|對齊選取範圍,用於物件間的對齊或均分。2|對齊關鍵物件,選取多個物件後,設定關鍵物件(關鍵物件的框會加粗),其他物件就以關鍵物件為基準進行對齊或均分。3|對齊邊界,若頁面有設定邊界(上下左右),物件則以邊界為基準進行對齊或均分。4|對齊頁面,則以單頁面尺寸為基準進行對齊或均分。5|對齊跨頁,若頁面設定為跨頁,物件就以跨頁最大範圍為基準進行對齊或均分(圖5-36)。

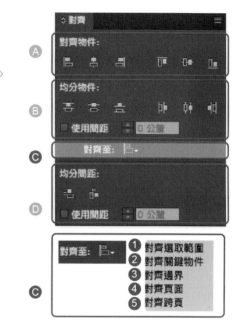

圖5-35:對齊面板。

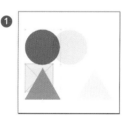

圖5-36:對齊標的物不同時,即產生不同的顯示方式:1|對齊選取範圍,2|對齊關鍵物件,需設定關鍵物件,3|對齊邊界,頁面需設定邊界,4|對齊頁面,5|對齊跨頁,若頁面設定為跨頁,物件就以跨頁最大範圍為基準進行對齊或均分。

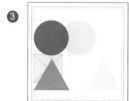
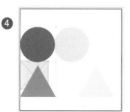

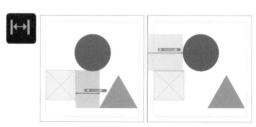

圖5-37:選擇間隙工具,可以協助丈量物件間的間距。

01 | 對齊物件選項

1 | 對齊左側邊緣（以框架的最左邊緣為基準）、2 | 對齊水平置中（以框架水平的中心點為基準）、3 | 對齊右側邊緣（以框架最右邊緣為基準）、4 | 對齊頂端邊緣（以框架最上緣為基準）、5 | 對齊垂直置中（以框架垂直的中心點為基準）、6 | 對齊底部邊緣（以框架最下邊緣為基準）等方式（圖5-38）。

02 | 均分物件選項

均分物件是將物件間距平均分配的功能。7 | 均分頂端邊緣、8 | 均分垂直置中、9 | 均分底部邊緣、10 | 均分左側邊緣、11 | 均分水平置中、12 | 均分右側邊緣。這些功能搭配均分間距設定，可以更準確均分物件距離。

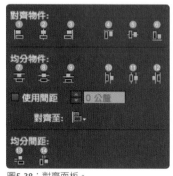

圖5-38：對齊面板。

03 | 均分間距選項

均分間距的兩個選項：13 | 均分垂直間距、14 | 均分水平間距。可以準確設定間距數據，搭配對齊與均分一起使用。均分間距可設正值或負值，正值會拉遠距離，負值則讓物件重疊，若再加透明度變化將產生趣味效果（圖5-39的右下）。

運用智慧型參考線協助間距的測量，《Lesson 2.4：參考線與智慧型參考線》工具列中的間隙工具也可提供框架間的間距資訊（圖5-37），皆可搭配本章對齊工具應用設計（圖5-40）。

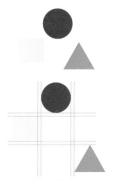

圖5-39：左 | 均分間距 右 | 利用對齊均分及均分間距設定所產生的變化。

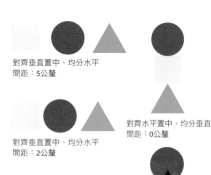

對齊垂直置中、均分水平間距：5公釐

對齊垂直置中、均分水平間距：2公釐

對齊垂直置中、均分水平間距：-5公釐

對齊水平置中、均分垂直間距：0公釐

對齊左側邊緣、均分垂直間距：-10公釐
效果/透明度/色彩增值

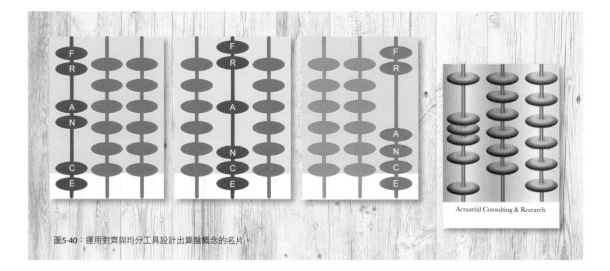

圖5-40：運用對齊與均分工具設計出算盤概念的名片。

5.8 翻轉

可選「物件」→「變形」→「水平翻轉」或「垂直翻轉」，「翻轉」工具也出現於選取的控制條板中（可參考《Lesson 3.3.1：選取控制條板》）。翻轉工具如前述變形工具一樣需搭配框架物件，如文字、圖形或影像使用。最經典且有趣的魯賓之杯，就是運用水平翻轉建立圖地反轉的範例（圖5-41）。繪製對稱圖形可先繪製單邊，另一邊用翻轉複製，再用路徑管理員工具聯集合併，才可建立完全對稱的圖形。

圖5-42：A｜複製，B｜複製後水平翻轉，C｜複製後垂直翻轉。

範例一：運用間距做變化

將複製後的物件進行水平及垂直翻轉（圖5-42），再調整物件的間距，用A｜緊（Tight）、B｜銜接（Touch）與C｜重疊（Lap）做為單元形（圖5-43），再重複翻轉複製，就可產生許多意想不到的連續圖形效果（圖5-44）。

圖5-43：利用水平及垂直的翻轉，再調整間距，A｜緊，B｜銜接，C｜重疊，創造三種單元形。

圖5-41：運用筆者側臉所製作如魯賓之杯的圖地反轉圖形：燭台與人臉（設計：林韋辰）

圖5-44：以圖5-43的A單元形，運用斜線為軸重複翻轉複製所產生的四方連續圖案。（符號設計：梁瑜庭）

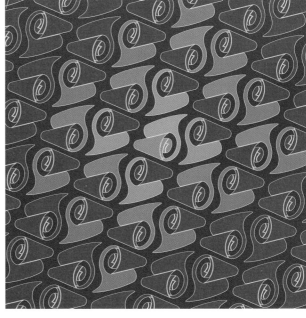

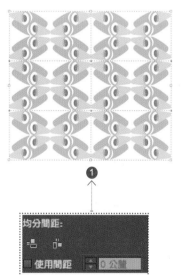

範例二：單元形的銜接變化

延伸圖5-43的B圖形為單元形，再進行一次水平與垂直鏡射的複製體。製作過程見下圖，步驟一：將四個物件群組後的基礎單元形繼續進行垂直水平翻轉，複製六組單元形，讓這些單元形無縫銜接，請將「對齊」浮動面板的「均分間距」設為0（請參考《Lesson 5.7：對齊與均分》）（圖5-46-1）。步驟二：建立一個正方圖框，將步驟一完成的圖形群組，選擇「編輯」→「拷貝」，「編輯」→「貼入範圍」至方框（圖5-46-2）即完成。框架內已群組的四方連續圖形，可用選取工具雙擊框架，或用直接選取工具，當貼入的圖案邊界線出現時（圖5-47），即可編輯調整內部圖案尺寸與位置。

圖5-45：使用圖5-43的B單元形再水平及垂直鏡射複製出來的圖像。

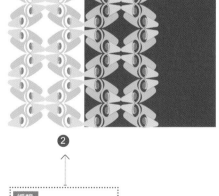

❶

❷

圖5-46：1｜將均分間距調整為0，物件將緊密無縫銜接一起，2｜製作一個方形框架，3｜選擇四方排列之圖案，使用「編輯」→「拷貝」，「編輯」→「貼入範圍」將圖案置入框架中即完成。

均分間距：

使用間距　0 公釐

編輯
剪下
拷貝
貼上
貼上但不套用格式設定
貼入範圍內

圖5-47：用選取工具或直接選取工具點選框架，當圖案邊界線出現，即可再編輯調整內部圖案尺寸與位置。

範例三：建構更豐富的單元形

單元形結合變形工具又可產生變化更多的新單元形！在此使用圖5-43的C單元形，運用不同圓心定位「旋轉」複製的設定，用「再次變形工具」（請參考《Lesson 5.6：再次變形工具》）反覆創造更複雜的單元形（圖5-48）。

運用旋轉與再次變形又可產生更多的延伸變化。單元形的設定，有三種技巧相當重要：1｜保留一些空白空間、2｜出現一些不對稱的局部圖形、3｜保留部分完整圖形，如圖5-49。

可執行四方連續圖形不限向量圖形，即使是攝影或素描作品，只要設定有趣的單元形，翻轉複製後產生更多超乎想像的圖形（圖5-50），配合變形工具、色彩搭配（請參考《Lesson 7：色彩計畫》），四方連續圖案的變化沒有限制。

此外，翻轉再結合漸層羽化，也可做出很棒的鏡面反射效果，請參考《Lesson 6.4：漸層羽化》。

圖5-48：以圖5-43的C單元形為基礎，A｜B｜C｜D分別運用不同物件的角度（紅虛線）及旋轉之軸心的差異設定，所創造出複雜的圖形。

圖5-49：左｜再運用旋轉與再次變形工具又衍生出的更複雜基本型。右｜運用單元體設定的三種技巧，就可以變化既繁複又有趣的新圖樣。

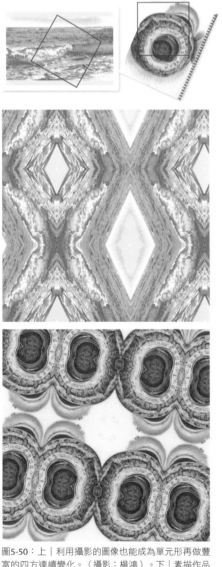

範例四：台灣花磚的進階變化

這是利用台灣花磚元素再自行設計基本圖形，製作出美麗的包裝紙範例。在此運用了不同方位的旋轉、鏡射，即可變化出許多四方連續的圖案。

圖5-50：上｜利用攝影的圖像也能成為單元形再做豐富的四方連續變化。（攝影：楊鴻）。下｜素描作品也可以變化成不一樣的四方連續設計。（素描：左博文）

圖5-51：運用東方花鳥製作的圖案再運用單元體的翻轉重組，製作出多款的四方連續窗花。（圖案設計：張之瑜、陳思妤、鄭羽涵）

｜關於「效果」

在進入「效果」工具前，先來介紹「效果」的基本概念。

效果工具皆可套用在文字、線條、圖形及影像上。有三種開啟方式：A｜在功能表清單的「物件」→「效果」、B｜點選選取控制條板的圖示（fx），以及C｜「視窗」→「效果」浮動面板。

本書依適用於圖形或影像的效果，分佈在兩個章節說明。適用於「圖形」的效果，為《Lesson 5.9：羽化及方向羽化》、《Lesson 5.10：光暈效果》、《Lesson 5.11：斜角、浮雕和緞面效果》。適用影像的效果，則放在《Lesson 6.3：陰影》、《Lesson 6.4：漸層羽化》、《Lesson 6.5：透明度》。

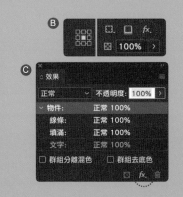

5.9 羽化及方向羽化

大家很習慣將羽化效果應用於圖片的邊框，這是讓圖片融入於背景的最簡單方式，但羽化過多容易破壞圖片完整性，請謹慎使用。本章將運用不同層次的羽化設定，讓平面圖形增加立體或光影效果（可見本節的範例一）。也透過方向羽化改變規則邊緣的設定，圖形透過錯位堆疊產生殘像，晃動感即產生動態感（可見本節的範例二），製作立體及動態皆可創造平面物件的空間感。

01｜基本羽化

基本羽化可套用於文字、圖形及影像，是整體性均勻化的羽化效果，最棒的是文字不需建外框即可使用，可隨時變換字體或修改文字內容。基本羽化設定有羽化寬度、填塞、轉角及雜訊等選項。羽化寬度可控制模糊的範圍，數值越大影像越模糊；轉角則有擴散、銳角及圓角三種選擇，擴散的羽化效果最自然均勻；雜訊可控制畫面粒子的粗細程度（圖5-52）。

圖5-52：轉角分：1｜銳化，2｜擴散及圓角。

範例一：立體或光影效果

運用不同層次的羽化製作出立體或光影效果，A｜運用鋼筆工具繪製簡單的蝴蝶結。B｜設定基本羽化的蝴蝶結。C｜設定羽化（填塞：25%，轉角：擴散）。D｜方向羽化（方向：左右1、上下0.5、形狀：前置邊緣）。E｜漸層羽化（漸層色票：黑白漸層、類型：放射狀）（圖5-53），再將A+B+C+D+E蝴蝶結重疊，選擇「透明度」→「混合模式」→設定「色彩增值」，若調整物件前後排列順序或透明度，也會產生不同效果，最後加文字加背景即完成（圖5-54）。

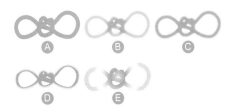

圖5-53：A-E｜運用羽化、方向羽化及的漸層羽化產生的效果。

圖5-54：利用「色彩增值」產生不同深淺變化。

02 | 方向羽化

方向羽化可設定上、下、左、右四邊各別的羽化寬度（請注意需關掉連結符號，圖5-55打勾處），此外，方向羽化的形狀可選：A | 僅限第一邊緣、B | 前置邊緣，以及C | 所有邊緣，製作出來的效果請參考範例二。

範例二：動態感的圖形

運用錯位殘像產生圖形的動態感如何製作？先用橢圓工具建立圓形，運用方向羽化的對話框設定上下左右羽化寬度，角度：45度，形狀分別設定：A | 僅限第一個邊緣、B | 前置邊緣、C | 所有邊緣（圖5-56，A-C）。再運用已完成方向羽化的圖形繼續延伸，調整方向羽化寬度不對稱設定或改變角度，並且結合「透明度」→「混合模式」，重疊複製產生的殘像效果（圖5-56，D-E）。

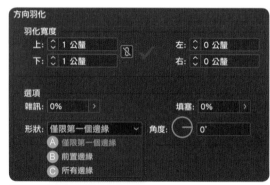

圖5-55：方向羽化對話框。

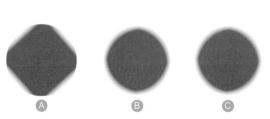

圖5-56：羽化讓圓形色塊看起來動感十足，也可做出動態的視覺殘像效果。

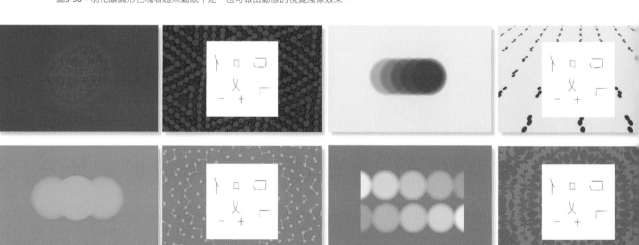

圖5-57：運用羽化及方向羽化效果製作的名片。（設計：張景媗）

5.10 光暈效果

「物件」→「效果」→「外光暈」或「內光暈」。「外光暈」從物件下方散發光暈，猶如於物件背後裝置了霓虹燈管，所以物件與背景間會產生光線滲透的效果，可設定混合模式（可參考《Lesson 6.5：透明度》）；其他選項中，可見「技術」有A｜柔和、B｜精確（圖5-58）。

而「內光暈」所建立的效果如霓虹燈管本身，物件本身產生發光。同外光暈可設定混合模式、技術（柔和、精確）外，還可以設定來源（A｜中心、B｜邊緣，圖5-59）、大小、填塞等，填塞的百分比可以控制物件色彩與光源色彩配置比例。

圖5-58：外光暈對話框。

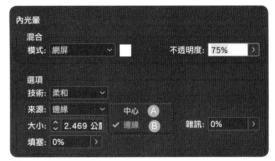

圖5-59：內光暈對話框。

範例一：基本的光暈效果

光暈效果同樣適用於不需建外框的文字、圖形，若是應用於文字，建議選擇粗細較均勻的無襯線字及較粗的字體，請參考《Lesson 4.1：文字初識》。以下範例選擇了四種字體，上一排設定外光暈（圖5-60的A-D），下一排設定內光暈（圖5-60的E-H），可以發現選用較圓潤的字體，效果與霓虹燈管的造型更接近，另外，選擇太細的字體設定內光暈效果並不明顯（圖5-60 F、G）。

光暈效果除了可建立圖形的發光感，有時當文字或圖形放置於相近色調或複雜背景時，文字易被背景吞蝕掩蓋，光暈效果可以改善這情況讓圖文區隔出來（圖5-61）。若是在較細的線條上運用光暈，效果則不明顯（圖5-62）。

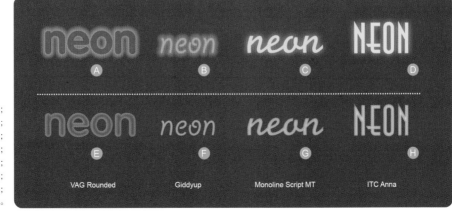

圖5-60：
A｜外光暈、技術：精確；
B｜外光暈、技術：精確；
C｜外光暈、技術：柔和；
D｜外光暈、技術：柔和；
E｜內光暈、來源：邊緣；
F｜內光暈、來源：中心；
G｜內光暈、來源：邊緣；
H｜內光暈、來源：中心。

設計的品格

Ⓐ　　　　　　Ⓑ　　　　　　Ⓒ

圖5-61：當文字或圖形放置
於相近色調或複雜背景時，
文字易被背景掩蓋，光暈效
果可區隔圖文。A｜只要用很
淡（但比白色深）的外光暈
稍微強化，仍可表現很文青
的淡雅設計；B｜圖與背景的
色彩相近時，運用亮色外光
暈，就可將圖片從背景凸顯
出來；C｜過於複雜的背景圖
案，不論文字或圖形都難以
突顯，也可以用外光暈效果
改善。

圖5-62：若是在
較細的線條上運
用光暈，效果並
不明顯，如最左
邊打叉的範例。

Chen Ying Ting

Chen Ying Ting

Chen Ying Ting

Xaio Zhi Ting

圖5-63：圖案設計（陳映庭）。

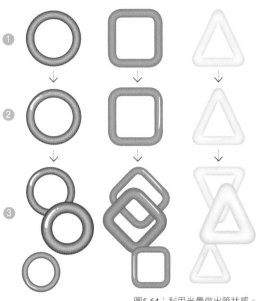

圖5-64：利用光暈做出管狀感。

範例二：利用光暈做出管狀或環狀的質感

如圖5-64的步驟一，用工具列中的圖形工具選擇框線尺寸與顏色，並製作內光暈。步驟二，用鋼筆工具製作局部白色高反光塊面。步驟三，改變框線粗細及運用變形縮放進行變化。

我們藉由範例二再進一步做變化。步驟一，複製第二個已建立光暈效果的環。步驟二，選取兩個環並進行「路徑管理員」→「聯集」（不選反光的塊面）。步驟三，選擇聯集後的圖形，至「物件」→「轉角選項」設定圓角（請參考《Lesson 5.12：轉角效果》）。步驟四，將聯集後接合處的直角轉化跟汽球造型接近的圓角即為完成圖，所有步驟皆在保留光暈效果下進行（圖5-65）。

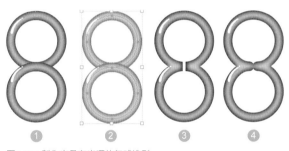

圖5-65：製作出具有光澤的氣球造型。

範例三：綜合運用

運用了以上介紹的光暈技法，加上透明度（請參考《Lesson 6.5：透明度》），即可玩出許多如氣球造型的圖案，陰影部分使用翻轉（請參考《Lesson 5.8：翻轉》）加上羽化漸層（請參考《Lesson 6.4：漸層羽化》），即可做出如下圖鏡面鏡射的影子效果。

設計：蕭芷庭

5.11 斜角、浮雕和緞面效果

斜角和浮雕產生立體化，
立體化使平面物件變寫實。
緞面效果新增內部陰影，
以建立緞狀光澤。

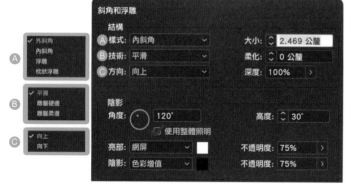

圖5-66：斜角和浮雕對話框。

02 | 立體化效果的差異

綜合《Lesson 5.10：光暈效果》及其他效
果，效果可套用在物件本身或背景，在此
來比較各個差異性（圖5-68）。

先用文字工具建立字元「S」（無需建外框
字），設定如下：A｜陰影（建立於背景）、
B｜內陰影（建立於物件的鏤空效果）、C｜
外光暈（建立於背景）、D｜內光暈（建立
於物件）、E-G｜外斜角（E｜平滑、F｜雕鑿
硬邊、G｜雕鑿柔邊）（都建立於背景）、
H-J｜內斜角（H｜平滑、I｜雕鑿硬邊、J｜
雕鑿柔邊）（都建立於物件）、K-M｜浮雕
（K｜平滑、L｜雕鑿硬邊、M｜雕鑿柔邊）
（都建立於背景）、N-P｜枕狀浮雕（N｜平
滑、O｜雕鑿硬邊、P｜雕鑿柔邊）（都建立
於背景），可參考圖5-69的Logo設計。

01 | 斜角和浮雕

斜角和浮雕效果可套用於文字、線條、圖形及影
像框架，也適合製作數位出版時的立體按鈕設
計（圖5-67）。在「樣式」有四種選項（圖5-66的
A）：「外斜角」將斜角的立體感建立於物件外部
（類似陰影）；「內斜角」將斜角立體感建立於
物件內部（物件立體化）；「浮雕」讓物件突出
的立體效果；「枕狀浮雕」讓物件嵌入背景之後
再浮出的效果。

斜角和浮雕的對話框還可設定更多變化。「技
術」（圖5-66的B）有「平滑」、「雕鑿硬邊」，及
「雕鑿柔邊」，這是讓物件立體轉角邊緣產生
模糊至銳利的差異。「方向」有「向上」或「向
下」（圖5-66的C），讓物件產生上浮或下沉的感
覺。其他設定如：大小、柔化、深度及陰影等，都
可以嘗試使用。

圖5-67：按鈕的設定：內斜角/平滑/向上。A｜文字選浮雕；B｜文
字選枕狀浮雕。

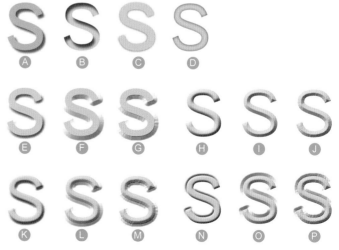

圖5-68：這是將S字型利用斜角與浮雕做出不同的樣貌。

圖5-69：運用浮雕效果增加Logo的質感。（設計：丁慧倫）

03 | 緞面效果

緞面效果可增加物件如絲緞般的色澤與反光，適合用來增加質感及立體化。可選擇：A｜模式、B｜大小、C｜距離及不透明度、角度等設定。在A｜模式中，可以讓物件變亮的：網屏、加亮顏色、變亮，讓物件變暗的：色彩增值、加深顏色、變暗。其他的設定，則需視物件與套用色彩間的關係：覆蓋、柔光、實光、色相、飽和度、顏色及明度（圖5-70），也可參考《Lesson 6.5：透明度》。

圖5-70：緞面效果可選擇A｜模式、B｜大小、C｜距離及不透明度、角度等設定。A模式：黃點/顏色加亮、藍點/變深、橘點配合顏色/遇亮則亮/遇暗則暗。

範例一：加強緞面效果

將平面或已套用光暈效果的物件，再透過緞面效果增強立體化，運用緞面效果可考慮環境色彩，透過物件的反光反應周邊色彩。

以下為雪人的設定：
A｜模式：網屏、大小：1、距離：2。B｜模式：覆蓋、大小：6、距離：4。C｜模式：覆蓋、大小：6、距離：4、勾選反轉。

而毛毛蟲設定如下：
D｜模式：實光、大小：2、距離：2。E｜模式：加深顏色、大小：2、距離：3。F｜模式：加深顏色、大小：2、距離：3、勾選反轉。

菱形設定如下：
G｜模式：網屏、大小：2、距離：2。H｜模式：網屏、大小：2、距離：5。I｜模式：網屏、大小：2、距離：8、勾選反轉。

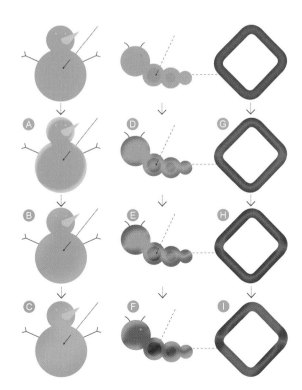

範例二：綜合應用

我們試著綜合上述的效果工具套用在文字及物件上，並且結合《Lesson 6.1：框架於影像的應用》的人物去背完成的模擬圖（圖5-71）。

牆上的三個標記設定如下：A，框：內斜角（雕鑿硬邊、向上）、符號：外光暈+陰影、文字（上行）：枕狀浮雕（平滑、向下）、文字（下行）：內光暈。B，框：枕狀浮雕（平滑、向下）、符號：外光暈（精確）+內光暈（柔和、邊緣）、文字：浮雕（雕鑿硬邊、向下）。C，框：枕狀浮雕（平滑、向上）、符號：緞面、文字（上行）：內光暈（柔和、中心）、文字（下行）：外光暈（精確）。

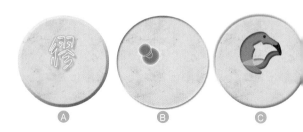

最後置入背景，而人物效果則是用了「羽化」。路過的行人是用鋼筆工具（貝茲曲線建立輪廓線外框）（請參考《Lesson 6.1：框架於影像的應用》），再透用方向羽化（只設定左右羽化，類似Photoshop的動態模糊）讓行人有移動的晃動感（請參考《Lesson 5.9：羽化及方向羽化》）。

圖5-71：整張畫面及效果皆透過InDesign完成。

5.12 轉角效果

InDesign 內建基本轉角樣式共五種，若擅用內外框組合，可以延伸至少 36 種以上的相框變化！

圖5-72：轉角選項對話框。

01 ｜ 轉角單框練習

「轉角選項」需配合框架使用，可以自行繪製出多角形圖形（圓形無法產生效果）。轉角工具列在「物件」→「轉角選項」（圖5-72的A）；在選擇控制條板上也有轉角效果的圖示（圖5-72的B）。在轉角選項對話框中，把中間如鎖狀的「讓所有設定均相同」解開（圖5-72的打勾），四個轉角就可各自設定大小與形狀，更可增加框的變化性（只有四邊形可以設定四個轉角）。

轉角形狀可分：A花式、B斜角、C內縮、D反轉圓角，以及E圓角。轉角效果雖只有五種，複製雙框再配合路徑管理員，又可產生許多不同造型（圖5-73）。另外，透過邊角大小的調整設定，也可以豐富圖框的多樣性。

02 ｜ 畫框製作

步驟一，先用矩形工具建立兩個大小不一的方框，用對齊工具進行水平與垂直的居中對齊（可參考《Lesson 5.7：對齊與均分》），大小方框皆設定轉角效果。步驟二，進行「路徑管理員」的「排除重疊」（可參考《Lesson 5.4：路徑管理員》），即外框（大）減去內框（小）產生中間鏤空的圖框塊面。步驟三，選擇「效果」→「斜角與浮雕」（選擇：內斜角、雕鑿硬邊、向上）。步驟四，選擇「緞面」效果（模式：網屏、大小：4mm、距離：2.5mm），就能製作出更真實的立體畫框（圖5-74）。

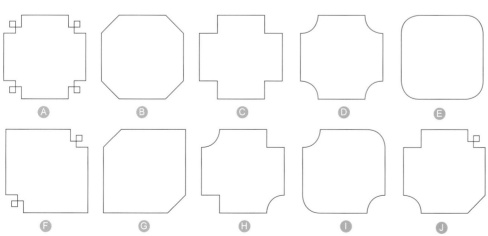

圖5-73：A-E ｜ 用轉角基本功能做出四邊設定均等之轉角的框。F-I ｜ 運用兩種轉角效果設計的框。J ｜ 四個角落都設定不一樣的轉角效果。

03 | 轉角邊框的排列組合

圖5-75是運用五個基本外框,使用「路徑管理員」的「排除重疊」圓角內框所製作出的基本圖框。若將A花式效果、B斜角效果、C內縮效果、D反轉圓角效果,E圓角效果五種邊框,加上方框進行外框與內框的組合,至少可產生36種對稱的相框變化(圖5-76),若再增加不設定均等之轉角,就可創造出更多的變化!

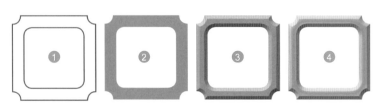

圖5-74:四個步驟做出轉角的立體感。

圖5-75:A|外框:花式、內框:圓角。B|外框:反轉圓角、內框:圓角。C|外框:內縮、內框:圓角。D|外框:斜角、內框:圓角,任意組合就可以創作出不同的厚邊框了。

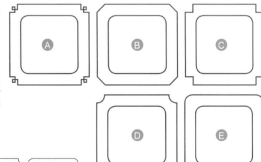

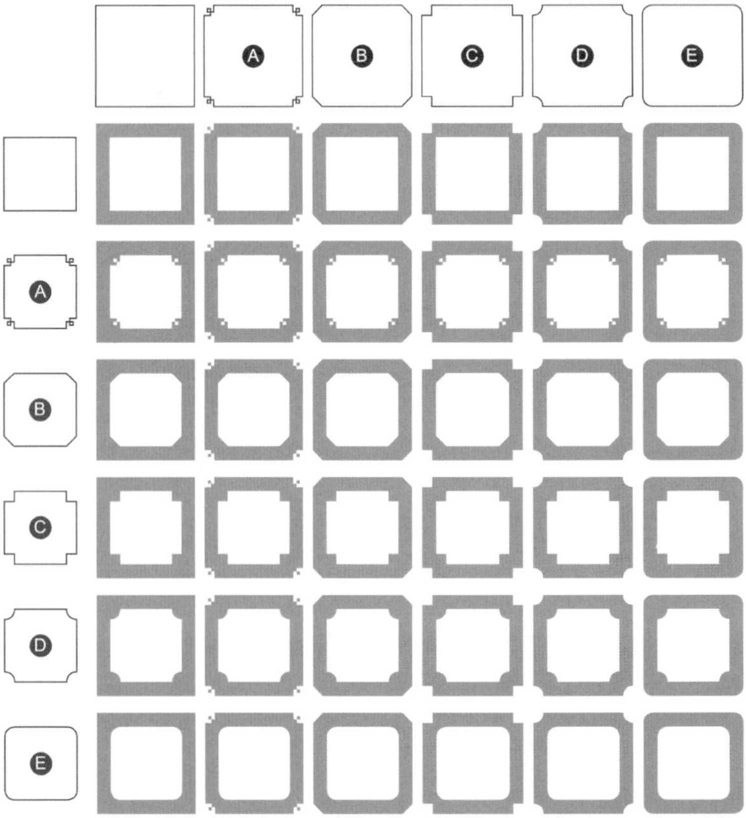

範例:綜合運用

運用轉角、斜角浮雕及緞面效果所製作相框,相框內「置入」照片,看起來很自然!

這是某日在澳洲看見灑進屋內牆上的午後光影,將其拍了下來,並複製影像兩次,一張當作背景「物件」→「排列順序」→「移至最後」;另一張「移至最前」並將「透明度」採「覆蓋」效果壓在已畫好的相框,當做自然的光影投射,在兩層影像放置四個照片相框即可。這是一張完全用InDesign幾個步驟就能製作的畫面(圖5-77)。

圖5-76:上排為外框設定、左列為內框設定,至少可組合出36種相框造型。

圖5-77：由InDesign製作出宛如陽光從窗戶照射到牆上相框的畫面。

Lesson 6
視覺元素_影像Images

在本章節中所定義的影像是指點陣（Pixel）
圖形，與上一章的向量（Vector）圖形有所
區別。多數點陣圖形（Images）修改、編輯
及合成都在Photshop執行後，再用「檔案」
→「置入」匯入InDesign編輯。可讀入影像
格式，如：PSD（Photoshop原生格式）、
TIFF、GIF、JPEG、PNG 等。透過本章影像
相關的工具介紹，可以認識更多InDesign，
發現它不只是圖文編輯的軟體，也有足夠處
理影像合成的能力。

本章節大致可分三大類：

01｜**影像置入的章節**：《Lesson 6.1：框架於影像的運用》、《Lesson 6.2：符合》。

02｜**影像與效果的章節**：《Lesson 6.3：陰影》、《Lesson 6.4：漸層羽化》、《Lesson 6.5：透明度》。

03｜**影像與編排的章節**：《Lesson 6.6：圖層運用》，《Lesson 6.7：多重影像置入與連結》、《Lesson 6.8：繞圖排文》。

此外，影像透過置入後，InDesign影像無法如Illustrator可以用嵌入，一旦影像更動位置（檔案夾），需重新連結更新檔案路徑（圖6-1）。在InDesign的編輯工作完成後，務必進行「預檢」與「封裝」，才可確實將使用的影像收集完整，請參考《Lesson 11.1：檢視與封裝》。

圖6-1：透過連結面板，確認檔案是否全數連結。

編輯原稿

與《Lesson 5：視覺元素_形Shapes》的向量圖形一樣，InDesgn提供點陣圖形編輯原稿的工具。選取置入的圖片，按滑鼠右鍵選擇「編輯原稿」（預覽程式）或「編輯時使用」（請選Photoshop），就自動跳進Photoshop軟體視窗進行修改，修改的檔案在Photoshop儲存後，InDesign即自動同步更新，影像不需再重新置入，而且圖片的連結不會因異動而產生問題。

圖6-2：選取圖片再按滑鼠右鍵即產生工具列，選擇「編輯時使用」即出現外部軟體的選項，通常圖片都使用Photoshop處理。

6.1 框架於影像的應用

InDesign的圖文都用框架結構建置，一般先用幾何形（可分為矩形、橢圓及多邊形）、貝茲曲線，或路徑管理員等建立出框架結構，再進行文字、圖形及影像繪製或置入編輯。本章試著將框架解構，讓圖文跳脫框架約束，以產生更多有趣構圖變化的設計方法。

影像的框架建立的方式，有下列幾種：1｜使用工具列內的「圖形」（矩形、橢圓及多邊形）。2｜使用工具列的「框架」（矩形、橢圓及多邊形）。3｜使用鋼筆工具（可參考《Lesson 5.3：鋼筆工具》）。4｜使用路徑管理員（可參考《Lesson 5.4：路徑管理員》）。

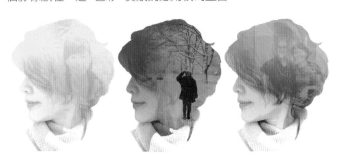

Montage蒙太奇 VS. Collage拼貼

簡單來說，Montage蒙太奇於平面設計的運用，是將影像放一起後成為一個連續的影像，源自於拍攝影片的手法。而Collage拼貼則是將幾個影像放在一起，色彩、質感的應用較為豐富。

圖6-3：左｜三個人生關鍵階段的回憶，蒙太奇效果。右｜大腦的旋律，拼貼。

01｜框架的運用

跟著以下步驟，看見框架讓版面更生動。步驟一，先將一張完整的影像，運用框架讓影像分割，單調的影像瞬間充滿變化性。步驟二，再嘗試將每個框架內的影像，運用「物件」→「符合」中的幾種設定（可參考《Lesson 6.2：符合》），就會產生不同配置比例的影像了。步驟三，再解構框架合理位置，利用錯位的留白框加入文字，就產生律動的畫面（請參考《Lesson 8.3：版面元素-點線面構成》），這樣一來，版面更加有趣了。步驟四，最後再加上「效果」→「透明度」產生的彩色變化，製作出生動的文字影像的版面（圖6-4）！

圖6-4：1｜將圓型框分割四個部分，分別貼入同一張照片。2｜用直接選取工具將框架內照片縮放及移動。3｜位移框架。4｜局部加入色塊使用效果之透明度產生影像的色彩變化。

範例一：改變框架結點的應用

這是用矩形工具建構出框架，再用工具列
「直接選取工具」改變框架的節點，斜面
可產生透視感，而「直接選取工具」也可以
調整圖片於框架內的位置（請參考《Lesson
3.1.1：選取工具介紹》）（圖6-5）。

範例二：框架用減去法產生留白

原來也可以用框架產生留白。步驟一，運用
框架組合多張影像，仔細觀察影像本身的
構圖與線條，重新組織所有畫面的動線（圖
6-6的1）。步驟二，再補充一些半透明框架
強化畫面中的基本結構（斜角），並利用深
淺色調加強版面層次（圖6-6的2&3）。最
後，將建立白色的框架變成減去法的構圖，
產生一些白底，適當的留白讓畫面與背景有
更好的融入（圖6-6的4）！

圖6-5：改變框架
節點，斜面讓圖片
增加空間透視感。

圖6-6：1｜運用圖片自身
影像的線條或角度，作為
框架分割的參考。2｜增
加一些斜角可讓畫
面更活潑。3｜運用透明
度讓框架具前後層次。
4｜再加入局部鏤空留
白，使得版面更具變化且
帶有更舒服的流暢感。

❶

❷

❸

❹

02 | 用鋼筆工具建立輪廓的框架

運用鋼筆工具製作的圖框,可置入材質或照片建立蒙太奇般的畫面(圖6-7及圖6-8)。簡單的輪廓只要用InDesign的鋼筆工具描繪就夠了(請參考《Lesson 5.3:鋼筆工具》),效果就如執行Photoshop的去背一樣,可節省軟體轉換的程序與時間!

圖6-7:這是學生為自己設計的專屬符號,頭上置入的影像皆是自己環島時的照片。(設計:林坤毅)

範例三:在InDesign也能完成影像去背

用鋼筆工具描繪影像的輪廓線後,就是好用的去背工具。步驟一,先從「檔案」→「置入」影像,並將影像以「物件」→「鎖定」(圖6-9的1)。步驟二,用鋼筆工具繞著影像描邊即可(適用輪廓清楚的影像)(圖6-9的2)。描好的框架可以是A｜線條、B｜色塊、C｜再置入原圖變成去背圖形等形式(圖6-10)。我們可以運用「效果」→「透明度」處理手與背景圖,再用「任意變形」及「再次變形工具」處理紋路的部分(圖6-11,請參考《Lesson 5.6:再次變形工具》)。

圖6-8:利用鋼筆工具描繪臉部輪廓,再將天空的影像置入。(設計:李宗諭)

圖6-9:1｜先將置入影像鎖定。2｜使用鋼筆工具順著輪廓清晰的物件進行描邊,再將鎖定之照片解除鎖定,直接複製原影像貼入描圖範圍內即完成影像去背。

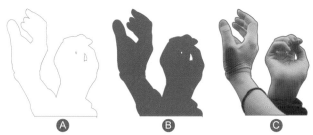

圖6-10:描繪出來的框架,有三種型式可以自由運用。

Catch the wind,
Jinshan Dist, New Taipei City

Catch the wind,
Bainbridge Island, Washington

圖6-11：將去背影像套上不同城市的背景，是一套記錄與家人一起旅行的卡片。

6.2 符合

用於調整圖片於框架的位置及比例,在物件選取的狀態下,「符合」工具出現於:1|功能表清單中「物件」→「符合」(圖6-12的1)。2|功能表清單下方的「選取控制條板」的「符合」圖示選單(圖6-12的2)。此外,「框架符合選項」的對話框,也可設定進階的「對齊方式」,先點選對齊方式的九個點,就可重新定位對齊的基準點,若未特別設定框架中心就是對齊點(圖6-12的3)。主要的符合方式可分:A|等比例填滿框架,B|等比例符合內容,D|使框架符合內容大小,E|使內容符合框架大小,F|內容置中。其中C|「內容感知符合」會移除套用到影像的變形,例如「縮放」、「旋轉」、「翻轉」或「傾斜」,但不會移除套用到框架的變形。「內容感知符合」功能無法使用於 Windows 32 位元平台。(請參考Adobe官網)

01 | 等比例填滿框架

圖形保有原長寬比例,以圖片的較小邊緣作為符合框架的基準,一般照片比例多為直式(Portrait)或橫式(Landscape),框架若比例不一樣會造成影像裁切,可用「直接選擇工具」(手形)調整位置,這算是圖片與框架符合最佳的選項(圖6-13的3)。

02 | 等比例符合內容

影像以原長寬比例置入框架中,以圖片較大邊緣來符合框架,將產生圖片小於框架的情況,像沖洗照片時刻意留的上下(或左右)白邊,可將框架填入其他顏色(圖6-13的1、6、7)。

圖 6-13 :: The Sweet Memory in the Southern Hemisphere.

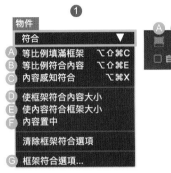
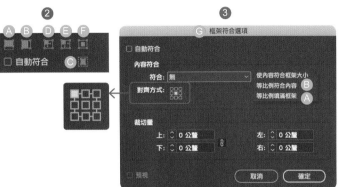

圖6-12：1｜功能表清單「物件」「符合」，2｜「選取」的控制條板符合圖示，3｜框架符合選項對話框，對齊方式的九個點都均可設定。

03｜使框架符合內容大小

本來正方形的圖框被改變框架的尺寸以配合置入圖片尺寸。若圖片尺寸相差較大，較容易造成框架尺寸的凌亂感（圖6-13的4）。

04｜使內容符合框架大小

影像將被迫調整符合框架尺寸，除非圖片與框架比例相同，不然會導致圖片變形（並不建議影像配合框架變形）（圖6-13的2人物稍微變形）。

05｜內容置中

圖片以原尺寸置入框架且不進行縮放，直接放置於框架的中心。若圖片較大，圖片只出現中心局部畫面，非完整的影像呈現（圖6-13的3、5）。

6.3 陰影

陰影可套用於文字、線條、圖形及影像框架,在《Lesson 6.1:框架於影像的應用》中所教的去背圖形,若是加入背景圖,會感覺漂浮不夠真實,這時,陰影可在物件與背景之間,透過位置及距離產生關聯性。可從「效果」→「陰影」:物件影子落於背景,或「效果」→「內陰影」:類似鏤空的影子(可參考《Lesson 5.11:斜角、浮雕和緞面效果》)。在畫面中若有多件物件需處理陰影,請使用「使用整體照明」,會將文件中所有套用效果的物件統一光源。

請先想像光源所在,若光源越靠近物件,陰影則越深且短;若光源遠離物件,陰影較柔和且長,背景與物件的距離也可能改變陰影長短。另外,光源角度也產生不同影響,位於正上方(90度)位置,光源垂直照射物件上方,產生的陰影位於物件正下方,顏色較深且短促;若光源位在150度前方的位置,其角度如日落的陽光,產生落在前方較長的陰影。

圖6-14:平面的書籍加上陰影,多了一份立體感。

01 | 陰影製作方式

試著了解如何製作陰影。步驟一,先運用鋼筆工具繪製出陰影。步驟二,選擇「基本羽化」柔化陰影邊緣,也可再加上「漸層羽化」讓陰影更自然。

左圖的A、B、C陰影皆是按照上述步驟完成,但差別在於物件與桌面高度利用透明度調整不同距離。D則是直接從「效果」製作的陰影,位置距離設5mm、Y偏移量:5mm、角度:99度,這種陰影使得視角比較接近平面。

圖6-15:用鋼筆工具描繪出石頭造型,選取質感圖案使用「編輯」→「複製」及「貼入範圍內」,將質感套入框架內。可用鋼筆工具繪製陰影,繪製的陰影再使用「基本羽化」使其自然,最後調整適當位置即可。(素材:王嘉晟)

圖6-16:運用鏡射、漸層羽化等步驟做出鏡面倒影,即可展現畫面潔淨的攝影效果。

圖6-17：產品上加上倒影後，質感加分。

02 ｜ 鏡射倒影

另一種製造影子的處理比較現代科技化，如Apple產品就喜歡使用這樣的效果。想像在攝影棚具反光性桌面進行拍攝產品的畫面，在InDesign也可以製作出這種效果：步驟一，先複製物件並進行垂直翻轉。步驟二，選擇翻轉物件執行漸層羽化（離物件越遠的反射，會越透明）。步驟三，依光源調整鏡射影子的透明度。（圖6-16&圖6-17）

03 ｜ 其他範例

展現產品或平面作品，運用陰影或鏡射倒影（圖6-18），在InDesign都可以製作如攝影棚拍照的質感與效果。

圖6-18：在產品加上鏡射倒影，宛如攝影棚實拍效果。

6.4 漸層羽化

圖6-19：上｜工具列中的漸層工具。下｜漸層羽化工具。兩者是完全不一樣，漸層工具是顏色工具，漸層羽化如遮罩是讓物件以透明度漸層的變化效果。

圖6-20：功能表清單「物件」→「效果」→「漸層羽化」。

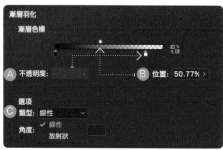

圖6-21：漸層羽化面板，可調透明度、位置、類型（線性與放射狀）及角度進行調整。。

圖6-22：運用鋼筆工具繪製圖框，再置入材質的插畫原圖。（設計：潘怡妏）

漸層羽化能夠讓前景（圖片或物件）以漸層方式透明化，讓前景與背景產生自然融合的效果。

漸層羽化工具位在工具列（圖6-19），也可從功能表清單「物件」→「效果」→「漸層羽化」開啟（圖6-20）。開啟後的對話框「漸層色標」，可以移動下方的方格調整透明度，這與設定「不透明度」一樣的效果（圖6-21的A），也可透過增加方格設定成更多的羽化位置。「位置」（則與色標上的菱形一樣），可調整不透明度的驟增或驟降，可移動菱形重新設定漸層的中心位置（圖6-21 的B）。

漸層羽化選項的類型可分成：「線性」與「放射狀」兩種（圖6-21的C），也可透過角度設定增加變化。漸層羽化工具可以套用於線條、塊面、群組物件、文字（不需建立外框）及置入的影像。

範例說明：製作出獨一無二的郵票

利用鋼筆工具繪製框架，再置入質感製作出以山景為主題的系列插畫（圖6-22），本範例將用這些圖像做為郵票上的圖案。

接著請參考圖6-23的步驟來製作屬於自己的郵票。步驟一，運用路徑管理員製作出郵票的邊框，再用矩形工具製作出藍色背景。步驟二，另外建立與較小矩形框架置入材質影像。步驟三，選擇漸層羽化工具將材質以自然的效果融入背景，依視覺需要調整透明度效果（可參考Lesson 6.5：透明度）。步驟四，將群組後的山景插畫置於最上方（也可以做漸層羽化效果）。步驟五，輸入文字再建立外框字，做出創意字體（圖6-23）（請參考《Lesson 4.1.5：裝飾設計》）。利用漸層羽化工具將圖案與背景用柔和的方式融合，有趣的郵票設計完成（圖6-24）！

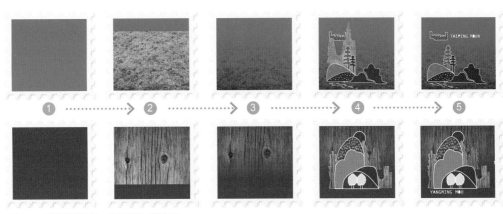

圖6-23：跟著五個步驟，打造出自己的郵票。

圖6-24：這套郵票與信件，皆在InDesign用框架及漸層羽化工具製作。

6.5 透明度

圖6-25：功能表清單「物件」→「效果」→「透明度」。

圖6-26：選取工具的控制條板上fx圖示就有透明度選項及不透明度數據可輸入。

圖6-27：在透明度對話框中，有多種混合模式可以選擇。黃點/顏色加亮、藍點/變深、橘點配合顏色/遇亮則亮/遇暗則暗、綠色/差集。

可從「物件」→「效果」選擇「不透明度」，利用百分比調整透明比例（圖6-25），其他進階的「透明度」則隱藏在效果（fx）的圖示中（圖6-26）。點選「透明度」即出現對話框（圖6-27）。在基本混合模式中，有A｜色彩增值、B｜網屏、C｜覆蓋、D｜柔光、E｜實光、F｜加亮顏色、G｜加深顏色、H｜變暗、I｜變亮、J｜差異化、K｜排除、L｜色相、M｜飽和度、M｜顏色、O｜明度可以選擇（圖6-27）。

透明度混合模式與Photoshop的圖層混合模式效果相同，操作時可以打開預覽功能，可快速選擇預期效果。在混合模式中，可以讓物件變亮的：網屏、加亮顏色、變亮。讓物件變暗：色彩增值、加深顏色、變暗。其他的設定則看物件與套用色彩間的關係：覆蓋、柔光、實光、色相、飽和度、顏色及明度，遇亮則亮、遇暗則暗。另外，差異化、排除則是用差集的方式混合，畫面會產生如負片的效果。

範例一：透明度混合模式測試

標示紅框的塊面分別使用不同的透明度混合模式處理色塊重疊處：1｜正常模式。2｜色彩增值模式。3｜網屏模式。4｜覆蓋模式。5｜加亮顏色模式。6｜加深顏色模式。7｜變亮模式。8｜色相模式（圖6-28）。

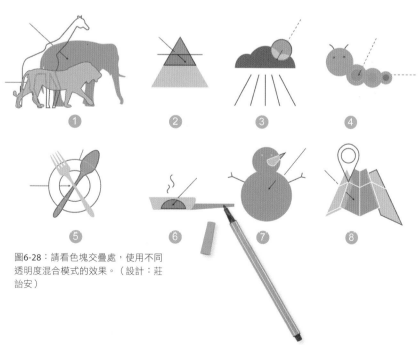

圖6-28：請看色塊交疊處，使用不同透明度混合模式的效果。（設計：莊詒安）

範例二：只用一張迷彩的影像，創造整套迷彩系列色彩

置入一張迷彩的影像，在影像前加上單色圖框，只要運用透明度混合模式，
即可創造出整套迷彩系列色彩（圖6-29的A至O）。延續圖6-29設計出來的
迷彩圖案再運用至透明名片設計（圖6-30）。

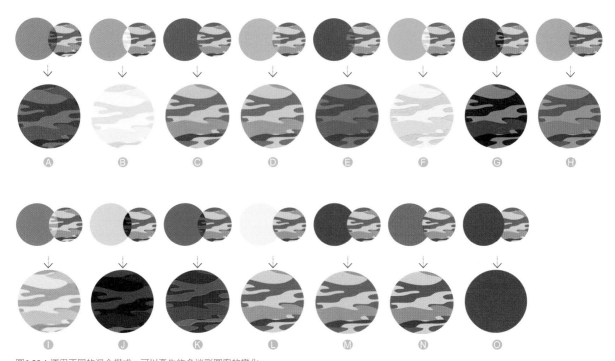

圖6-29：運用不同的混合模式，可以產生許多迷彩圖案的變化。

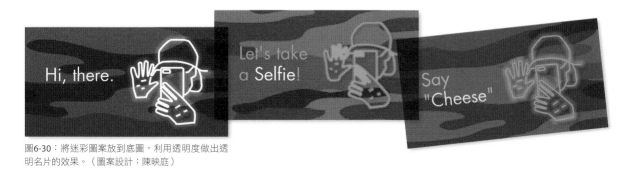

圖6-30：將迷彩圖案放到底圖，利用透明度做出透
明名片的效果。（圖案設計：陳映庭）

圖6-31：用黑白照片再
疊上透明紅色的色塊。
（設計：李宗諭）

範例三：透明色彩應用於黑白照片的設計感

InDesign的透明度模式與Photoshop圖層模式相似，只是在
InDesign中不需使用圖層，物件間只要有重疊的前後關係，即
可處理透明度效果，將色彩與黑白照片重疊結合，十分具有設
計感。像是將紅色的圓形疊在匯入的黑白照片上，將紅色圓形
的透明度基本混合模式設定為色彩增值即可（圖6-31）。

圖6-32：將人像鏡射複製，再
搭配人像剪影色塊，與黑白照
片，錯位重疊就能創造具獨特
風格的印刷疊印效果。

範例四：透明度產生疊印效果

圖6-33的範例也是利用透明色
彩與黑白照片結合的設計。人
像用鏡射複製將影像（圖6-32
的2）進行「物件」→「排列順
序」→「移至最後」，將人像色
塊（圖6-32的3）設定「效果」→
「透明度」之色彩增值模式與
黑白影像錯位重疊，產生晃動
的印刷錯位效果。

中心再疊上圓形桃紅色塊，分
別使用「透明度」之飽和度模
式及差異化模式，產生不同感
覺的畫面，最後步驟配上運用
光暈效果的文字（圖6-32的1），
即可完成。

圖6-33：左上｜圓形桃紅色
塊選擇「透明度」之飽和度
模式的結果，桃紅色塊被藍
與綠色壓在最後面。右下｜
桃紅色塊選擇「透明度」之
差異化模式，桃紅色塊跑至
前端產生宛若黑白負片較有
個性的畫面。

6.6 圖層應用

6.6.1 InDesign圖層應用

InDesign以整合圖文及多頁數編輯的工作為主，並不建議使用圖層，若需要使用請要小心。圖層只運用在以下三種狀況：

01｜輔助標示使用

可將輔助線等非列印元件獨立一個圖層，記得在列印時，將輔助標示圖層關閉（圖6-34），可參考《Lesson 2.1.4：樣式設定及版面設計》。

02｜印刷套版使用

建立新圖層獨立出印刷及印後加工處理（如局部上光、燙金）的圖案，用圖層分層管理（圖6-35）。將需要製作特別色的圖文元件，放置於新圖層內，再利用印刷邊界用文字標示印刷説明，如：特殊色標示，刀模線標示等，用加工方式命名圖層，請參考《Lesson 3.1.3：頁面工具介紹》。

03｜避免遮蓋主頁版項目使用

在文件頁面放置滿版影像或大面積的物件，主頁版的元件被會遮蓋（如：線條、頁碼），即使使用「物件」→「排列順序」也無法將頁碼置前。將預設的圖層1當成文件的主要圖層，但另設新圖層（可命名Master Page Items Layer或頁碼標記等名稱）且放置於圖層1之上，將主頁版的元件項目（頁碼書眉等），從圖層1「剪下」然後至新增圖層執行「原地貼上」，就把主頁版項目拉到最頂端，可以避免主頁版物件被圖片覆蓋的問題（圖6-36）。

圖6-34：圖層用於編排輔助線之設定。圖層1主要放置多數圖文（通常不用再設定），新增一個「輔助線」圖層並置下，方便編輯時參考用，輸出前請關閉「輔助線」圖層。

圖6-35：圖層用於印刷之設定。圖層1是主要文件圖層，新增可標示特殊印刷加工之圖層提供印刷廠使用。

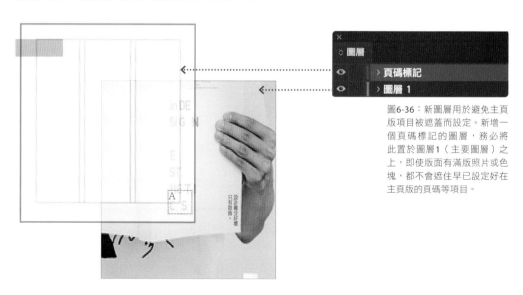

圖6-36：新圖層用於避免主頁版項目被遮蓋而設定。新增一個頁碼標記的圖層，務必將此置於圖層1（主要圖層）之上，即使版面有滿版照片或色塊，都不會遮住早已設定好在主頁版的頁碼等項目。

6.6.2 PSD的圖層支援

在InDesign還可製作PSD圖層的影像合成。開啟InDesign後，使用「置入」將Photoshop所建立（保留圖層）的PSD檔，運用置入選項將單一圖層或複合圖層讀入文件中，就可以在InDesign進行影像重組的新合成了。置入的PSD檔並不限於影像，運用到3D軟體製作的3D元件效果更棒，在3D軟體中將物件進行360度旋轉或透視移動所記錄的畫面，逐一輸出至Photoshop圖層並存PSD檔（圖6-37），再置入InDesign編輯，就可以很快做出有透視圖的海報，本章則以3D物件製作海報範例說明。再次強調影像處理雖多由Photoshop處理完成再置入其他軟體編排，但有時候文字或背景與物件間需要調整比例或構圖時，往往要反覆開啟Photoshop調整，本章節則是將物件畫面的構圖都拉進InDesign與文字、背景一起處理，更有彈性，更能節省大量的修改時間！

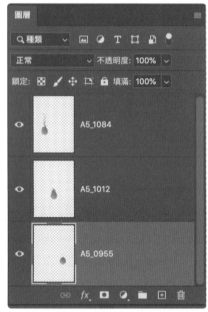

圖6-37：在Photoshop將物件去背分圖層放置。

圖6-38：在置入對話框中請勾選左下「顯示讀入選項」。

圖6-39：影像讀入選項包含「影像」、「顏色」與「圖層」三種設定。

操作步驟

01｜顯示讀入選項

從「檔案」→「置入」PSD檔，務必點選「選項」（圖6-38）。在選項對話框中，打勾「影像讀入選項」，包含1｜影像、2｜顏色、3｜圖層三種設定（圖6-39）。

02｜影像與顏色選單

在Photoshop建立儲存路徑、遮色片或Alpha色版的影像（如透明物件），讀入時「影像」選單中「套用Photoshop剪裁路徑」、「Alpha色版」即可在InDesign中移除背景（圖6-39）。

「顏色」選單「色彩描述檔」及「演算上色比對方式」，用於定義原始檔與InDesign之色彩描述檔的關係，較常使用「文件預設值」及「使用文件影像方式」的設定。

03 | 圖層選單

在「圖層」選單中,「眼睛圖
示」可任意開啟或關閉,用於
選取所需置入圖層,圖層可單
選、複選及全選(圖6-40)。透
過圖層選單可以將需要的影像
分別置入,就可以在InDesign文
件重組排列,如同影像重新合
成的概念,圖、文及背景皆可
一起進行修改。「更新連結選
項」可選擇「保留圖層可見度
優先選項」或「使用Photoshop
的圖層可見度」。

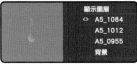 

圖6-40:影像讀入選項的「圖層」,眼睛圖示可以開啟或關閉,可
以單一選擇或者複選,甚至也可全選就如同已合併圖層的影像。

04 | 實際運用

請參考圖6-41的步驟。步驟一,建立漸層背景(可參考
《Lesson 5.9:羽化及方向羽化》、《Lesson 6.4:漸層羽
化》)。步驟二至四,置入PSD檔將物件依圖層分次置入畫面
中排列。步驟五,運用透明度效果(請參考《Lesson 6.4:漸層
羽化》、《Lesson 6.5:透明度》)堆疊出更有趣的物件色彩,
或是殘影產生物件晃動的感覺。步驟六,輸入文字,製作文字
效果(請參考《Lesson 5.10:光暈效果》)。

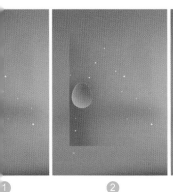 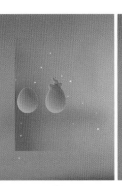   

圖6-41:六個步驟可以看到影像合成的步驟。

範例參考：系列海報

這個系列海報都是運用3D製作元件，儲存成PSD檔再置入運用。物件可以透過構圖產生不同的視覺效果，例如水平排列產生穩定的順序性（圖6-42的左）；垂直排列則產生強烈的下墜的速度感（圖6-42的中間）；調整物件的大小，則會產生空間的深度（圖6-42的右）。（可參考《Lession 8.4：版面結構》）

圖6-42：運用3D元件在InDessign製作的系列海報，左｜Melting，中｜Grandiety，右｜Zero（設計：黃宇新）

VFX
VISUAL EFFECTS

ANIMATION THEME IS
ZERO
CREATE IN 2017

VFX
VISUAL EFFECTS

D

T

EXTRUDE AND STRETCH

SHAPES CHANGE PROCESS

BY HUANG YU XSIN

物件，是一種對比關係
物件距離可塑造空間的層次
也可突顯物件的重要性

特此挑選Josep Müller-Brockmann的作品，這張1955年瑞士汽車俱樂部海報「Watch that Child!」（圖6-43），是啟蒙作者的一張經典作品！在習慣居中對稱的海報構圖中，Josep Müller-Brockmann的版面設計充分展現出即使是平面的圖案也能做出立體的視覺感，到底是做了什麼事呢？讓我們來剖析這份海報吧。

大小與透視

一張透視圖，需將物件依序由近至遠的排列。在版面構圖上，將前景的物件放大，後方的物件縮小，利用大小的對比關係，就能讓整體空間層次感更強。

設計概念

平面作品若要表達空間層次感，可以想像靠近觀者的物件因為距離觀者近，影像通常是大而清晰，因此，可利用放大面積、畫質清晰、使用較鮮豔的色彩（高彩度）或對比較強的光影（如舞台上用Spotlight幫主角照明），都是可以突顯物件的近距離感及視覺重要性的方式。反之，離觀者距離較遠的物件，在空間上因與觀者距離大，則常以縮小面積、影像模糊（照相機的失焦）、低彩度的配色，或使用柔和、昏暗的照明（如舞台上配角總站在晦暗的角落），皆可減弱其重要性並讓物件產生後退的感覺。

物件之間是一種「對比」，完全不是絕對的關係，欲建立物件空間層次感時，運用以上建議的概念，就可以讓平面空間立體化。

圖6-43：瑞士汽車俱樂部海報「Watch that Child!」（1955年）

6.7 多重影像置入與連結

01 │ 多重影像置入

InDesign可選取多張影像一起置入文件，本章介紹兩種置入多張影像的常用方法。第一種方式先用框架工具建立一個影像框，可先設定效果，如符合及物件樣式等，然後複製已設定好的圖框至所需的數量。再至「檔案」→「置入」長按Shift鍵選擇多張影像，InDesign頁面將出現一個縮圖及數字圖示（圖6-44），圖示上的數字即代表所選影像張數。接下來，可依照片順序逐一置入已建好的影像框，括號中的數字會隨著置入影像的步驟慢慢遞減。

第二種方式是講求速率的出版業或報社較常用的方式，適合陣列照片的排列，但製作影像框的操作略顯複雜，如下：首先與第一種方式一樣用框架工具建立影像框，但這次需拉一個較大的圖框，按住滑鼠不放的同時，請搭配鍵盤的上下左右鍵（圖6-45），A│上鍵：增加列、B│下鍵：減少列、C│左鍵：減少欄、D│右鍵：增加欄，即可製作一個多格陣列式的影像框（圖6-46）。接下來，「檔案」→「置入」選擇多張影像，照預計排列的順序點按框架格子即可（圖6-47）。這個方式需要同時兩手操作，多一些練習能讓動作更為順暢。

6-44：請按Shift鍵複選多張影像。影像置入文件後，滑鼠會出現其中一張影像縮圖及數字，表示選擇的張數，數字會隨著置入影像的步驟遞減。

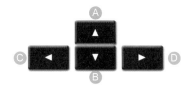

圖6-45：可以使用鍵盤上的方向鍵來增加減少圖框數量，A│增加列，B│減少列，C│減少欄，D│增加欄。

圖6-46：這是按兩次右鍵（D）與兩次上鍵（A）製作的多格影像框。

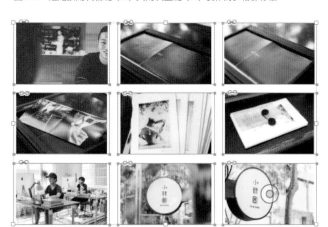

圖6-47：將圖像逐一點入多格影像框內。

6.8 繞圖排文

開啟「視窗」→「繞圖排文」浮動面板，繞圖排文是圖片與文字之間的相互關係。首先，必須將圖框「物件」→「排列順序」移置於字框之上，才可執行文字繞圖的效果。浮動面板的設定可分四列：「繞圖排文」：1｜無繞圖排文、2｜圍繞邊界方框、3｜圍繞物件形狀、4｜跳過物件/跳到下一欄、5｜反轉。「偏移量設定」：可針對上下左右四邊進行對稱或不對稱的圖文間距設定。「繞排至」：主要設定圖框的對應位置，最常用的是左側和右側（圖6-48的A）。「輪廓類型」：主要設定繞圖的形狀，例如以外框或是去背物件邊緣皆是可以設定的類型（圖6-48的B）。

01｜無繞圖排文

在無繞圖排文的設定下，若圖框置於文字之上，就會產生圖片直接覆蓋文字的現象。（圖6-48-1及圖6-49-A）

02｜圍繞邊界方框

無論圖片是否經過去背處理皆以方形框架設定繞圖，文字會圍繞方框外圍進行排列，可設定頂端、底部、左側及右側的偏移量，可設定等距或不等距效果。（圖6-48-2及圖6-49-B&C）

03｜圍繞物件形狀

這是最常用的繞圖排文設定，可使用Photoshop路徑或Alpha色板先處理透明背景，再置入InDesign的圖框之中，文字便可圍繞圖片輪廓線排列，也可設定偏移量讓文字與框間的留白距離均等或不均等。去背的物件的框架也可以用鋼筆工具描繪，請參考《Lesson 6.1：框架於影像的應用》。（圖6-48-3及圖6-49-D&E）

04｜跳過物件/跳到下一欄

這兩個選項較為類似，文字直接跳過圖框（預設為方形框架），進行上下或單邊的編排，這個設定通常因文字段落及圖片寬度而產生不同效果。（圖6-48-4）

05｜反轉

此選項勾選時，文字不再繞框外圍排列，而是反轉至框架形狀內排列，會產生文字蓋圖的情況。（圖6-48-5及圖6-49-C）

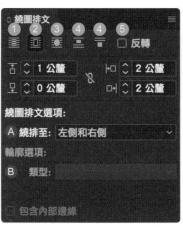
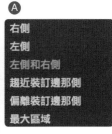

圖6-48：繞圖排文浮動面板的選項，可供細部調整。

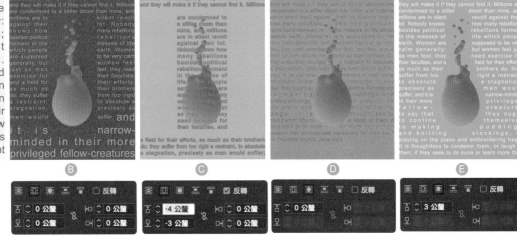

圖6-49：透過繞圖排文的設定，可以看到A到E的變化，看圖與文字的排列。

範例參考：系列明信片

這個明信片系列用同樣的去背照片，運用不同的繞圖排文方式進行排列。運用中文、日文及英文有關思念的詩或歌詞，以隨性的鉛筆觸感表達思念情感。繞圖排文需要注意的是文字的閱讀流暢性，這些範例只為凸顯效果差異，閱讀沒有列入主要考慮（圖6-50）。

圖6-50：左｜「無繞圖排文」，中｜「圍繞物件形狀」，輪廓選項類型「圖形框架」，右｜「圍繞物件形狀」，輪廓選項類型「邊界方框」。

Part

03

編輯整合

Integration

Beautiful and sophisticated:
How to make a perfect portfolio

《第一章：入門（Introduction）》介紹編輯設計流程，並說明InDesign工作區。《第二章：視覺的創意（Exploration）》，介紹InDesign能創造出的文字、形及影像的基本工具，及如何呈現。藉由上述兩章，想必讀者手上已經準備好設計素材，因此，在本章將進入另一個階段，將你以上所學應用在實際版面編排上。

本章共分五個Lessons，首先是《Lesson 7：色彩計畫》、《Lesson 8：版面設定》。這兩堂課是讀者進入InDesign印前操作的重要關鍵。色彩對版面編排而言，不僅能凸顯出版品的特色，更重要是能統整一本書的調性，將會從基礎色彩概念至InDesign的色彩應用循序漸進的介紹。接著，在版面設定中，則是從出版品規格至文件設定、版面結構，以及版面韻律節奏等進行說明。

《Lesson 9：樣式設定》、《Lesson 10：主頁版設定》也是印前作業中最重要的設定。在樣式設定中，展現出InDesign最強大的功能，能制定出版面元素共同的規範與效果，尤其是文字定義。而主頁版設定，是編輯的骨架結構，是版面的律動性、統一的準則。在最後一課的《Lesson 11：輸出》，則是印前工作結束的最後步驟，建立正確結束印前工作的觀念，可以讓印刷及印後加工的程序更順暢。

Lesson 7
色彩計畫

色彩是設計中十分重要的元素，應用到版面
編排亦然。我們大多透過版面結構制定規
範，來創造書冊、雜誌連續頁面的統一性，
但，色彩計畫有時候比版型結構更容易讓版
面達到風格一致性。

本章內容分成《Lesson 7.1：色彩初階》來介
紹色相、明度、彩度、對比等基礎概念及配
色參考，以及色彩於InDesign文件的應用。
《Lesson 7.2：顏色面板》、《Lesson 7.3：
色票面板》、《Lesson 7.4：漸層面板》分別
介紹InDesign的相關色彩應用，如：顏色、
色票、及漸層色彩等。

在編排的過程中，必須要彙整來源不一的
影像素材，多半會透過Adobe Photoshop
或Lightroom處理影像及統整整體色調。
InDesign雖不是影像處理的軟體，但在
《Lesson 7.5：單色調效果》及《Lesson
7.6：多色調效果》兩課將介紹如何用
InDesign進行影像調性統一的好用概念及方
法（也可參考《Lesson 6.5：透明度》），讓
讀者更加認識InDesign的好用之處。

7.1 色彩初階

色彩基本可分色相、明度與彩度。

7.1.1 色相

色相泛指顏色,如基本色紅、黃、藍,以及由基本色混合所衍生的其他色彩。色相(Hue)可以解釋為色彩的相貌,也就是色彩的名稱。例如,三原色(Primary Colours):紅色、黃色及藍色;其次,由三原色混合而產生的二次色(Secondary Colours),比如橙色、綠色及紫色;最後,由原色與二次色混合產生的紅橙色、黃橙色、黃綠色、藍綠色、藍紫色、紅紫色等六個三次色(Tertiary Colours),即構成最基本十二色色相環。

最著名的十二色色相環是由瑞士表現主義畫家,也是著名的包浩斯色彩學老師伊登(Johannes Itten,1888~1967)提出的色相環(圖7-1-A),透過此圖可快速了解色相的產生與基本組合。另外,日本色彩研究所發表的「PCCS色相環」(Practical Colour Coordinate System;PCCS)也是常用來參考的二十四色色相環(圖7-1-B)。根據伊登的色相環,穿過色相環圓心所相對的色彩稱為互補色(Complementary Colours),互補色之間形成很強烈的色彩對比效果(圖7-1-C)。伊登提出達到平衡感的互補色比例,分別如下:紅色與綠色為1:1,橙色與藍色為4:8,黃色與紫色為3:9(圖7-1-D)。此外,伊登也提出色彩與形狀的關係,形狀與色彩可以相互輝映(圖7-1-E)。

色彩是十分重要的編排設計元素,透過色彩應用可以明確地表達設計主題(圖7-2)。了解色彩運用的概念及InDesign色彩相關的工具,就可以開始準備進入編排的整合。

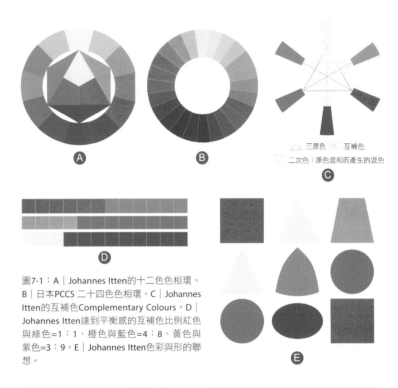

圖7-1:A | Johannes Itten的十二色色相環。B | 日本PCCS 二十四色色相環。C | Johannes Itten的互補色Complementary Colours。D | Johannes Itten達到平衡感的互補色比例紅色與綠色=1:1、橙色與藍色=4:8、黃色與紫色=3:9。E | Johannes Itten色彩與形的聯想。

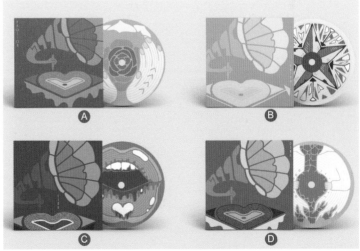

圖7-2:利用色彩表現心情的作品,A | 紅色,主題:emotion。B | 黃色,主題:dream。C | 藍色,主題:liar。D | 灰色,主題:dark。(設計:李勁毅)

7.1.2 明度

明度（Brightness）是指色彩的明亮程度，從色相中的基本三色：紅、黃、藍分辨的話，黃色明度最高、其次是紅色、藍色明度最低。但顏色可透過加白色或加黑色來調整明度，加白色顏料越多，色彩明度提高。反之，加黑色顏料，色彩的明度會降低（圖7-3）。

色相中的色彩本身已經有明度的差異，但明度也是一種對比的關係。明度高的色彩視覺較亮、明度低則視覺較暗。明度高的色彩容易從版面突顯出來，帶有前進感易於被注目。圖7-4分別為黃底與紫底背景，與中間的九宮格色彩搭配黃色的明度最高，所以黃色背景突出。紫色背景是明度較低的色彩，在黃色背景顯得較暗的紅色，反而在紫色背景因明度高於紫色，醒目並跳躍出來。

明度高的物件容易成為版面的焦點，應用在圖文的編排時，利用明度的差異可做為訊息傳達的順序來表達閱讀層次。另外，明度高的版面色彩給人愉悅的輕快感（圖7-5）；反之，明度低的版面色彩則讓人感受沈穩的安定感。

圖7-3：由左至右，由低明度色彩漸漸轉為高明度色彩。

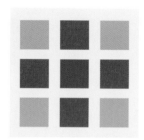

圖7-4：左｜紅色在黃色背景上相對變暗。右｜紅色在紫色背景上明度變高，版面帶有前進感注目性變高。

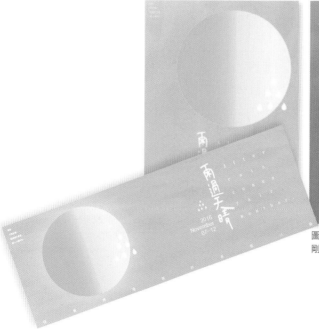

圖7-5：這是2016年班展視覺海報設計，這系列海報運用了明度高的色彩，傳達剛下完雨天氣轉晴前的氣氛。（設計：李玟慧）

7.1.3 彩度

彩度（Saturation）也稱色度（Chroma），是指色彩的純度或飽和程度。不含有白色或黑色的色彩，稱為「純色」，色相環中的基本色彩都是彩度最高的色彩。色彩加白色、黑色或其他顏色時，其彩度便會降低。透過彩度的統整可讓圖文配置具有統一感，彩度高的設計感覺活潑有生氣、彩度低的設計相對沈穩成熟（圖7-6）。

7.1.4 配色原則

01 | 調和

調和是美的形式之一，也是最簡單的配色方式，同色系相互搭配產生最沒衝突性的調和（如冷色系配冷色系），也可運用同一個色相進行明度或彩度的變化，產生的層次都很諧和。將性質相似的物件配置一起，由於差距小容易給人融洽的視覺感。調和的色彩也帶有穩定、平靜的氛圍（圖7-7）。

色相的調和是指同色系配色或與鄰近色系互相搭配。明度的調和則是選擇接近明度的色彩互相搭配。彩度的調和則以加入等量白或黑的色彩互相搭配即可。

圖7-6：上｜彩度低的封面色彩給人沈靜與穩重的感覺。下｜內頁左側選用高明度對比的配色，圓形的圖變成主角，而右頁則運用彩度低對比的配色，讓圓形的圖變成背景。（設計：李勁毅）

圖7-7：此為海洋文學專刊，採用不同彩度的藍綠色色塊，形成調和的漸層效果。（設計：曾玄瀚）

02 | 對比

對比也是美的形式原則之一,可透過色相、明度或彩度產生對比,是較強烈的配色方法。在二十四色色項環中相距135度或相隔8個數位的色彩均屬對比色,以及色相環中彼此相隔12個數位,或相距180度的兩個色相的互補色也屬於對比色。正如伊登(Johannes Itten)所說,色彩是相對的,對比關係是透過兩個以上顏色互相產生的對應關係,如冷暖度、色相、明度、彩度皆可產生對比。

001 | 冷暖對比

最強烈的冷暖對比為紅橙色(Red-orange)與藍綠色(Blue-green)。但冷暖與色彩沒有絕對關係,偏紅的紫色就比偏藍的紫色感覺暖和。暖色系的黃色與帶紅色的橙色相比,就顯得寒冷一些,擅用冷暖對比可讓畫面配色更加有層次感(圖7-8)。

圖7-8:此為1980s中華商場海報,背景用了較鮮艷的暖橘,反而讓紅色的招牌變得暗沈,整個構圖也運用了冷暖對比,區隔背景與建築。(設計:潘怡玟)

002 | 色相對比

當互補色並列時,會產生最強烈的對比,分別是:黃色(Yellow)配紫色(Purple);橙色(Orange)配藍色(Blue);紅色(Red)配綠色(Green)。藍色與橙色為對比色,使得藍配橙色成為最跳躍的色彩,紅配藍色的對比比橙配藍弱些。所以這是一款用鄰近色取代對比色配色的名片設計,使用白色背景襯托,配色看起來融合且俐落醒目(圖7-9)。

圖7-9:紅與藍在色相環是較鄰近的色彩,色相的對比不如紅配綠強烈,但反而讓視覺上更舒適與融合。(設計:丁慧倫)

003｜明度對比

黃色雖是色相環上明度最高的色彩，但白色才是所有色彩中明度最高，而無反光材質絲絨般的黑色明度最低。明度對比可藉由添加白色或黑色進行調整（圖7-10）。而且明度的對比也不限於色票，影像也同樣具有明度對比的視覺效果。

004｜彩度對比

彩度是指色彩的飽和度，越是單純的色彩彩度越高，經過混色的色彩使得色彩混濁並降低彩度。彩度與明度的對比，可應用於圖文與背景的區隔，高明度與高彩度的元素具有前進感，易被視為圖（前景）。反之，低明度與低彩度的元素產生後退，易被視為襯托前景的地（背景）。

不妨試試看怎麼玩色彩。在此選擇名畫如達文西的「蒙娜麗莎的微笑（Mona Lisa）」、秀拉的「傑克島的星期天下午（A Sunday on La Grande Jatte）」及安迪‧沃荷的「瑪麗蓮‧夢露（Marilyn Monroe）」的色彩，應用於名片背景的設計。將名畫抽象後反而可以體會色彩產生的感受，如文藝復興時期的低彩度、點描畫的高明度或普普藝術的高彩度等。可參考《Lesson 7.3.3：主題色》，在InDesign的工具列選擇顏色主題工具，吸取畫中的色彩即可建立一套專屬的色票。

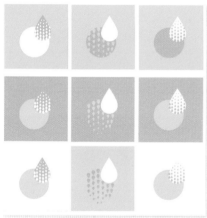

圖7-10：利用明度對比進行物件前後的排列變化，明度越高的物件越容易在畫面中跳躍出來。（設計：李玟慧）

圖7-11：運用名畫的色彩製作出名片的配色。（設計：樓濱豪）

7.2 顏色面板

開啟InDesign功能表清單「視窗」→「顏色」，即出現四個與色彩相關的浮動面板：Adobe Color主題、色票、漸層及顏色等（圖7-12）。「Adobe Color主題」用於存取主題性顏色，可跨Adobe相關軟體建立專案色彩系統（圖7-13）。「色票」工具可自訂所需的印刷色彩或特殊色，也可透過這個面板載入其他InDesign文件已設定的色票（請參考《Lesson 7.3：色票面板》）。「漸層」工具又分成放射狀漸層及線性漸層，漸層色可儲存於色票面板，漸層工具也在工具列中（請參考《Lesson 7.4：漸層面板》）。「顏色」工具則分成CMYK（圖7-14的A）、RGB（圖7-14的B）、Lab（圖7-14的C）三種色彩模式。

圖7-12：「視窗」的功能表清單找到「顏色」。

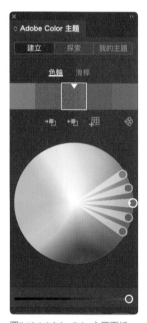

圖7-13：Adobe Color主題面板。

01 │ Lab

Lab模式所定義的色彩最多，它涵蓋了多數肉眼可見的色彩（即包括RGB和CMYK色域中的所有顏色），是Adobe Photoshop中最適合用來調整細膩色彩的一種設定，可進行色彩複製和數位典藏使用。使用Lab色彩模式時，不論轉成RGB或CMYK，色彩皆保留一致，不會像RGB影像轉為CMYK模式時色彩明顯流失。但Lab色彩模式是無法輸出，所以紙本輸出請設CMYK模式，數位輸出時請設RGB模式。

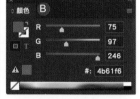

02 │ CMYK

CMYK指的是青色（Cyan）、洋紅（Magenta）、黃色（Yellow）及黑色（Black），是運用於印刷四色分色的色彩模式。與Lab及RGB相較，CMYK是色域最小的模式，因此色彩受限最多。若CMYK色彩模式無法列印的色彩，也可從色票面板選擇DIC或Pantone等廠商提供的特別色，例如螢光色或金屬色，用色票標示給印刷廠。

03 │ RGB

RGB是指紅色（Red）、綠色（Green）、藍色（Blue）色光，是運用於顯示器的色彩模式，多媒體輸出如eDM、eBook、線上雜誌或網頁等的素材，就需設定RGB。

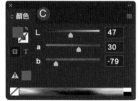

圖7-14：顏色可分CMYK、RGB及Lab三種。

7.3 色票面板

色票面板（Swatch）是版面編輯中最常用的色彩工具。可透過「視窗」→「顏色」→「色票」新增色票。

在色票選項中，可分成：A｜勾選「以顏色數值命名」自動命名的色彩、若未勾選則可自己命名。B｜色彩類型分印刷色、特別色。C｜色彩模式，除了RGB、CMYK、Lab色彩外，有很

多色票如：特別色系統如DIC Color Guide、FOCOLTONE、PANTONE Process Coated、PANTONE Process Uncoated，以及TOYO Color Finder等（圖7-15）

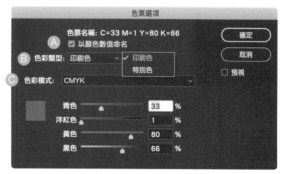

圖7-15：A｜以顏色數值命名，B｜色彩類型可分：印刷色與特別色。C｜色彩模式：除常見的Lab、CMYK、RGB外，DIC大日本色研及PANTONE的各類型色票都可以在此選取。

圖7-16：左｜色票面板上的圖示，右｜色票種類及其圖示。。

圖7-17：選擇載入色票讀取其他InDesign文件的色票，這個動作可以讓相關文件擁有同一套色票系統。

色票於浮動面板呈現的幾種選擇：「以顏色數值命名」的CMYK色彩（圖7-16-A）、未勾選「以顏色數值命名」的CMYK色彩（圖7-16-B）、Lab色票（圖7-16-C）、RGB色票（圖7-16-D）、PANTONECoated的特別色（圖7-16-E）、PANTONEMetallic Coated的特別色色彩（圖7-16-F）、漸層色票（圖7-16-G）。

色票圖示符號分別為：CMYK色彩圖示（圖7-16-1）、Lab色彩圖示（圖7-16-2）、RGB色彩圖示（圖7-16-3）、特別色圖示（圖7-16-4）及整體色圖示（圖7-16-5）。

排版是龐大、複雜的工作，很多時候檔案的製作需分工，色票的管理就像主頁版及樣式設定一樣需要制定範本，再將範本檔案載入各個文件使用（圖7-17）。色票透過「載入色票」將範本文件的色票系統匯入，使編輯色彩同步化（請參考《Lesson 11.2：書冊同步化》）。即使不是為了進行分工編輯，建立一套個人專屬色票，能跨文件載入色票系統，也是設計師必備的工具。

7.3.1 整體色

Adobe Illustrator的色彩設定分為：整體色與非整體色，Illustrator的整體色需自行設定。但InDesign所有色票皆自動設定為整體色。整體色是指色彩和物件自動產生連動，即是在未選取物件的情況下，一旦色票顏色做了變動，即整個文件會自動更新所有套用整體色票的物件顏色，不需逐一選取進行修改，這對龐大且複雜的編排工作來說相當重要的設計。

另外，整體色可以在顏色面板調整其彩度，調整過彩度的色彩又可增加至色票面板成為新的顏色（圖7-18）。整體色調整彩度後的色彩當放置於其他色彩前時，色彩並不會產生透明度或色彩增值的效果，它的概念如同將顏色加白色顏料讓顏色變淺而不是變透明。圖7-19的A｜將整體色彩度調為51%（不透明色）的色彩，B｜非整體色調整透明度至51%的色彩（透明色），雖然兩者看起來色調接近，但B與背景重疊的透明度會產生色彩增值的問題。

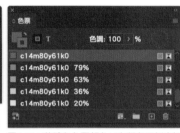

圖7-18：整體色色票顏色可在顏色面板中調整T的百分比，再新增成新的色票。

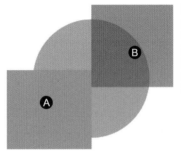

圖7-19：整體色是可以調整顏色的彩度，A｜是彩度設為51%的整體色疊色效果，它的概念如同將原色加白色顏料去混色，並不是會透底色的透明色彩。B｜是非整體色調整為51%的透明顏色。

7.3.2 特別色

特別色是特殊油墨的獨立印版，通常金、銀、螢光為常用特別色，因特別色無法被CMYK四色分析，所以與印刷圖案不會產生混淆。印刷時，特別色需獨立額外製作色版，會增加印刷成本。在InDesign文件中，常將特殊色用不同圖層分開製作，並設定文件的印刷邊界為定義特別色的地方，以圖7-20書衣的文件檔為例，將特別色（銀色）用任一特別色（如桃紅）定義，並放置印特殊銀的圖案於獨立圖層，燙金或上亮膜的方法一樣，請參考《Lesson 3.1.3：頁面工具介紹》。

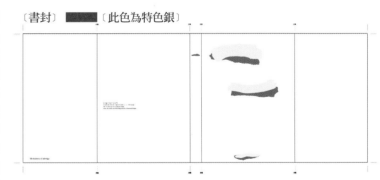

圖7-20：特別色的圖案檔案都是獨立製作，只需在印刷邊界用任一顏色定義即可，例如此書封就用桃紅色定義特別色銀色。

7.3.3 主題色

主題色是InDesign較新的顏色工具，於工具列選取主題色工具，只要用滴管吸取物件或影像，即自動產生一系列調和的主題配色。然後整套主題色可以新增至色票，即會在色票面板出現彩色主題的資料夾（圖7-22），主題色提供的配色，非常適合用於系列作品的配色，可參考《Lesson 3.1.4：繪圖工具介紹》及《Lesson 7.1.4：配色原則》之彩度對比範例。

圖7-22：在工具列中新增主題色，參考上述步驟即可設定完成。（婚創海報設計：曾玄瀚）

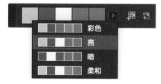

圖7-21：主題色會自動從照片汲取較協調的顏色組合，並提供彩色、亮、暗及柔和等幾套配色。（文學館 文學迴音、設計：曾玄瀚）

7.4 漸層面板

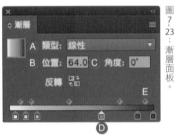

圖7-23：漸層面板。

漸層工具分別位於工具列及「視窗」→「顏色」→「漸層」浮動面板。InDesign的漸層可從「類型」分成：線性及放射狀（圖7-23的A），能直接套用在文字、線條及圖形等。只要在所選物件上，用滑鼠拖曳設定漸層的起始與結束位置即可。設定的漸層色也可拖曳到色票面板（Swatch）儲存。

製作漸層色時直接將色票的顏色拉至漸層面板控制板的方塊（圖7-23的D），設定越多點即可增加漸層的色彩變化；反之，若要簡化漸層色彩，也直接將方塊拖出控制板即刪除。漸層面板的「位置」（圖7-23的B）用來設定漸層的中心點，透過控制條上方的菱形符號調整（圖7-23的E），若菱形置於兩色中間則產生均等的色彩漸層；（圖7-24的A）；若靠近其一顏色，就形成快速遞減的漸層色（圖7-24的C、E）。「角度」（圖7-23的C）只適用線性漸層，預設值為0度即為水平漸層，90度則為垂直漸層，改變角度可以讓漸層以傾斜的方向變化。

範例一：漸層變化

若用強烈對比色彩進行漸層，會產誇張的波狀效果（圖7-24的C、E）。若選擇調和的色彩進行漸層變化，漸變的色彩波動則緩和（圖7-24的A、B、D處）。

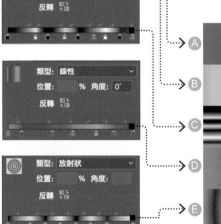

圖7-24：運用不同的漸層、對比色可展現不同的效果。

範例二：將漸層色加入光感

運用不同的顏色展現漸層，但物件的反光不一定套用同色系，因物件會反映周圍光影，使得漸層色彩可以更豐富。圖7-25、7-26的A列都是使用線性漸層製作，將漸層套用於框架內，再結合緞面效果產生較柔的轉角光澤（請參考《Lesson 5.11：斜角、浮雕和緞面效果》）。B列則是用放射狀漸層，漸層強度比較溫和，因配色而異有像大理石或彩色塑膠質感，請參考圖7-25、圖7-26提供的漸層色彩設定對話框。

圖7-25：可以比對線性漸層、放射漸層的效果，可參考數值比較。

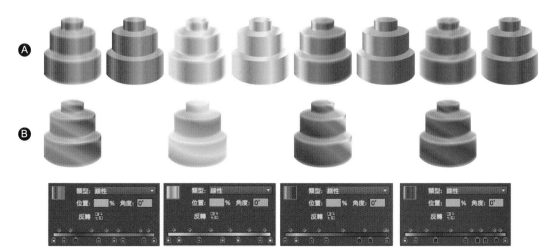

圖7-26：可以比對線性漸層、放射漸層的效果，漸層色的設定若顏色比較緩和，應用於物件時材質的反光性較柔和，會產生不同的質感效果，可參考數值比較。

7.5 單色調效果

單色調效果與多色調效果，都是很俐落的色彩表現方式，效果類似將黑白照片沖洗成單色，是用來統一影像素材色調的好工具，本單元將介紹如何在InDesign加工處理單色調照片。

於Photoshop製作單色調影像（Monotone），需先將「影像模式」轉成灰階（圖7-27-1），改灰階後才可選擇「雙色調（Duotone）」（圖7-27-2）進行設定。

圖7-27：在Photoshop中選擇「影像」→「模式」，1｜需先將影像改為灰階，2｜選擇雙色調後，在雙色調選項中再選擇其他模式，單色調則隱藏在此選單中。

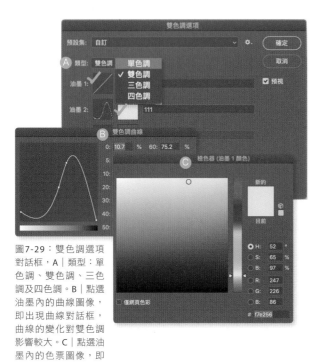

圖7-29：雙色調選項對話框，A｜類型：單色調、雙色調、三色調及四色調。B｜點選油墨內的曲線圖像，即出現曲線對話框，曲線的變化對雙色調影響較大。C｜點選油墨內的色票圖像，即出現檢色器對話框。

單色調主要是將整體影像套印單一油墨，重新混合色階，而產生的特殊影像效果，油墨若選擇棕色、深藍或深綠色，影像會有復古懷舊的韻味，像是小時候照相館將黑白照片做咖啡色沖洗的效果。若選擇飽和度或明度高的油墨，影像容易失去細節，反倒呈現漫畫趣味的活潑風格。

雙色調類型可分：單色調、雙色調、三色調及四色調（圖7-29-A），油墨（Ink）（圖7-28-C）除了可以設定顏色，也可調整色調曲線（Curve）（圖7-28-B），色彩間的油墨曲線若是相同方向，色調是重疊的（圖7-29-A）；若曲線弧度相反，則產生油墨錯置的色彩效果（圖7-29-B），以上都是在Photoshop的操作。

其實在InDesign也可以用簡單的方式處理單色調效果，在影像上加一個色彩圖框，運用「效果」工具中的網屏、加亮顏色或變亮效果，就可產生類似單色調影像。選擇色彩增值、覆蓋、柔光等（重疊）效果，即產生類似雙色調影像（請參考《Lesson 6.5：透明度》）。

圖7-29：A列沒有改變色調曲線，B列改變色調曲線產生與原圖色調有明顯差異的效果。

範例一：雜誌內頁圖片的單色調與雙色調運用

在InDesign也可做單色調效果！在人人雜誌內頁應用了單色調與雙色調的影像效果（圖7-30）。於黑白照片上加一個綠色圖框，並將「效果」的「透明度」設為網屏（圖7-31-A），影像即為綠色單色調效果。有時候還可運用多層透明度色塊與黑白照片相疊，這是一層將棕色色塊透明度設定為網屏，再加一層設定為色彩增值加深顏色，即成為類似雙色調的影像（圖7-31-B）。

圖7-30：加上不同的色框，就能展現單色調的圖片效果。

圖7-31：人人雜誌內頁（設計：人人團隊）

範例二：統一影像色調的技巧

同張或類似的海邊影像，運用幾個單色色塊重疊，可創造出更豐富的影像（圖7-32）。風格差異大的照片，可透過單色調處理，產生色彩、調性統一的系列畫面。這套名片是使用單色調製作的影像作品（圖7-33）。

圖7-32：運用不同深淺的色彩運用於單色調效果，照片呈現出來的細節產生有趣的變化。

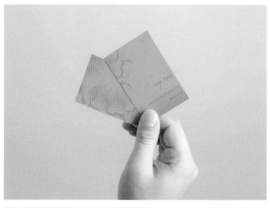 

圖7-33：利用單色調將攝影作品製作成個人名片的設計。（設計：楊鴻）

7.6 多色調效果

7.6.1 雙色調風格

雙色調（Duotone）、三色調（Tritone）或四色調（Quadtone）皆是單色調的延伸，同時運用兩種以上油墨時的混合色階效果。雙色調是將原本影像套用兩種彩色油墨，破壞原有影像色彩，重新混合色階而產生的特殊效果。

如何在Photoshop內進行多色調步驟，請參考《Lesson 7.5：單色調效果》，先設定油墨（Ink）再調整色調曲線（Curve）。多色調影像處理完畢，請將「影像」→「模式」改為印刷的CMYK模式或顯示器的RGB模式，再存檔為PSD、JPG或TIFF格式。調整成雙色調、三色調及四色調的影像很有設計感，也可透過色彩簡化讓影像單純並統一色調。

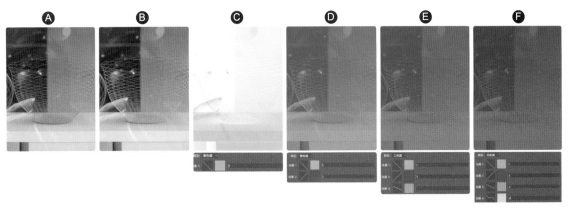

圖7-34：A｜原圖、B｜灰階、C｜單色調、D｜雙色調、E｜三色調、F.四色調。

範例一：單色調處理效果

用PSD檔將影像分圖層置入（請參考《Lesson 6.6：圖層應用》），於InDesign以單色調處理影像，搭配底色及其他圖文，組合出類似多色調感覺的雜誌內頁。

（設計：人人團隊）

7.6.2 Risograph孔版印刷風格

時下年輕人正流行少量印製的Risograph（可簡稱RISO，為孔版印刷），這是從日本引進的RISO數位快印機印製的一種風格，不管在歐美或亞洲，在Zine或設計上是受歡迎的數位印刷工藝之一。Risograph孔版印刷是一種單色疊印的印刷方式，概念上是一色一色套印堆疊印製，概念與傳統絹印相似，只是換成由機器印製。製版時，以一色一版製作（需製作灰階模式的黑白圖檔），並分檔案儲存，看印製幾色就製作幾個黑白圖檔。Risograph比較特別的是油墨色彩，可選特別色的金、銀或螢光等色，這是噴墨印表機無法表現的效果。

孔版印刷的特殊視覺效果如下：

01｜錯位：每印一色就可能產生位移，可利用這個疊色錯位的特性，刻意設計出復古風格的印刷特性。

02｜混色：Risograph的油墨較具透色性，疊色後顏色會混色，混色印製的所有色該如何與其他色彩搭配都須事先規劃。

03｜紙張特性：選擇較粗糙的紙張所造成油墨不勻，這種自然的效果更帶復古味。（更多詳細情形，可上RETRO印刷JAM網站體驗）

圖7-35：上｜讓學生更了解孔版的基本原理，安排Retro JAM到校體驗「SURIMACCA（絹印）」課程，左下｜數位絹印製版機直接製版，右下｜油墨印製成品。

範例一：雙色網印

A｜螢光紅版的PSD檔案，B｜藍版的PSD檔案（圖7-36），運用RISO數位快印機印製，將繪畫作品以雙色網印的方式印製，刻意製作一些影像錯位的趣味效果（圖7-36的右）。請參考《Lesson 7.5：單色調效果》、《Lesson 7.6.1：雙色調風格》及《Lesson 6.6：圖層應用》，在InDesign也可以做出這種效果。

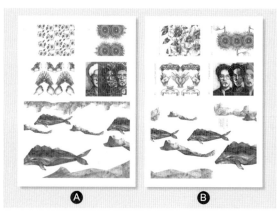

圖7-36：雙色孔版印刷的灰階黑白檔案。A｜橘紅色版檔案，B｜藍色版檔案，右｜雙色孔版印刷產生的影像錯位效果。（設計：李玫慧）。

範例二：雙色網印的邀請卡

百日紀個展邀請卡也是運用RISO數位快印機印製將繪畫作品以雙色網印的方式印製，利用兩個黑白稿印製兩種配色，分別為湖水綠搭配螢光紅及金色搭配銀色。

圖7-37：左｜湖水綠黑白稿，右｜螢光紅黑白稿。
（設計：李勁毅）

圖7-38：百日紀邀請卡成品。（設計：李勁毅）

圖7-39：另一版本選擇金色、銀色油墨的的邀請卡。

Lesson 8
版面設定

市面上的書籍尺寸百百種，有些是為了內容、想傳達的概念、好閱讀的手感而調整成合適的尺寸。除了常見的小說開本，也有展現攝影作品的細節、大器的大開本的特殊尺寸，在《Lesson 8.1：出版品規格》詳實收錄市面上各種書籍規格。

《Lesson 8.2：文件設定》介紹多種跨頁的設定；《Lesson 8.3：版面元素－點線面構成》傳達出重要的美感準則；《Lesson 8.4：版面結構》則是編排的最佳秘笈，而《Lesson 8.5：版面韻律節奏－重複與對比》是編排成熟度的關鍵。

本章是編輯流程中最重要的一個環節，請開始好好上課，才能在未來展現設計者的價值所在。

8.1 出版品規格

8.1.1 常用出版規格

以下整理出與書店常見的出版品規格，現在出版品豐富多元，尺寸代表著獨立的個性，不妨好好的觀察每一本書的樣貌吧。

01｜25開（14.8*21CM）

此開本因方便拿在手上閱讀，或放入隨身包包中，多半用在隨手可讀的心理勵志類、小說類、商業類書籍，有些出版社會刻意把書裁得再窄一些，比例更為秀氣一些。

也會有一些日文翻譯小說是使用更小的32開（13*19CM）尺寸，文字量不多，而且有種私小說的氛圍，像是日本的文庫本一樣。但開數小的書籍放在書店中，會因為尺寸過小而容易被消費者忽略，就必須要在封面設計做加強了。

02｜18開（17*23CM）

18開在印製上較符合經濟成本，因為印製上可湊32頁為一台。有些食譜書、攝影書、電腦書會採用此規格。因這類書圖片比較多，跟25開比起來，可以放入較多的圖與文字，且照片也較好等比縮放。

但，有個地方要注意，該尺寸需使用28*38（英吋）的內頁紙張，此為特規紙張，在印刷前需提前與紙廠確認用紙。

圖8-1：25開的書籍。（圖片：悅知文化提供）

圖8-2：18開的書籍。（圖片：悅知文化提供）

```
┌──────────────────────────────────────┐
│ ❶ 16 開                              │
│  ┌───────────────────────────────┐  │
│  │ ❷ 18 開                       │  │
│  │  ┌──────────┬──────────────┐ │  │
│  │  │ ❸ 25 開  │ ❺ 25 開一半  │ │  │
│  │  │  ┌──────┤              │ │  │
│  │  │  │❹32開 │              │ │  │
│  │  │  │      │              │ │  │
│  │  │  │      │              │ │  │
│  │  │  │      │              │ │  │
│  │  │  │      │              │ │  │
│  │  │  │      │              │ │  │
│  └──┴──┴──────┴──────────────┘ │  │
└──────────────────────────────────────┘
```

常用出版品

❶ 16 開：19X26 cm（設計類書籍、攝影集）

❷ 18 開：17X23 cm（電腦書、食譜書）

❸ 25 開：14.8X21 cm（小說）

❹ 32 開：13X19 cm（日文書、詩集、隨身書）

❺ 25 開一半：14.8X10.5 cm（文庫本）

設計的品格

圖8-3：16開的書籍。（圖片：悅知文化提供）

03 | 16開（19*26CM）

在印製上是16頁為一台，耗費的成本較高。多數食譜類、攝影集及設計類等書籍也選擇使用此開本，就是為了讓讀者能看到影像的細節。

如果要放入多一些文字與作品，這個版面較寬廣，也比較好排版。另外，也有相似的開本是做到A4大小的雜誌專刊，也可以稍微注意一下。

04 | 正方形開本（19*21CM、20*20CM、25*25CM）

此開本十分特殊有趣，很適合攤放在桌上，方便讀者閱讀，因而有些食譜類、繪畫教學書，甚至是攝影書會使用。另外，25*25CM是之前廣受歡迎的著色書最喜歡使用的尺寸。

特殊尺寸在平台上架時，都可以展現不錯的架勢，但，這類書籍在裝訂費上會比較貴一些，需要剖半切，要以12頁為一台來裝訂，這些都會增加成本。

圖8-4：正方形開本的書籍。（圖片：悅知文化提供）

❶ 25X25 cm

❷ 12開　❹ 19X21cm

❸ 20X20 cm

❺ 20開

❻ 24開

正方形的出版品

❶ 25X25 cm（著色書）

❷ 12開：22.2X21.3 cm（繪畫書、著色書）

❸ 19X21.5 cm（繪畫教學書、攝影書）

❹ 19X21 cm（繪畫教學書、攝影書）

❺ 20開：17.8X15.9 cm（設計書、攝影書）

❻ 24開：15.9X14.5 cm

8.1.2 Mook及Zine

Mook是由雜誌（Magazine）與書（Book）兩字組合而成，其性質介於雜誌與書之間，又稱「雜誌書」或「情報誌」（情報誌=情報+圖片），也可音譯為「墨刻」或「慕客誌」。可以想見此出版品的特色：圖片多、資訊多於理論。適用於頁數多、圖片與文字都豐富的內容。這也是年輕設計師很喜歡的表現形式，可應用於專題刊物製作或是作品集。

Zine（小誌）這個名稱是科幻迷Fanzime的簡稱，是一種強調自由創作、手工製作、獨立出版、少量印製發行的出版品形式。主題多元、形式無限制，例如純手工製作、或一般影印機列印裝訂，雖使用手工或簡單的工具完成，但仍強調成品的精美，Zine的設計是充滿熱情並注重交流。（可參考《girls ZINE：動手做，與ZINE同樂》）

下圖表格則是參考部分Mook及Zine常用尺寸製作，提供大家製作作品集前可以多加思考。Mook適合製作圖文多的作品集；若是小主題的話，建議以單冊、頁數少的Zine 表現，然後可以集結小本Zine成套展現。

範例一：Zine也可以是作品集

因平時喜歡閱讀小說，這是一間小成本試讀本尺寸Zine作品集。內容文字以自傳式依時間軸做三冊。封面（200-250磅紙張）與內頁（150磅紙張）選擇單純的模造紙，以黑白印表機印製。內頁用了實體信封。放入孔版印刷製作的插畫小品，一套Zine形式的作品集就完成（圖8-5）！

圖8-5：以Zine格式製作的作品集。（設計：李玟慧）

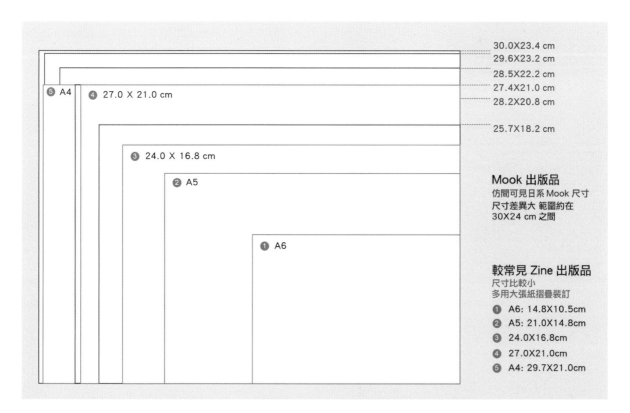

30.0X23.4 cm
29.6X23.2 cm
28.5X22.2 cm
27.4X21.0 cm
28.2X20.8 cm
25.7X18.2 cm

❺ A4
❹ 27.0 X 21.0 cm
❸ 24.0 X 16.8 cm
❷ A5
❶ A6

Mook 出版品
仿間可見日系 Mook 尺寸
尺寸差異大 範圍約在
30X24 cm 之間

較常見 Zine 出版品
尺寸比較小
多用大張紙摺疊裝訂
❶ A6: 14.8X10.5cm
❷ A5: 21.0X14.8cm
❸ 24.0X16.8cm
❹ 27.0X21.0cm
❺ A4: 29.7X21.0cm

8.2 文件設定

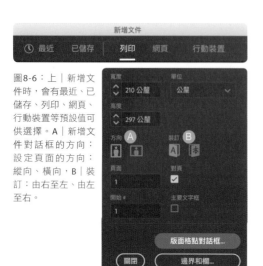

圖8-6：上│新增文件時，會有最近、已儲存、列印、網頁、行動裝置等預設值可供選擇。A│新增文件對話框的方向：設定頁面的方向：縱向、橫向，B│裝訂：由右至左、由左至右。

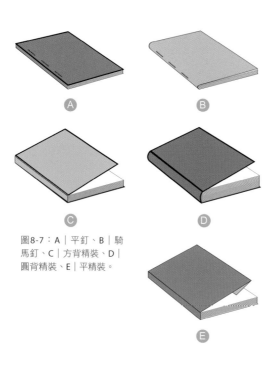

圖8-7：A│平釘、B│騎馬釘、C│方背精裝、D│圓背精裝、E│平精裝。

8.2.1 新增文件

InDesign新增文件視窗有預設選項可供選擇，分別為：最近（最近開啟檔案）、已儲存、列印（紙本書出格式）、網路及行動裝置等預設（圖8-6）。在新增文件視窗則有寬高、單位、方向（縱向/橫向）（圖8-6-A）、裝訂（左翻/右翻）（圖8-6-B）、頁面（單數）、對頁（勾選就是跨頁）及起始頁碼等選項，確認後點選邊界與欄按鈕，將進入另一階段設定。以下針對方向及裝訂進行說明：

01│方向

縱向（Portrait）指的是高度大於寬度的版面尺寸；橫向（Landscape）則是寬度大於高度的版面尺寸。基本上，一個文件選擇設定一種方向，但有些特殊尺寸的頁面可用頁面工具打破這個規則（例如拉頁），請參考《Lesson 3.1.3：頁面工具介紹》。

02│裝訂

了解裝訂方式對設定頁面之內外邊界有幫助，邊界尺寸因裝訂方式調整。書冊較常用的裝訂方式如：平釘（圖8-7-A）、騎馬釘（圖8-7-B）、方背精裝（圖8-7-C）、圓背精裝（圖8-7-D）、平精裝（圖8-7-E）。平釘或騎馬釘適用於頁數較少的文件，書背較小不適合放文字於書背、通常直接將書封圖案或色塊直接延伸至封底設計。

精裝書適用於頁數較多的書冊，主要分為：方背精裝及圓背精裝，圓背精裝需要頁數更多才能製作出書背圓弧的效果。精裝書的封面因用裱貼紙板的關係，裱貼的材質選擇除了紙張外，也可選擇布或塑膠紙等多元選擇。

品質精緻度比平裝好且不像精裝厚重的平精裝，是國外書籍喜歡的裝訂方式，能兼顧質感與成本。封面多選磅數較厚的紙張直接印刷，再用亮面PP、霧面PP等加工做防水的保護。平精裝封面的摺口，可放作者及簡介，折口的寬度至少以封面寬度的2/3計算（請參考《Lesson 3.1.3：頁面工具介紹》）。

03 │ 文字書寫方向

文字書寫的方向也是影響裝訂的因素之一。左側裝訂的左翻書（圖8-8-A），適用水平編排的文字（以西文居多），左翻書的起始頁碼通常設於右頁，章節的起始建議從右頁開始編碼並結束於左頁。右側裝訂的右翻書（圖8-8-B），適用垂直編排的文字（如中文小說），右翻書的起始頁碼開始在左頁，章節的起始建議從左頁開始編碼並結束於右頁。有些日文雜誌會綜合垂直或水平文字於同一頁面，因此，也有一些打破常規的頁面編碼案例。

圖8-8：上│書的左頁稱Verso、右頁稱Retro。A│書寫方向：水平的文件，裝訂在左邊，文字書寫及閱讀從左至右，首頁頁碼通常設定在右頁。B│書寫方向：垂直的文件，裝訂在右側，文字書寫的方向從上至下，閱讀從右至左，首頁頁碼通常設定在左頁。

8.2.2 封面製作

在《Lesson 3.1.3：頁面工具介紹》利用頁面工具製作平精裝封面的方法，本單元提供的封面設計方式是另一種業界較為常用的方式，使用Illustrator 或InDesign製作的步驟一樣。

首要步驟是計算平精裝封面尺寸。將封面、書背、封底及摺口相加製作一個展開的封面尺寸，文件設定的寬度（W）＝封面＋書背＋封底＋2Ｘ摺口（前後），高度則設封面的高即可。

若以200mmＸ220mm的書籍為例，書背：10mm，摺口：150mm（印刷廠建議摺口以封面寬度的2/3計算），製作封面的文件的尺寸設定應為：寬：710mm（200+10+200+（2X150））Ｘ高220mm），頁數設定為單頁即可。

計算封面寬度時最難估算的是書背寬，通常可由印刷廠協助計算。書背的計算與紙張磅數、頁數及裝訂方式有關，確定這些資訊後方可進行計算。以下書背公式由尚祐印刷洪先生提供：

書背＝[紙張厚度（條數為單位）Ｘ（頁數（一張兩頁）÷2）]÷1000＝公分

若紙張厚度15條，全書頁數128頁，書背為多少呢？

計算公式應該為：書背＝[15Ｘ（128÷2）] ÷1000＝0.96公分，書背是為了針對設計封面時，需先計算的尺寸。實際書背還是需要額外加上兩倍的封面紙張厚度才算完成喔。

圖8-9：書背的厚度很重要，以防書名設計會有所偏移。

8.2.3 建立多頁跨頁

新增文件的對頁設定為同尺寸左右跨頁,但有些書籍需要特殊拉頁設計(圖8-10-A),或有些印刷品會以多頁的彈簧摺或風琴摺方式呈現(圖8-10-B),就有建立多頁跨頁的必要。

多頁跨頁製作常用的兩種方式,第一種於《Lesson 8.2.2:封面製作》介紹的公式一樣,先計算展開後的紙張尺寸再進行製作。頁面尺寸以展開後的最大尺寸設定,摺線的位置則繪製輔助線標示。但彈簧折實際印刷或輸出時,也有紙張輸出尺寸的限制,可印製的範圍約為100X70cm,所以當展開尺寸超出範圍,也必須分開輸出最後再用黏合銜接一起。

第二種方式則在原頁面加入多頁,幾個摺頁就新增幾個頁面作為跨頁,這種方式的優點與文件頁面一樣,可透過移動頁面調整版面內容,也可彈性的刪除或增加頁面,讓彈簧摺的長度便於調整。彈簧折的頁數建議設定偶數時,折合後的印刷品會有完整的封面封底對稱效果讓作品看起來更完整。若是自己用印表機製作這種彈簧摺,可將於A4尺寸內設定彈簧折跨頁外,也保留一點空間,方便黏合每個摺頁(圖8-10-B)。

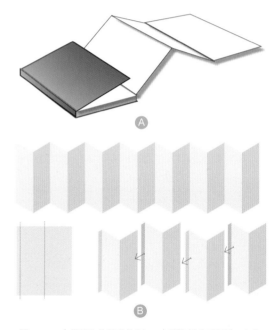

圖8-10:A|書籍內的特殊拉頁,B|彈簧折或風琴折,文件都可以用多頁跨頁模式建置。

範例一:採用多頁跨頁的設計物

這本是採訪兩位珠寶設計師所製作的刊物,共分三個部分:一本書冊,記錄兩人的共同資訊,另兩部分則是尺寸較小的彈簧摺,一位設計師一張拉頁,最後再將這三個部分裝訂成冊。針對兩位設計師各選用了橘色及藍色的彈簧摺拉頁,中間夾著的書冊則以深綠色為主色調(圖8-11)。

圖8-11:左上|左半橘色拉頁。左下|右半藍色拉頁。右|這本小誌是由橘色拉頁及藍色拉頁結合一本小冊裝訂而成。(設計:隅果)

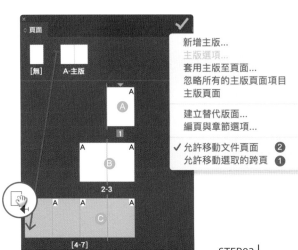

圖8-12：操作多頁跨頁。

該如何實際操作多頁跨頁呢？新增跨頁文件起始頁是單頁（圖8-12-A），第二頁才開始跨頁（圖8-12-B），假設要製作的多頁跨頁是從第四頁開始（圖8-12-C），步驟如下：

STEP01｜假設想將4-7頁設定為連續跨頁，請先選取未增加頁面的跨頁（原本的4-5頁）。

STEP02｜
按下頁面浮動面板右上角的隱藏選項（圖8-12綠色打勾處）將「允許移動選取的跨頁」的選項關閉（圖8-12-1），這個動作的目的是希望4-5跨頁不會因為增加頁面而拆散。

STEP03｜
從主頁版再拖曳A主頁板至4-5頁中間，這個動作需要出現頁面加手的圖示才可以執行插入頁面於跨頁（圖8-12紅色圈），插入成功後再反覆以上拖曳的動作，可建置10頁的多頁跨頁。

STEP04｜
選取已設定完成的連續跨頁（如4-7頁），再回到頁面浮動面板的隱藏選項中將「允許移動文件頁面」關閉（圖8-12-2），所設定的多頁跨頁即被鎖定，不受新增頁面而移動。

其實，還有另一個更簡單建立多頁跨頁的方式。是直接於主頁版新增多頁跨頁的主版（圖8-13-1），建立完成後，直拖曳多頁主頁版至頁面面版，即自動產生多頁的頁面（圖8-13-2），便可開始進行編排，這個步驟詳細示範請參考《Lesson 3.1.3：頁面工具介紹》。

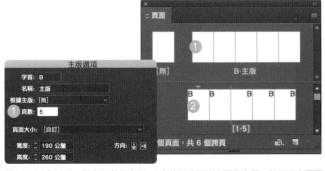

圖8-13：1｜新增一個多頁數的主板，2｜將剛建好的多頁數主版，拉至下方頁面即建立多頁拉頁的文件。

8.3 版面元素－點線面構成

文字、形（向量：包含線條或塊面）及影像（點陣）是編輯的主要三大元素，其大小、顏色深淺（或明暗）所配置的位置（構圖），也就是版面點、線、面的視覺構成。當元素（文字、形、影像）尺寸較小，會被視為版面中「點」的構成。當元素小又排列接近甚至連接時，在視覺上則形成版面的「線」元素。當元素所佔的版面面積較大時、或者將多數小的元素密集排列時，就如完形心理學主張「接近法則」（近距離之物容易被視為一塊），就形成了版面「面」的元素。

透過字距、行距、間隔及一些標示，讓版面呈現舒適的閱讀順序，不讓讀者混淆、困擾才是最重要的。

範例一：予人好感的點線面配置

什麼是好的編排設計呢？就是在視覺上給人好感的編排，妥善配置點、線或面的組合，使得版面構成更為豐富有趣。

如圖8-14版面，右上方被切割的文字因為尺寸小且零星配置（圖8-14-A），是「點」的元素；下方放大的數字，因被版面切割已失去文字的特質，視覺上形成「線」的元素（圖8-14-B）；版面上份量最重的重疊的影像，相疊後成為最大面積的塊體，那是版面中面積最大的「面」元素（圖8-14-C）。

版面上不論文字或圖片的呈現零星分散，那就是「點」，可透過調整間距使之接近或重疊，就可將「點」的元素延伸為「線」或「面」。版面的注目率也會隨著點、線、面面積而影響，量體大的及構圖在版面中心的，易被視為視覺焦點，利用「大小」形成點線面對比，這份層次感可讓版面自然產生元素的閱讀順位。

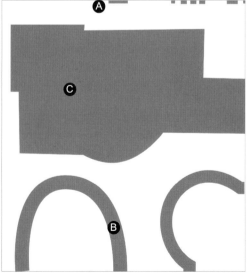

圖8-14：將點成為面的設計。（設計：黃瑞怡）

文字─需被讀、被看、被聽見被感覺及被經驗。
文字─不只是文字而是點、線、面的元素！

範例二：打破單調的線設計

書名中的「Nine Pioneer in」幾個字選擇以跳動文字進行編排，打破單調的線條變成點的元素（圖8-15-A）。左下的文字區塊與大標題Graphic Design接近並排，有化零為整的效果，形成版面的「面」元素，這個面積最大的量體成為版面最注目的焦點（圖8-15-B）。版面上方與右邊的兩排細字形成線的特質（圖8-15-C），符合了點線面構成原理。版面的重心雖集中版面下半，但右上的線佔用了版面的2/3，在視覺達到構圖平衡。

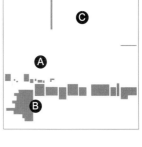

圖8-15：零碎的文字也能成為面的設計。

範例三：聚與散的排列技巧

這是只能用單一字體、單一字級限制的編排練習，與我們習慣使用字級或字體區分大標、中標或內文的習慣很不相同。這時就更需透過元素的「聚」或「散」或配置位置，表達其閱讀順序。例如主要大標題可擺放在版面較中心位置，或者用大量留白孤立襯托，但也可以與其他元素化零為整，聚集成大塊面讓大標成為視覺焦點。相對的越不重要的文字資訊，則可排在版面較邊緣處、甚至出血削弱強度。編排之所以好玩，就是每一種編排都注重相對關係，聚與散都是編排遊戲。

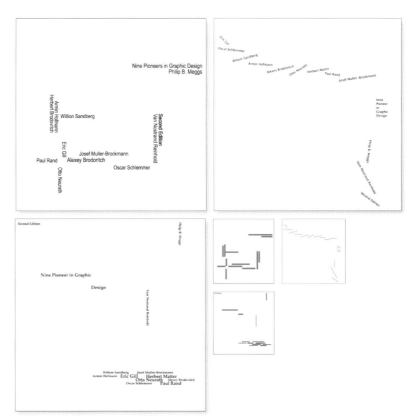

圖8-16：因為聚與散讓編排設計產生趣味。

範例四：去背與色塊的運用

當版面需要多張照片組合時，構圖略顯方正呆板，去背是一種好的方式，可讓圖與背景有自然的融合感，也更容易與版面其他元素搭配（圖8-17上）。另外，色塊也是整合瑣碎元素最好的方法，編排後若感版面鬆散，可利用色塊襯底將分散的元素集中（圖8-17下），空洞的版面也可嘗試加滿版背景，這都是調整版面的好方法。

圖8-17：上｜去背可以增加畫面融合，上｜加入色塊可整和版面的瑣碎。

8.4 版面結構

版面結構是編排設計的基礎，也是影響版面美感的關鍵。很多學生在練習編排設計時不太喜歡使用結構，總覺得結構的格子或欄位限制了編排的自由性。其實不然，有了結構反而能更自由的玩編排。

建議學習版面設計時，可先從分析具美感的書籍或海報作品開始，好的編排大多建立於好的版面結構，格狀結構是基礎，再從基礎學習變化。版面結構對初步的編排非常有幫助，可用作圖文基本配置，排列完成後再嘗試用頁面的檢視，「預視」模式將結構輔助線隱藏，再用視覺去判斷及打破過去僵硬的結構，編排設計就是一種「變化中求統一」及「統一中求變化」的遊戲。

在空白的文件上直接進行編排，看似自由其實反而無所適從。接下來，本章節將介紹四種最基本的構圖結構：1｜最簡單的「米字」構圖《Lesson 8.4.1》，2｜「垂直水平」構圖《Lesson 8.4.2》，3｜加入斜線與圓弧的「垂直水平、斜線」構圖《Lesson 8.4.3》，4｜「垂直水平、斜線、弧線」構圖《Lesson 8.4.4》。基礎結構簡單好用相當適合入門者使用，即使有經驗的美編、設計師，還是需要掌握基本原則。待熟悉基本結構後，再慢慢嘗試打破完全對稱的構圖或自製不規則版型，就可慢慢摸索出具有特色的版面結構！

在學習編排之前，
應先從分析好作品的版面結構開始！

筆者於1992到1994年在美國攻讀平面設計碩士時，最喜歡的設計風格：瑞士設計及新浪潮。1940年代源自瑞士的瑞士設計，也稱為國際風格（International Style），是20世紀平面設計最具影響力的一股潮流。由設計師約瑟夫·穆勒·布羅克曼（Josef Müller-Brockmann）和阿明·霍夫曼（Armin Hofmann）主導，風格簡約、圖像強調易讀、喜用無襯線字體以展現現代感文字，大多遵守網格（Grid）結構，但整體構圖喜歡以非對稱處理。

而1960年代的新浪潮設計（New Wave Design）則是一種更跳出網格結構，愛將單字使用不同間距排列，喜歡玩字體粗細變化，更喜歡用非垂直水平但帶有角度構圖的排版。主要代表人物是沃夫根·魏納特（Wolfgang Weingart），1980年代再由阿普里爾·格雷曼（April Greiman）等人結合麥金塔的科技將其推廣到美國，筆者在波士頓念碩士時很幸運親身在阿普里爾·格雷曼老師的專題課程中學習。

瑞士設計是編排的重要基礎，影像清楚、充滿美感且具有結構；新浪潮大多受過瑞士設計影響後再突破，看似打破結構，但其實是需要具備結構的訓練後，才會有釋放與蛻變。在此分析這三張知名海報也可看出運用了弧形、直線及斜線的三種基礎構成結構。

圖8-18：這是嘗試用自己喜歡的設計師海報進行的版面結構分析練習。海報分別為：左｜Beethoven Poster, Josef Müller-Brockmann, 1955；中｜Giselle, Armin Hofman ,1959；右｜Less Noise – Call for Noise Protection, Josef Müller-Brockmann, 1960，果然也呼應了我們本單元將要介紹的三種基礎結構。

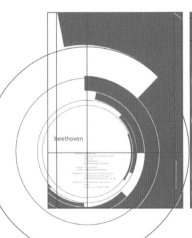  

8.4.1 米字構圖

米字結構最適合用在海報設計，海報與其他出版品最大的差別，需在最短時間內達到最高的注目率。所謂的「米」字就是連結版面四端的對角線，及版面中心的十字線，像是國字的「米」形（圖8-19）。正常來說，眼睛最容易停留的位置即是版面的中心，所以將重要元素（插圖、影像、標題），配置於最吸引目光的米字上，都可達到提高注目率的效果，在構圖上也能呈現安定。

上下左右均對稱的居中編排是海報常用的，但這種完全對稱的構圖顯得呆板。若打破十字居中的定律而改用X對角線為對稱軸，就呼應了斜線產生動感的效果。本章範例是伴手禮中心的招商海報（圖8-20），便是以對角X線取代垂直水平十字線對稱軸的設計，左上的文字（圖8-20-A）及右下的圖案（圖8-20-B）以斜角對稱排列。右上角的小標（圖8-20-C）及左下角的大標題（圖8-20-D）也是以對角線為軸線進行對稱排列。X線為對稱軸的構圖，有不安定及流動感，比垂直水平十字軸構圖更具強烈的視覺張力！

圖8-20：上｜伴手禮中心的招商海報，下｜海報之結構分析。（設計：曾玄翰）

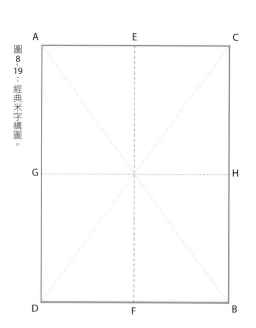

圖8-19：經典米字構圖。

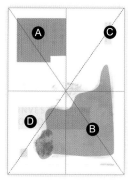

8.4.2 垂直水平構圖

以垂直與水平線所構成的結構也稱為格子結構（Grid System），是編排構圖最基本也最好運用的方式。格狀結構可由等距的格子構成，或是由不等距的欄列產生（圖8-21）。在InDesign文件可用欄數及列數設定格子，設定後可以用手動的方式移動欄寬（到功能表清單「檢視」「格點與參考線」，也可以用建立參考線進行設定（可參考《Lesson 2.1.4：樣式設定及版面設計》）。格子結構不但是圖文對齊的參考線，也可以變成色塊或影像遮罩的輔助。

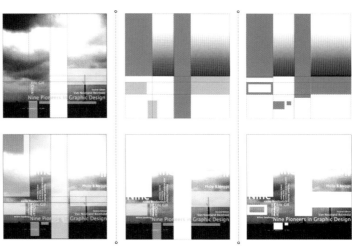

圖8-21：藍色色塊代表遮罩，淡藍色則代表半透明遮罩，利用垂直水平的結構它當作遮罩也可以產生很多版面的變化。

圖8-22：這三張在英國展出探討設計線上教學的海報，運用的就是最簡單的格子結構，只要搭配去背的影像，版面並不會呆板。

8.4.3 垂直水平、斜線構圖

這是垂直水平結構再增加斜線的版面構圖的延伸（圖8-23）。與米字結構的斜線一樣，斜角讓版面產生流動性，若利用斜線排列文字或圖片，除了能打破垂直水平的單調，還能增加版面的動態感，若想設計出多種有趣的版面構成（圖8-24），可試試垂直水平及斜線結構。

「頂樓加概」專題海報（圖8-25）也是利用垂直水平及斜線結構，作為圖片切割或遮罩的輔助，讓版面構成活潑許多。海報系列稿的排列也需注意並排時的視覺一致性。但要特別注意的是，版面結構用的斜線角度彼此間盡量垂直或平行，角度太多容易產生視覺衝突。斜線的運用不限色塊、或影像，也可運用於文字的編排。

圖8-23：加入斜線的構圖。

圖8-24：這是利用垂直水平、斜線構圖版型所建構的三個封面設計，除了文字依循結構外，作品中的灰黑色色塊也是利用這套版型產生。

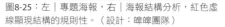
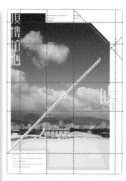
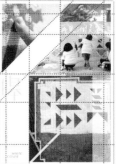

圖8-25：左｜專題海報，右｜海報結構分析，紅色虛線顯現結構的規則性。（設計：暐暐團隊）

8.4.4 垂直水平、斜線及弧線構圖

「垂直水平、斜線及弧線構圖」是依據格子結構
更進階的變化，除了水平、垂直、斜角外，還加入
了圓弧線做為輔助線（圖8-26），這個結構複雜
但形成的版面也相對有趣。

斜線與弧線讓版面較有律動感，但動向的配置
及協調性變得更加重要，否則版面容易顯得零
亂。其實，輔助線不單可用於規範文字排列、圖
片切割，還可以用於版面圖案元素的創造（圖
8-27）；除此之外，版面結構也可以創造為「背
景」。所謂的圖地關係，地就是指背景，背景的
形也是版面美觀的重要因素。下列書封練習就
是運用弧線構圖豐富背景的設計，可以看到運
用結構切割不同深淺的灰階底圖，再將文字運用
「垂直水平、斜線及弧線」的結構排列，創造出
多變但仍具美感的版面（圖8-28）。

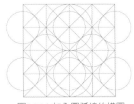

圖8-26：加入圓弧線的構圖。

圖8-27：探討鈕扣工業鏈為主題的海報。（設計：潘怡文）

圖8-28：運用弧線構圖製作而成的書封設計。

8.5 版面韻律節奏－重複與對比

《文字與編排設計經典教科書》（Typographic Design：Form and Communication，Rob Carter, n.d.）提出「ABA」形式的名詞，是版面編排的經典法則。簡單解釋「ABA」，出現兩次的字母「A」，代表設計的重複性（Repetition），字母「B」代表設計的對比性（Contrast）。重複與對比是編排設計非常重要的設計法則：重複帶來統一與協調，對比產生變化與律動。在版面設計中，需透過統一與律動的交互應用才能完成。

「ABA」重複與對比形式適用於版面的任何元素，例如：圖與圖、圖與文，或文字與文字間的關係，或是也可應用於物件與背景（圖地關係）的重複與對比。

重複對比關係也應用於幾種形式：量體（體積）、屬性（如點線面元素屬性或圖片與文字屬性）、間距（如文字的字距、行距與段距）、色彩（包含色相、彩度及明度）、表現形式（如字體運用；材質）等重複與對比，以下單元將逐一詳細說明及舉例。

8.5.1 量體的重複對比

量體可以是體積、尺寸或視覺份量。魚頭部的色塊（也可換成圖片）（圖8-29-A）與魚尾的文字段落（圖8-29-B），形成量體相似的重複；中間分散如魚刺造型的文字構成（圖8-29-C），形成視覺重量小與魚的頭尾大區塊形成面積的對比。

下圖左側文字段落（圖8-29-D）與一大M字母（圖8-29-E）產生量體相似的重複；中間黑底反白文字框（圖8-29-F）體積相對是小的，則與左邊段落及大M產生量體的對比。

所以當我們以量體為主要考量時，就不一定以其他元素屬性去做判斷，體積、尺寸才是主要觀察。

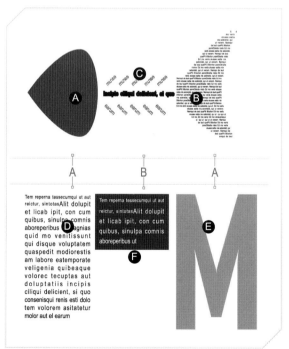

圖8-29：量體的重複對比。

8.5.2 屬性的重複對比

屬性可以是圖片屬性或文字屬性，甚至是幾何形之點、線、面的屬性。左側圓形黑白照片（圖8-30-A）與右側幾何形的組合（圖8-30-B），形成同是「圖」屬性的重複；中間的文字段落（圖8-30-C）與上述的兩個圖，形成「文」與「圖」的屬性對比。

下圖的左側由18個點所構成的陣列（圖8-30-D），與右側幾何圖形組合（圖8-30-E）也構成「面」屬性的重複；形成對比的是中間的幾何字（圖8-30-F），那幾行字因行距分散產生「線」屬性。

同樣的當我們專注於屬性的重複與對比時，其他形式就不做考量。

8.5.3 間距的重複對比

間距包含字距、行距、段距、欄間距、空間距離。左側段落（圖8-31-A）與右側段落（圖8-31-B）皆運用規律的行距及段落對齊設定，形成間距規則的重複；中間段落設定了不規則行距及段落對齊方式（圖8-31-C），與左右規律的段落形成間距規則的對比。

下圖的左邊附照片的段落（圖8-31-D）與右邊上下錯位的段落（圖8-31-E）都設定為雙欄位，形成距離的重複；中間段落則採單一欄位編排（圖8-31-F），這與左右段落產生欄位間距的對比。

版面的構成中間距是很有趣的元素，即使簡單的編排都可用間距做出生動的版面。

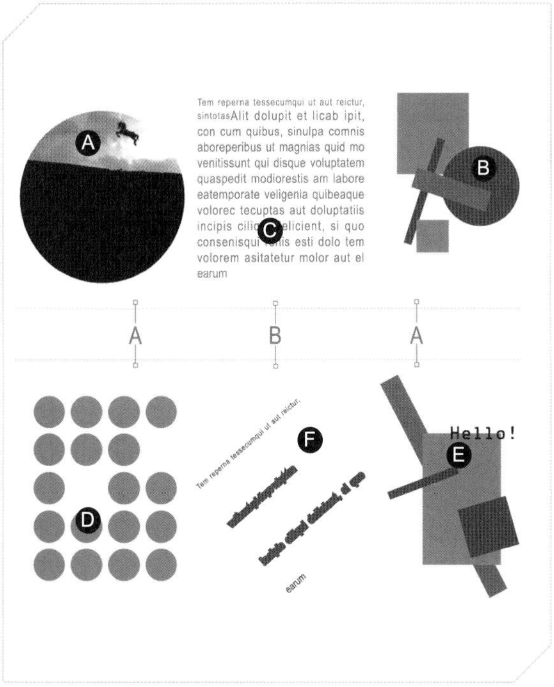

圖8-30：屬性的重複對比。

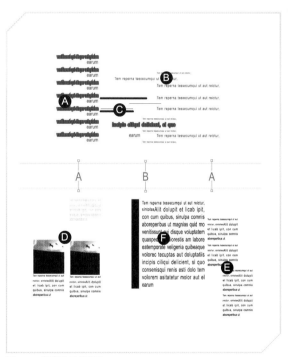

圖8-31：間距的重複對比。

8.5.4 色彩的重複對比

色彩包含是色相（暖色、寒色）、彩度及明度。左側藍色文字段落（圖8-32-A）與右側綠點構成的曲面（圖8-32-B）皆選用寒色系，因此產生色彩的重複；中間的圓形照片是偏暖色的桃紅色調（圖8-32-C），與左右區塊產生色相的對比。

下圖的左側圓形影像（圖8-32-D）與右側方形照片（圖8-32-E）皆為灰階黑白照片，產生無彩色的重複；中間圓形鏤空的彩色照片（圖8-32-F）則與左右灰階照片形成彩度的對比。

透過重複對比的原則，就能好好掌握色彩於版面設計的應用。

8.5.5 表現形式的重複對比

表現形式包含字體運用及質感表現等。左側Undo（圖8-33-A）與右側fall（圖8-33-B）兩組文字，皆依字義增加質感的表現，產生質感形式的重複；中間Slim（圖8-33-C）反而用瘦長造型表達字義，與左右質感文字產生表現形式的對比。

下圖的左邊段落（圖8-33-D）與右邊段落（圖8-33-E）皆選用正體字；中間標題（圖8-33-F）選擇書寫體，與左右內文段落產生字體表現的對比。頁面編排並不是套用愈多字體越好，字體的選擇仍要掌握重複與對比的配置！透過重複與對比才能產生韻律。進行文件編排，更要透過字元及段落樣式設定掌握版面的重複與對比，就是所謂統一中求變化，變化中求統一。

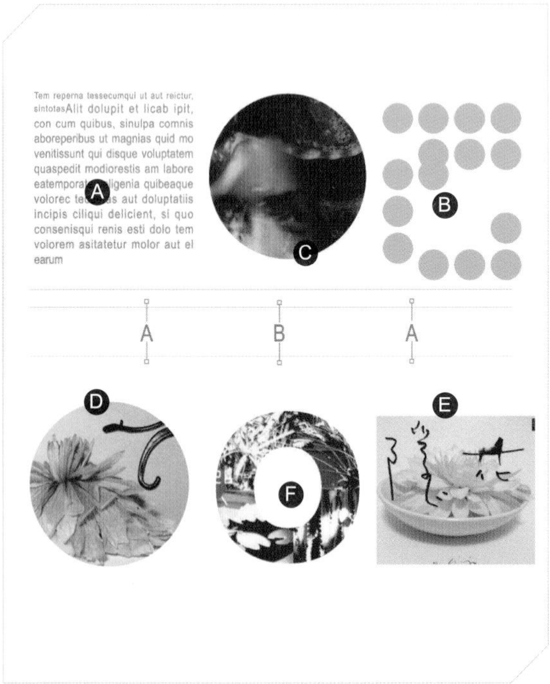

圖8-32：色彩的重複對比。

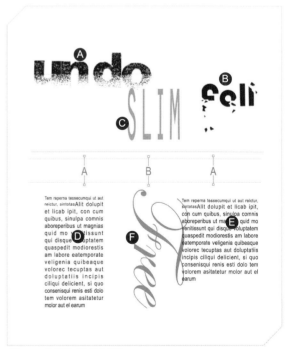

圖8-33：表現形式的重複對比。

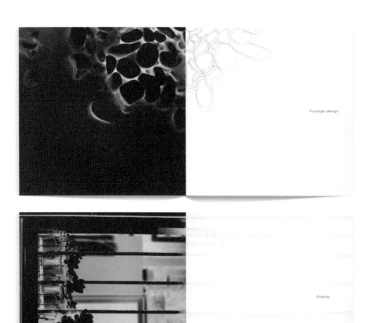

範例一：在重複中放入對比

Niva Portfolio（數位作品集），在章節頁的設計上運用了重複與對比的概念。重複主要套用於版面結構，如章節頁的左頁配置的是自己拍攝的滿版攝影作品，右頁的繪製的線條或圖案都是從左側影像延伸出來的意象，章節名稱也落於右頁一樣的水平位置，這就是重複。

但影像的選擇有垂直或水平線條、曲線等不同表現形式，所以這本作品集的對比是在影像的表現形式上的差異。對比可用來打破重複的單調。

圖8-34：章節頁雖套用統一的版型格式，但利用圖案意象產生表現形式的對比。（設計：胡芷寧）

範例二：對比的律動性

人人雜誌書（RenRen Mook）是一本報導社會微眾族群的學生創作季刊，內容涵蓋多元性別、新住民、社會遊子等。尺寸設定為：250X350mm（歐8K）。

運用特殊裝幀及封面媒材，並在編排上嘗試跳躍的視覺設計。但好的雜誌或書籍編排仍需擁有結構（主頁版、樣式），方能維持變化中帶些規則的美感。

本單元的範例將呈現不同的編排對比性如：表現形式的對比（圖8-35）：印刷中加入實體素材；頁面尺寸的對比（圖8-36）：在內頁中有小手冊夾頁；材質的對比（圖8-38）：選用不同紙張材質；跨頁與多頁跨頁的對比（圖8-39）：多了特殊拉頁的設計打破垂直水平對齊的對比（圖8-37）；。

圖8-35：《人人雜誌》為了讓讀者體驗真實照片的溫度，於內頁黏貼描圖紙口袋，放置故事中實體照片，產生印刷物與實體素材表現形式的對比。（設計：人人團隊）

圖8-36：內頁尺寸為250X350mm，但在內頁間安插一本小冊，產生尺寸的對比。（設計：人人團隊）

圖8-37：此為《人人雜誌》內頁的設計，用照片打亂了垂直水平格子對齊的規則產生對比。（設計：人人團隊）

圖8-38：將人的影像印製於描圖紙上，內文的模造紙則印有手寫的一封信，是紙張材質的對比。

圖8-39：內頁中延伸了可展開的多頁拉頁，產生一般跨頁與多頁拉頁的尺寸對比。

Lesson 9
樣式設定

雜誌、書籍及專刊,或電子書的版面編排工作往往需要團隊分工,透過InDesign樣式的規範解決分工的問題。公司行號或企業團隊的視覺系統(Visual Identity;VI):如標準字體、編排樣式、公司表格等,也是需要透過樣式設定進行規範。因此,樣式設定可以做為跨文件檔套用,尤其是將多個文件集結成書冊時,樣式設定也需再同步化統整。

選擇「視窗」→「樣式」,即出現所有樣式浮動面板,主要的樣式有《Lesson 9.1:字元樣式》、《Lesson 9.2:段落樣式》、《Lesson 9.3:物件樣式》;其他如表格樣式及儲存格樣式等,本章將於《Lesson 9.4:輔助樣式》介紹。除以上樣式,《Lesson 9.5:複合字體》雖不屬於樣式,但它是套用於樣式中,最重要的字體設定。

龐大且複雜的編輯工作利用樣式設定,建立系統化流程可大幅提升編輯效率。

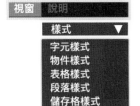

01 | 字元樣式

字元樣式主要設定字元，如字型、尺寸、平長變化（字元本身的垂直或水平縮放）、顏色、字距等。與段落樣式相比，字元樣式是較小的單位，所進行的設定只影響段落中的字元卻不影響段落。比如：文字段落中只有一組字需要處理反白，這時就使用字元樣式進行反白設定而非使用段落樣式設定（請參考《Lesson 9.1：字元樣式》）。若要更複雜的文字變化，還可運用輔助樣式（請參考《Lesson 9.4：輔助樣式》），基本上是將字元樣式及輔助樣式內嵌至段落樣式使用。

圖9-1：字元樣式面板。

02 | 段落樣式

段落樣式除了涵蓋字元設定也包含段落設定，如縮排間距、定位點、段落嵌線、首字放大等字元與段落屬性，是常用的樣式設定（請參考《Lesson 9.2：段落樣式》）。段落樣式式編排最重要的設計，通常樣式會以標題、內文、圖說、註解等名稱命名，透過這些名稱定義文字的大小粗細層次。

圖9-2：段落樣式面板。

03 | 物件樣式

物件樣式可套用於文字、線條、形狀、圖框或影像等元素，每種物件樣式也可同時定義不同效果，像是可以將顏色、陰影、浮雕等效果設定在一起，然後在物件上點選物件樣式，即可快速將所有效果直接套用（請參考《Lesson 9.3：物件樣式》）。

圖9-3：物件樣式面板。

04 | 輔助樣式

輔助樣式是結合兩種樣式的一種組合設定，例如在段落樣式中加入字元樣式為輔助樣式，或將字元樣式套用於表格樣式應用的一種組合模式。

9.1 字元樣式

圖9-4：字元樣式的多種選項。

字元樣式主要針對段落中局部文字屬性的修改套用，選項分：基本字元格式、進階字元格式、字元顏色、Open Type功能、底線選項、刪除線選項、直排內橫排設定、注音置入的方式與間距、注音的字體與大小、調整注音字串長度、注音顏色、著重號設定、著重號顏色、斜體、轉存標記，及旁注設定等。可於「文字」→「字元樣式」或「視窗」→「樣式」→「字元樣式」開啟浮動面板（圖9-4）。

設定字元樣式的方法有兩種，一是直接透過字元樣式對話框進行複雜的選項設定；二是在文件視窗內設定好色彩、字體或底線的文字，選取後直接在字元樣式浮動面板中選擇「新增字元樣式」即可。第二種方式不但快速而且直接看到字元呈現的效果，這種設定方法也適用於段落、物件及表格等樣式。

較常用的字元樣式設定，如下所列：

01｜字元顏色：可設定段落局部文字的反白或其他色彩。

02｜底線選項：運用底線選項直接設定標題字加底線。

03｜直排內橫排設定：可讓華文直排中的英文或數字改內橫排走向。

04｜著重號設定：為日文或古文中單字的強調符號等。（可參考《Lesson 4.1：文字初識》）

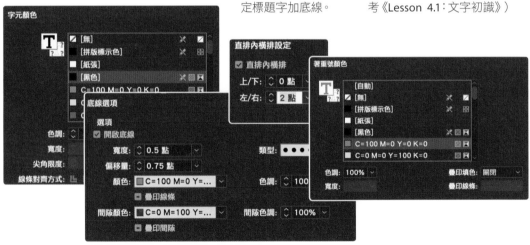

9.1.1 字元顏色

一個段落樣式通常只能設定一個字元色彩，為了讓段落中某些字元加強、或因版面底色太深需要某些字元反白，如圖9-5-A想用黑底反白強調語氣，就需另外設定字元樣式來輔助段落樣式改變局部字元顏色。把黑底上的字改為反白字（圖9-5-B），字元顏色的設定步驟：1｜新增字元樣式、設定字元顏色為白色，建議命名：反白字即完成（圖9-5-1）。2｜選取內文段落樣式中欲執行反白的文字（圖9-5-2），在字元樣式浮動面板點選「反白字」樣式（圖9-5-3）則完成反白字設定。

請掌握一個重要的概念，段落樣式是設定整體性的文字段落，字元樣式是針對局部字元的設定。

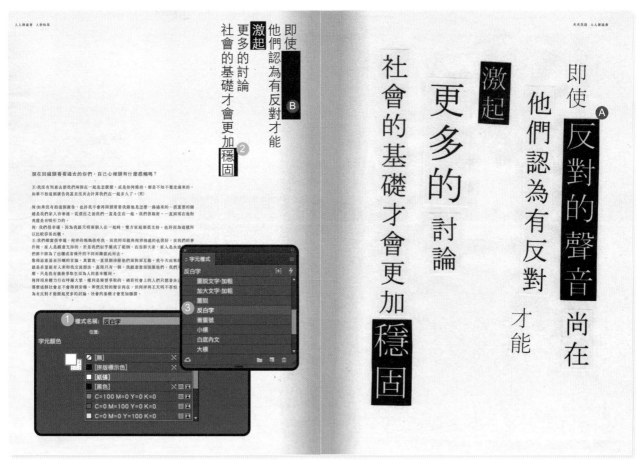

圖9-5：在設計中套用字元樣式再搭配其他樣式就可創造不同的創意。

9.1.2 底線選項

利用底線選項可以直接在標題下設定底線（不用鋼筆工具繪製），底線跟線條一樣，可以在類型、顏色及間隙顏色進行更多的變化。底線設定的步驟：1 | 勾選「開啟底線」。2 | 透過線條的「類型」，設定出較有趣的線條。3 | 再利用「顏色」與「間隙顏色」產生兩種配色的線條，可參考《Lesson 4.1：文字初識》。

底線設定也不侷限在標題上，也可用於強調的內文字。在字元樣式中套用底線的步驟：1 | 選取所需套用的字元（圖9-6-A）。2 | 點選字元樣式浮動面板中的底線選項（可自行設定命名），即完成套用。段落樣式也可設定底線選項，但與字元樣式設定會產生不同的應用範圍，設定於段落樣式時，段落將全部套用底線而非局部文字。

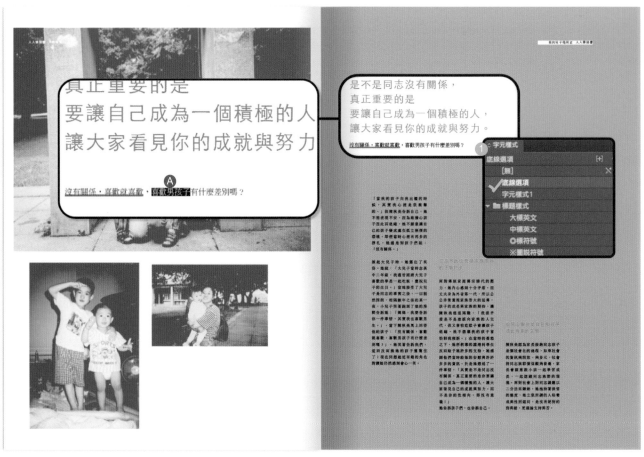

圖9-6：選取想要的字元，即可調整底線選項。（設計：人人團隊）

9.1.3 直排內橫排設定

當內文採直排時，文中的數字或英文字母並不會自動轉向，橫擺的西文導致不好閱讀（圖9-7-A），這時就可以透過字元樣式內的直排內橫排進行調整。新增直排內橫排樣式時，1|請勾選「直排內橫排」（圖9-7-B），2|單獨選擇橫擺的數字或英文，就可以將數字調整直排內橫排（圖9-7-C）。但是，當橫排的數字或英文字母超過一、兩個字元，就不建議這樣的修改，當數字超過字的寬度，甚至會弄亂行距。字元樣式中的直排內橫排設定，適用設計者自行判斷並手動調整。

圖9-7：若遇到英文、數字需要直排文字時的調整（設計：人人團隊）

9.1.4 引號的變更

引號的變更雖不是字元樣式設定的項目，但這種針對少數字元改變的概念與字元樣式相似，因而在此單元補充說明。引號的運用在不同的區域是有差異的，簡體中文與西文使用相同的引號""（稱為Quotation）（圖9-8-A），繁體中文則用「」（上下引號）（圖9-8-B）。假設要將簡體轉換為繁體時，全篇的修正就需要透過更聰明的方式，請選擇「編輯」→「尋找/變更」。

將簡體中文引號（""）全部換為繁體中文引號（「」）的操作步驟如下：1｜打開「尋找/變更」對話框（圖9-8-1），2｜設定「尋找目標」為：""（圖9-8-2）3｜將「變更為」設定為：「（圖9-8-3），4｜選擇「尋找下一個」並逐一確認（圖9-8-4），5｜選擇「全部變更」（圖9-8-5），即可修改全文的引號。上下引號需分開設定，其他符號如需變更也參照以上設定步驟。

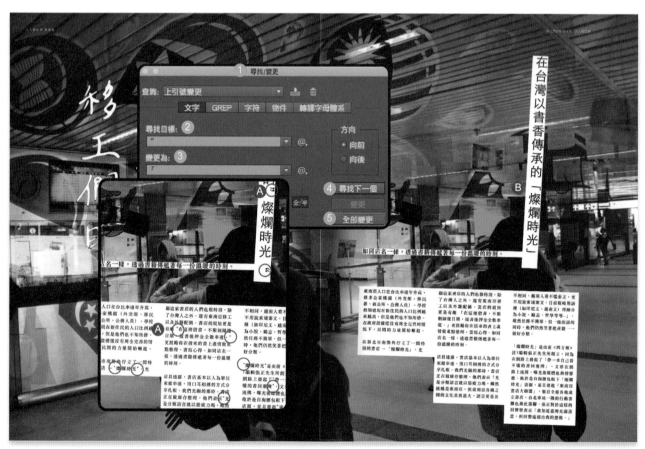

圖9-8：透過尋找/變更修改引號。（設計：人人團隊）

9.1.5 著重號

著重號用於強調特別的字句。以中國、香港教科書或古文教材使用較多，日文強調引用文中的一部分也會用著重號。

字元樣式的著重號設定：位置（偏移量）（圖9-9-A）、大小（圖9-9-B）、位置：（右/上）直式文字、（左/下）橫式文字（圖9-9-C）、對齊：靠左、置中（圖9-9-D）、水平垂直縮放（圖9-9-E）、字元：小點、魚眼、圓形、牛眼、三角形、自訂（圖9-9-F），其中自訂是可自行設定字體及直接輸入字元符號（圖9-9-G）。

此外，著重號顏色（圖9-10）設定完成後，即可在字元樣式浮動面板選擇著重號的樣式。

範例提供：1｜無設定著重號的文字（圖9-11-1）。2｜字元：黑色小點（圖9-11-2）。3｜重號設定於右側，字元：魚眼、顏色：黃（圖9-11-3）。4｜重號設定於右側，字元：牛眼、顏色：黃（圖9-11-4）。5｜重號設定於右側，字元：黑色三角形、顏色：橘（圖9-11-5）。6｜字元：自訂（字體Arial、字元符號：*）、顏色：藍（圖9-11-6）。看著以上不同設定的著重號，是不是讓文字傳達出不同的重點呢？

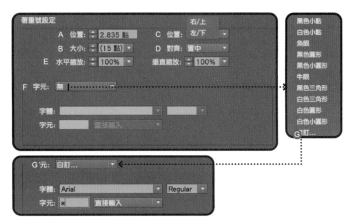

圖9-9：著重號樣式設定。

圖9-10：著重號顏色設定。

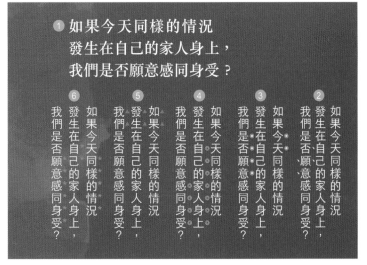

圖9-11：不同的著重號的顏色、設置，將會影響觀看者的視覺效果。（設計：人人團隊）

9.2 段落樣式

<table>
<tr><td>一般</td></tr>
<tr><td>基本字元格式</td></tr>
<tr><td>進階字元格式</td></tr>
<tr><td>縮排和間距</td></tr>
<tr><td>定位點</td></tr>
<tr><td>段落嵌線</td></tr>
<tr><td>段落邊界</td></tr>
<tr><td>段落陰影</td></tr>
<tr><td>保留選項</td></tr>
<tr><td>連字</td></tr>
<tr><td>齊行</td></tr>
<tr><td>跨欄</td></tr>
<tr><td>首字放大和輔助樣式</td></tr>
<tr><td>GREP 樣式</td></tr>
<tr><td>項目符號和編號</td></tr>
<tr><td>字元顏色</td></tr>
<tr><td>OpenType 功能</td></tr>
<tr><td>底線選項</td></tr>
<tr><td>刪除線選項</td></tr>
<tr><td>自動直排內橫排設定</td></tr>
<tr><td>直排內橫排設定</td></tr>
<tr><td>注音的置入方式與間距</td></tr>
<tr><td>注音的字體與大小</td></tr>
<tr><td>調整注音字串長度</td></tr>
<tr><td>注音顏色</td></tr>
<tr><td>著重號設定</td></tr>
<tr><td>著重號顏色</td></tr>
<tr><td>斜體</td></tr>
<tr><td>日文排版設定</td></tr>
<tr><td>格點設定</td></tr>
<tr><td>轉存標記</td></tr>
<tr><td>旁注設定</td></tr>
</table>

圖9-12：段落樣式設定項目。

段落樣式除了包含字元樣式的多數設定，還包含更多的段落關係設定，一個文件也許不會用字元樣式，但不論文件頁數多少段落樣式的設定是必須的，因可以跨文件運用，所以對公司、專案或個人皆可建立一套專屬的段落樣式，可大幅提升排版效率！

段落可設定項目如：字體、級數、字距、行距、大小寫、色彩、字元縮放比例、基線位移、縮排，及段前與段後間距等。段落樣式的設定，除上述設定外，更包含如：縮排和間距、定位點、段落嵌線、保留選項、連字、齊行、首字放大和輔助樣式、項目符號和編號自動直排內橫排設定等（圖9-12）。

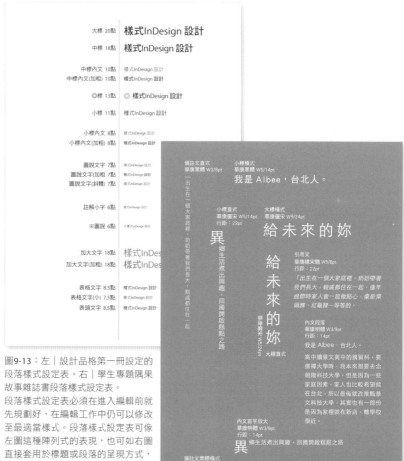

圖9-13：左｜設計品格第一冊設定的段落樣式設定表。右｜學生專題隅果故事雜誌書段落樣式設定表。

段落樣式設定表必須在進入編輯前就先規劃好，在編輯工作中仍可以修改至最適當樣式。段落樣式設定表可像左圖這種陣列式的表現，也可如右圖直接套用於標題或段落的呈現方式，但記得註記字體、級數、行距等文字資訊，即使在不同的電腦或不同設計師團隊工作，也能維持同樣的設定。

9.2.1 段落樣式規劃與建立

進行編排前需建立段落樣式設定表，通常會先用紙本等比例列印出來，感受實際字體、級數、層次分配，作為判斷樣式搭配的規範。

樣式設定表可用表格形式制定，設定的層次分別為大標、中標、小標、內文、圖說、註解文字及表格文字等基本需求（圖9-13-左）。或者也可以如《隅果，故事》所規劃的段落樣式表，將段落樣式直接套用於文章標題或段落，這樣的模擬更能感受整體版面段落層次搭配的效果（圖9-13-右）。當段落樣式設定表確認後，就準備在InDesign進行段落樣式的設定，設定完畢即可匯入文字並套用段落樣式。

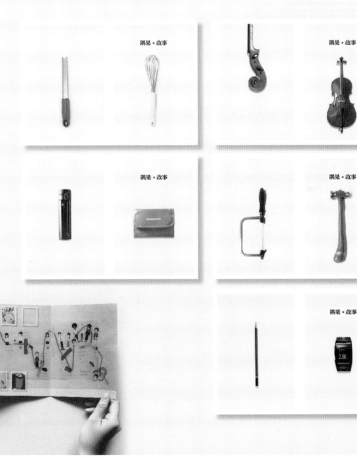

圖9-14：《隅果，故事》雜誌書。

範例一：設定段落樣式

《隅果，故事》是學生專題以專訪甫出社會追求夢想女性的雜誌書，五個主題共編輯五冊（圖9-14）。段落樣式設定表在印前作業前就完成設定（圖9-13-右），不論單冊書或多冊，段落樣式是團隊分工排版時的重設定，才能有效的提升系統性的編排能力。

如何根據自訂的段落樣式設定表，直接快速建立InDesign的段落樣式？請參考以下步驟：

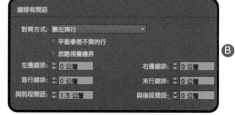

圖9-15：1｜選取段樣式設定表中已模擬字體的段落。2｜開啟落樣式浮動面板之隱藏選項，新增段樣式。3｜新的段落樣式基本設定已完成囉！

接著請選擇A｜基本字元格式再進行字距微調等進階設定，B｜縮排和間距調整對齊方式或左右縮排或首行縮排與段前後間距等，C｜字元顏色修改顏色及色調。這已完成大部分的段落樣式設定！

STEP01｜直接選取已經設定好字體、字級或行距的文字段落（圖9-15-1）。

STEP02｜開啟段落樣式的浮動面板並選擇「新增段落樣式」（圖9-15-2）。

STEP03｜就這麼簡單。新增之基本樣式（字體、大小、行距）已經自動設定完成！無需輸入繁複的數字喔！

接著，請選擇「基本字元格式」進行字距微調、大小寫設定（圖9-15-A）。「縮排和間距」設定對齊方式、縮排、與前後段間距等常用的設定（圖9-15-B），可參考《Lesson 4.5：段落》；「字元顏色」調整字體黑色，90-95%的黑字比100%黑顯得更雅緻（圖9-15-C）。

STEP04｜照以上步驟繼續完成其它段落樣式設定，即準備套用至所有內文了！

版面的層次感是透過字體、字級及行距變化產生。字體類型的選擇通常運用兩至三種就已足夠，建議至少選擇一種較穩定的印刷字體與其他有個性的字體搭配，請參考《Lesson 8.5.5：表現形式的重複對比》，

過多字體容易使得段落搭配困難，也可以多運用同字體家族（粗細、斜體），請參考《Lesson 4.1：文字初識》，其他再搭配顏色、字距及行距變化建構豐富有趣的版面（圖9-16）。InDesign建議使用OpenType®、Type 1（也稱為 PostScript）和TrueType字體的效果最好，有些建構不良的字體可能會使InDesign文件損毀或得到非預期的列印結果（可參考Adobe官方網站）。

圖9-16：只選用Lucida Sans Unicode家族的字體，只要結合行距及色彩，段落看起來就十分豐富有趣。

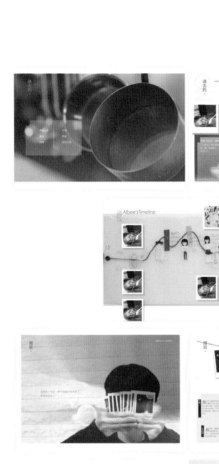

圖9-17：可以仔細觀察選用的字型變化，為版面帶來生動的律動。

9.2.2 段落樣式浮動面板選單

當在文件編輯中重新調整原設定的段落樣式時，正常來說，樣式會自動更新，若無請將修改的段落選取後，直接選擇「重新定義樣式」（圖9-18-A）樣式會被重新定義取代。

當段落樣式名稱後面出現加號（＋）（圖9-18-B1），即代表目前選擇樣式與之前套用的樣式定義產生衝突，請在段落選取狀態下選取「清除優先選項」（圖9-18-B），加號就可消失。清除優先選項也可按Option鍵，再點選出現加號（＋）的段落樣式名稱，一樣可以放棄之前定義。

「載入段落樣式」（圖9-18-C）是編輯文件書冊很重要的功能，任何新建的InDesign文件都可以從已建好段落樣式的InDesign範本，直接將設定載入新建文件中使用。以一本書做比喻的話，章節一已經建好段落樣式，其他章節文件就可由範本檔案載入樣式到每個章節文件，直接載入所有設定就可以進行編輯工作，所有樣式、色票及主頁版都有跨文件載入的選項！

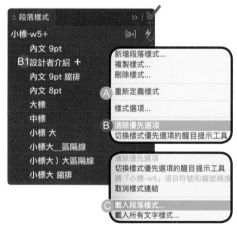

圖9-18：新增段落樣式的隱藏選項。

9.2.3 首字放大和輔助樣式

首字放大是設定段落的開端文字放大並跨行的編排效果。選擇新增段落樣式並選擇「首字放大和輔助樣式」對話框（圖9-19），首字放大的「行」：首字想要跨越的行數（圖9-19-1）（行若設1是無效果）。「字元」：設定想要跨行的首字數量（圖9-19-2）。「字元樣式」：首字放大也可套用已設定好的字元樣式（圖9-19-3），例如反白字效果，套用後首字不止跨行放大還改變顏色更為醒目。圖9-19-A輔助樣式請參考《Lesson 9.4：輔助樣式》說明。

圖9-19：段落樣式中的首字放大和輔助樣式的對話框，及輔助樣式選單。

圖9-20分別為三種首字放大設定的結果，圖9-20-1的設定是字元：1、行：2、無套用字元樣式。圖9-20-2的設定是字元：3、行：2、套用黃字字元樣式。圖9-20-3的設定為字元：2、行：3、套用黃字字元樣式。首字放大的效果好壞與首字選用的文字有關，倘若放大的首字筆畫很少感覺會比較不平衡，或段落行數太少設定跨行數較多時，段落排列呈不整齊的鋸齒狀，都是不理想的效果。另外，放大的字數也要考慮字義，圖9-20-2的「因為小」、「即便現」字義不清，不如選擇兩個字「因為」「即使」放大更好。

圖9-20：比較各種首字放大的編排效果。

圖9-21：運用字首放大的編排版面。（設計：隅果）。

9.2.4 縮排和間距

處理文書工作時會按兩次Enter鍵拉大段落間距，也會輸入Space空白鍵打空格作為段落首行縮排，或可能用Tab鍵處理左右邊縮排，以上這些習慣並不建議在編輯時使用，不論是用Enter、Space所建立的空間可能會因每個段落設定的字體大小造成差異。在InDesign中透過段落樣式設定可以快速簡單且精準做好以上間距管理。

「左邊縮排」與「右邊縮排」是以整個段落執行欄位縮減的效果（圖9-22-A）。「首行縮排」用於段落開頭第一行的內縮（圖9-22-B），通常文書處理的設定大約是留兩個字元的空白，首行縮排若用於窄或簡短的段落時容易讓破壞段落的完整性並非絕對必要，請參考《Lesson 4.5：段落》。

「與前段間距」或「與後段間距」（圖9-22-C）既使用於字及不同大小的大標、中標或內文，運用樣式設定，所輸入的數據仍掌握間距的準確性。每種段落樣式可以同時設定「與前段間距」及「與後段間距」，這與其他相連的段落行距會有相加的效果，比如小標的「與後段間距」設定為2mm，內文設計「與前段間距」為1mm，兩種樣式排列一起時，則有2+1=3mm的間距，但內文與內文間的段落距離仍是1mm。請記得基本編排原則：段落需大於行距，視覺上段落才會分明；行距需大於字距，這會影響閱讀的順序，請參考《Lesson 4.3：字距》、《Lesson 4.4：行距》及《Lesson 4.5：段落》。

掌握段距大於行距、行距大於字距的基本原則。並運用段前距或段後距替代Enter 鍵調整行距。

圖9-22：段落樣式中的首字放大和輔助樣式的對話框，及輔助樣式選單。

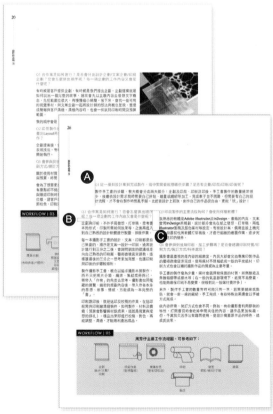

圖9-23：A｜左側縮排，B｜與前後段間距，C｜欄間距（段距）大於行距。

9.3 物件樣式

「物件樣式」浮動面板中的隱藏選項，包含新增、複製、刪除、載入及編輯物件樣式。建立物件樣式的操作方式與字元、段落樣式一樣，最直接的方式就是選取已完成物件樣式設定的物件、線條、填色及文字，選擇「新增物件樣式」就自動儲存完畢。當然也可在「新增物件樣式」的對話框逐項設定。

物件樣式主要選項，浮動面板下方也有相對應的圖示：「新增物件樣式」：建立新的物件樣式（圖9-24-A）。「套用樣式時清除優先選項」：目前選擇格式與之前套用過的樣式定義產生衝突，保留目前設定（圖9-24-B）。「清除沒有由樣式定義的屬性」是清除忽略的屬性（圖9-24-C）。「載入物件樣式」：從範本檔案載入已建好的物件樣式，多文件編輯需要使用（圖9-24-D）。

物件樣式可套用於文字、線條、填色及物件，設定選項包含基本屬性、效果兩大類（圖9-25）。一個物件樣式可同時設定數種效果，提供快速套用於物件。基本屬性常用的設定，如：線條和轉角選項，請見《Lesson 5.12：轉角效果》。陰影，請見《Lesson 6.3：陰影》。繞圖排文與其他，請見《Lesson 6.8：繞圖排文》。框架符合，請見《Lesson 6.2：符合》等；應用於文字框的設定如：段落樣式，請見《Lesson 9.2：段落樣式》、文字框一般選項、文字框基線選項、內文選項與錨定物件；其他一般設定如填色、線條，請見《Lesson 5.2：線條工具》皆可設定。

如將圖片設定陰影、加羽化、加白邊、轉角選項、浮雕等效果。建議以效果命名，就可快速套用於文件的所有物件。

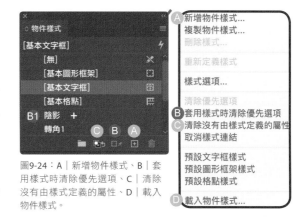

圖9-24：A｜新增物件樣式、B｜套用樣式時清除優先選項、C｜清除沒有由樣式定義的屬性、D｜載入物件樣式。

圖9-25：物件樣式可分基本屬性與效果設定。

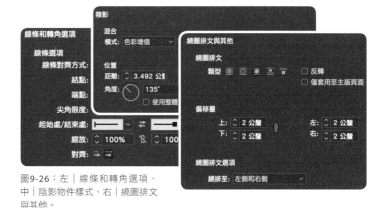

圖9-26：左｜線條和轉角選項、中｜陰影物件樣式、右｜繞圖排文與其他。

範例一：將效果設定在物件樣式

圖9-27的物件A、B、C圖，皆是光暈製作的霓虹管物件，請參考《Lesson 5.10：光暈效果》。物件D是結合轉角、斜角浮雕及緞面效果製作的畫框，請參考《Lesson 5.12：轉角效果》。首先，選取已作好效果的物件（圖9-27-1），從物件樣式隱藏選單選擇「新增物件樣式」（圖9-27-2），或直接點選浮動面板下方的新增物件樣式圖示（圖9-27-2），直接以效果命名物件樣式（圖9-27-A），即自動完成物件樣式設定了，快速套用物件樣式於其他物件時，只要點選欲套用樣式物件，點選樣式名稱（圖9-27-A）即完成設定。

圖9-28的物件一是由外方框及內圓框居中排列的兩個物件。物件二（圖9-28-2）用路徑管理員之排除重疊，將兩物件已合併為一個鏤空物件，可參考《Lesson 5.4：路徑管理員》。分別套用物件樣式：霓虹灰（圖9-27-A）、霓虹粉紅（圖9-27-B）、霓虹藍（圖9-27-C）、框一（圖9-27-D）。物件樣式無法改變形狀，但可改變顏色、線條、轉角及效果。

物件一仍是兩個物件所以套用D效果時，方與圓是分別套用D物件樣式（圖9-27的D），仍為兩個物件。物件二因已合併為一個物件，套用D的物件樣式後，就真的變成立體框了，請參考《Lesson 5.12：轉角效果》。

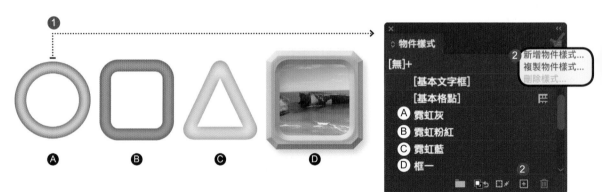

圖9-27：將效果設定在物件樣式上。

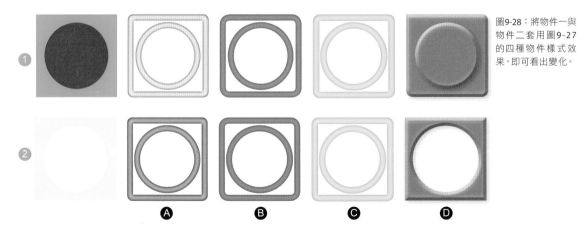

圖9-28：將物件一與物件二套用圖9-27的四種物件樣式效果，即可看出變化。

9.4 輔助樣式

輔助樣式是將已設定的樣式，再套用於其他樣式的一種組合，最常使用的是將字元樣式套用於段落樣式，或是將字元樣式套用於表格樣式中。

在《Lesson 9.2.3：首字放大和輔助樣式》介紹段落樣式中的「首字放大和輔助樣式」，其中對話框選項就有新增輔助樣式的設定，請見圖9-29-A。

選擇「新增輔助樣式」（圖9-30紅勾），可設定的項目：1｜「字元樣式」可選要套入段落樣式的字元樣式選單（字元樣式要自行先設定好）（圖9-30-B）。2｜終止輔助樣式的方式可選「至」及「最多」（圖9-30-C）。3｜輸入套用輔助樣式數字：可選1-999間數字（圖9-30-D）。4｜方式有：「字元」、「字母」、「數字」、「單字」、「句子」及「結束輔助樣式字元」等（圖9-30-E）。

字元：包括文字數字標及標記等。

字母：扣除標點符號、空格、數字及符號的字元。

數字：阿拉伯數字。

單字：連續字元，以空格判別單字的結束（如英文單字）。

句子：以句號、問號及驚嘆號判別句子的結束。

結束輔助樣式字元：以設定「結束輔助樣式」的字元判別結束位置。

圖9-29：段落樣式中的首字放大和輔助樣式的對話框，及輔助樣式選單。

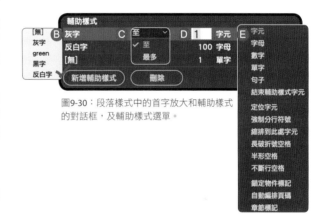

圖9-30：段落樣式中的首字放大和輔助樣式的對話框，及輔助樣式選單。

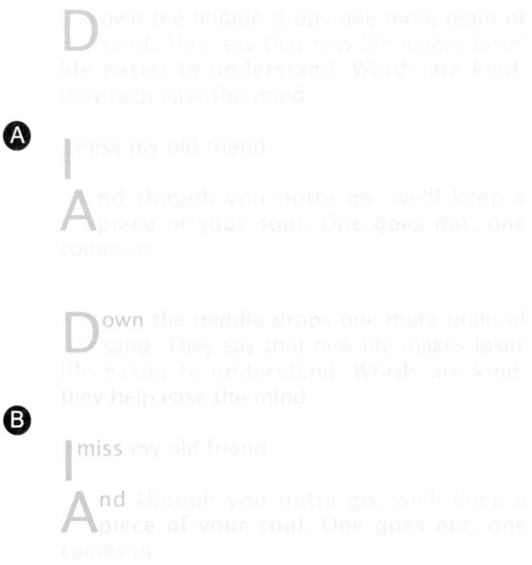

圖9-31：A｜設定首字放大和輔助樣式的段落、B｜新增輔助樣式將設定字元顏色的字元樣式套用於首字放大和輔助樣式的段落。

範例一：實際操作輔助樣式

以下段落是以段落樣式「首字放大和輔助樣式」進行設定，並套用字元樣式（橘字）作為輔助樣式。A｜使用終止輔助樣式，方式：最多，數字：5，方式：字元（圖9-32-A）。B｜使用終止輔助樣式，方式：「至」，數字：13，方式：字元（圖9-32-B）。C｜使用終止輔助樣式，方式：「至」，數字：1，方式：句子（圖9-32-C）。D｜使用終止輔助樣式，方式：「至」，數字：1，方式：結束輔助樣式字元（圖9-32-D）。

在中文中設定字元、字母與單字較無差別，套用至西文即更明顯。A｜將輔助樣式設定套用在「字元」（圖9-31-A），而B｜將輔助樣式設定套用在「單字」（圖9-31-B）。

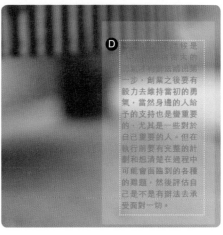

圖9-32：實際操作輔助樣式的編排效果。

9.5 複合字體

一篇文本通常包含了漢字、歐文、標點符號和數字等。在整篇文章使用單一字體內的字符,未必能呈現較佳的視覺效果,因此,複合字體便是為解決此問題而設計的功能。早期中文字體華康比文鼎更受歡迎,多少與這兩家中文字型搭配的羅馬字體設計有關。

01 | 字體複合

在InDesign中,也可將不同字體組合成為複合字體使用,以達到排版的最佳效果,這就是複合字體的基本概念。舉例來説,中文選擇華康明體,英文可以不用華康的英文而換成西文專屬的襯線字,如Times、Georgia進行複合。基本搭配原則是中英文可同樣搭配襯線字體或非襯線字體;如中文的黑體,就可搭配英文非襯線字體為主,如Arial、Helvetica(可參考《Lesson 4.1:文字初識》)。

02 | 字級複合

同字級的設定下,英文字型會比中文字型顯小,基線位置也不相同。因此,可以透過複合字體功能,以調和視覺平衡。例如,使用華康明體W3搭配經典歐文字體Adobe Garamond Pro,可以透過「複合字體編輯器」下方「樣本」功能看出,羅馬字級設定大小為100%(圖9-33)和105%(圖9-34)與中文字搭配時的差異,將Adobe Garamond Pro放大至105%視覺較平衡。當然,以上説明並非固定法則,只是複合字體常用的原則。

有時為了強調、凸顯主題,在字體選用上也會選擇中英文筆畫產生對比的字體逆向操作。而某些字體中文直排時,標點符號位置會偏下,亦可透過複合字體自動替換「標點符號」的設定或自訂某些符號修改。

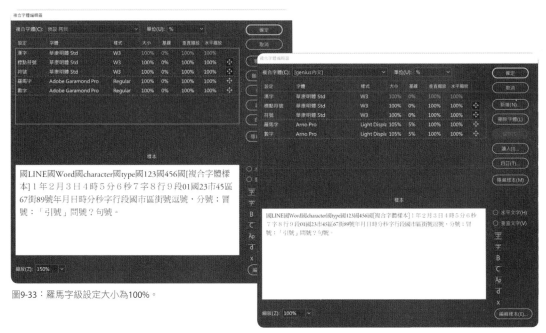

圖9-33:羅馬字級設定大小為100%。

圖9-34:改善後將羅馬字級設定大小為105%的複合字體效果。

Lesson 10
主頁版設定

主頁版（Master Page）可比喻為空間設計中的的平面配置圖（Floorplan），提供文字與圖片排列的參考規範，《Lesson 10.1：主頁版》、《Lesson 10.2：頁面浮動面板》提供主頁版設定說明。主頁版設定不止提供版面結構，也用於設定頁面中重複出現的元件，如《Lesson 10.3：自動頁碼》、《Lesson 10.4：編頁與章節》。在主頁版中，有許多基本的設定需要在進入印前製作前先熟悉，才能把InDesign的強大編輯能力發揮出來，讓我們一起跟著本章認識InDesign主頁版設定！

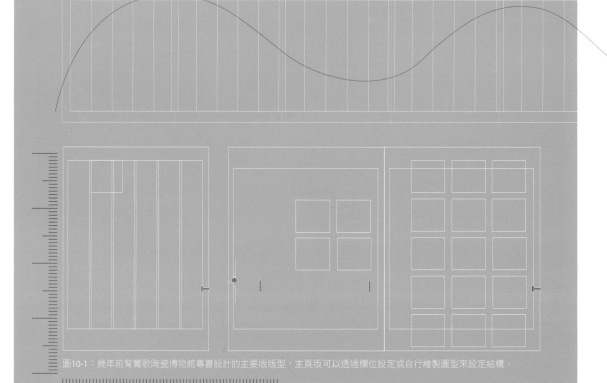

圖10-1：幾年前幫鶯歌陶瓷博物館專書設計的主要版版型，主頁版可以透過欄位設定或自行繪製圖型來設定結構。

10.1 主頁版

主頁版提供編排結構，主要也包含自動頁碼、重複元素（如底圖、塊面、線條及影像等）的設定，主頁版可提供版面編輯的準則，一個文件通常需要設定數個主頁版交互應用，變成範本的主頁版文件，可供其他InDesign文件載入再使用。主頁版版型可用欄位設定格子結構，也可以用繪圖工具自行繪製較不對稱的活潑版型（左頁圖10-1），雜誌封面也會設計主頁版版型提供每一期主題使用（圖10-2）。

01 | 邊界和欄、參考線

邊界：設定上下內外，欄：設定欄位數、欄間距，參考線：設定欄數與列數，請見《Lesson 2.1.4：樣式設定及版面設計》。

「檔案」→「新增」→「文件」開啟時，便要求進行版面尺寸、文字走向、裝訂位置、邊界與欄位等設定。文件開啟後仍可修改修改，請於「版面」選單下選擇「邊界與欄」、「尺標參考線」及「建立參考線」進行修改。

圖10-2：這是為敦煌書局刊物《What's Happening》封面所設計版型，我們通常為創刊號設計主頁版，並編排範例提供給廠商，廠商的美編就可以持續遵守你提供的設計原則（主頁版、樣式、色票），自行進行未來刊物的封面設計。

02 | 頁眉及頁尾

頁眉可設置書名、章節、次章節標題
及線條圖案等，頁尾可包含頁碼、章
節及線條圖案，這些元素都可在主
頁版進行設定。

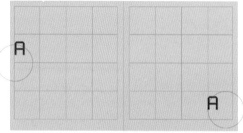

圖10-3：運用強列
色塊表現頁碼，視
為版面裝飾的一種
要素。

June/ Brochure & AD

03 ｜ 自動頁碼

InDesign的自動頁碼除了應用於單
一文件外，也適用於新增書冊檔案
時（多文件）的頁面編碼，另外，本章
後續也會介紹雙頁碼的設定，這些
設定都可在主頁版進行。

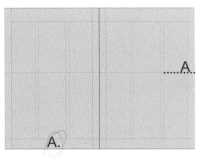

圖10-4：以照片為主的服裝型錄，可大膽運用頁
碼進行變化。

04 | 編碼與章節

基本的編碼與章節可以透過不同的主頁版設定進行，本章也介紹運用進階的章節標記進行設定，這些設定都在主頁版執行。

範例一：主頁版能掌控統一與變化的版面

這是2017年在文化局主辦台北設計之都，筆者擔任台北街角遇見設計的小超人工作坊策劃人，最終整合小朋友設計思考的作品成果。事先規劃出三款小報版型（主頁版），活動中讓參與的孩子們自己準備編排的素材：親自採訪、拍攝照片、繪製圖案，以及親自撰寫的標題、文案，利用已設定好的版型及段落樣式，請參考《Lesson 9.2：段落樣式》進行圖文編輯。即使是沒有編輯經驗的孩子，而且他們所提供的圖文差異性很大，但透過版型與段落樣式設定，仍可創造出統一又變化兼具的版面！

圖10-5：版型A因使用圖文素材不同也可呈現許多編排的變化。（設計助理：暤暤團隊&李玟慧）

圖10-6：版型B的編排樣貌。（設計助理：嘿嘿團隊&李玟慧）

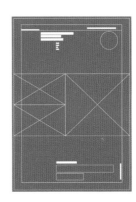

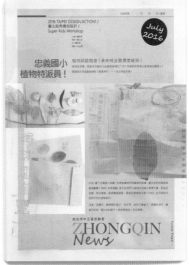

圖10-7：版型C的編排樣貌。（設計助理：嘿嘿團隊&李玟慧）

10.2 頁面浮動面板

頁面

開啟「視窗」→「頁面」浮動面版（圖10-8），頁面浮動面板是編輯中的使用率最大的工具，較常用選單：「新增主版」（圖10-8-1）：在文件中可建立很多主版，請參考《Lesson 2.1.4：樣式設定及版面設計》及《Lesson 8.2.3：建立多頁跨頁》。

主頁版設定有單頁、跨頁或多頁（10頁），單頁主版可套用至文件頁面之左頁或右頁，但跨頁的左主版只能套用至文件左頁、右頁主版就套用文件右頁，但跨頁或多頁的主版的左或右頁可互相搭配，透過主版的互搭應用又可產生更多新主版排列組合（圖10-8-C）；「套用主版至頁面」（圖10-8-2）：是將主版設定套用至被選擇頁面，這等同直接在頁面浮動面板將主版圖示拉到頁面圖示套用（圖10-9）；「忽略所有的主版頁面項目」（圖10-8-3）（Override All Master Page Items）：套用主版的頁面元素是鎖定無法編輯，因此這選項可解

開頁面中主版鎖定項目進行修改；「在選取範圍上允許主版項目優先選項」（圖10-8-4）：是在主頁中，選取「不能」被覆寫的物件，取消「在選取範圍上允許主版項目優先選項」即可預防覆寫。

「編頁與章節選項」（圖10-8-5）：可重新設定起始頁碼、編號及章節，請參考《Lesson 10.4：編頁與章節》；「載入主版頁面」（圖10-8-6）：可從範本文件載入已設定好的主頁版檔案，於新的文件檔案中進行主頁版套用。

「面板選項」（圖10-8-7）：可以設定浮動面板的圖像顯示方式（圖10-10）。「頁面」浮動面板分兩區（圖10-8 & 10-10）：主版顯示區（圖10-8-A）及頁面顯示區（圖10-8-B）。「面板選項」可調整：主版與頁面的上下排列位置、顯示大小、勾選「顯示縮圖」，就可在主板或頁面面板呈現內容縮圖，方便瀏覽頁面。

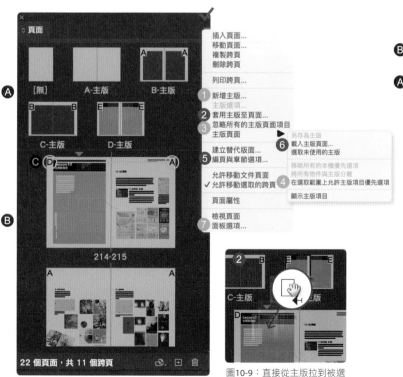

圖10-8：頁面浮動面板的常用選項。

圖10-9：直接從主版拉到被選擇頁面即完成套用。

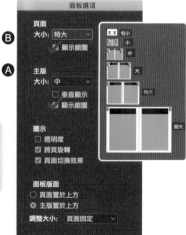

圖10-10：A｜主版頁面顯示大小，B｜頁面顯示大小，建議勾選「顯示縮圖」，則面板中的頁面及主版圖像會出現每頁的內容。面板版面可以調整頁面與主版置於浮動面板的配置關係。

10.2.1 主頁版設定步驟

STEP01｜邊界和欄

「版面」→「邊界和欄」（圖10-11），邊界的上、下、內、外尺寸不需對稱，把強制的鎖（圖10-10-A）解開就尺寸就任意輸入。

設定等距的上、下邊界（圖10-12-A），仍會因眼睛導至視覺重心偏移，稍有上重下輕的感覺，所以若以視覺而非數字調整，上邊界可稍縮小些版面會更平衡穩定（圖10-12-B）。但編排可有情感，上邊界若刻意放大（如本書編排）除了重心降低，留白讓編排輕鬆不急迫。妥善利用邊界的差異，建立上下或左右不對稱的主板，編輯的趣味感會增加。

內邊界是靠近裝訂處就是與跨頁頁面相接的那邊，內邊界若與外邊界設定一樣，再與銜接的頁面的內邊界連接，就變成兩倍邊界的寬度（圖10-12-C），雖然裝訂會扣除部分內邊界，仍建議內邊界設定可依裝訂方式調整為外邊界的1/2-2/3，跨頁中間才不會留白過大、頁面結構易鬆散。外邊界設定太小時也易導致內文易太接近頁面邊緣，不論印刷或視覺考量都不妥。欄位也可以作為主頁版結構，也可透過下個步驟「建立參考線」進行主版輔助線。

STEP02｜建立參考線

選擇「版面」→「建立參考線」開啟（圖10-13）。參考線在「正常螢幕顯示模式」（非預覽狀態）時才可顯示，用於工作流程之輔助工具。

參考線可設定：欄（圖10-13-1）、列數（圖10-13-2）及欄間距。選項「參考線符合」有兩種，「邊界」（圖10-13-A）：是以扣除上下內外邊界後範圍進行均分，「頁面」（圖10-13-B）是不扣除上、下、內、外邊界、以頁面為範圍進行均分。若將欄、列的欄間距（圖10-13-3）設定為0，就可製作正方格子結構的主版。

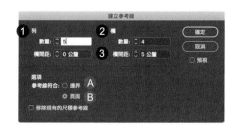

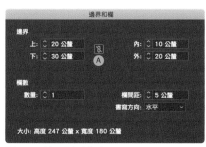

圖10-11：邊界和欄對話框。

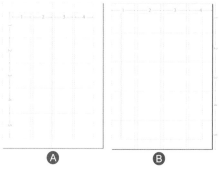

圖10-13：A｜邊界、B｜頁面的符合選項。

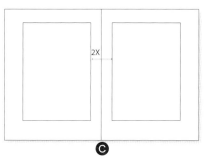

圖10-12：A｜邊界、B｜頁面的符合選項。

範例一：使用邊界和欄、參考線

參考線的建立除了透過「邊界和欄」、「建立
參考線」建立，也可以用貝茲或線條工具製
作。皢皢團隊製作的五本書冊，是紀錄其團
隊在台北洲美里社區與居民互動的故事日
誌。封面（圖10-15）與內頁（圖10-14）共用四
個欄位的對稱跨頁的主版，版型雖是固定，
但隨這每頁圖文的變動，仍可設計出豐富的
版面變化，一點都不呆板喔！

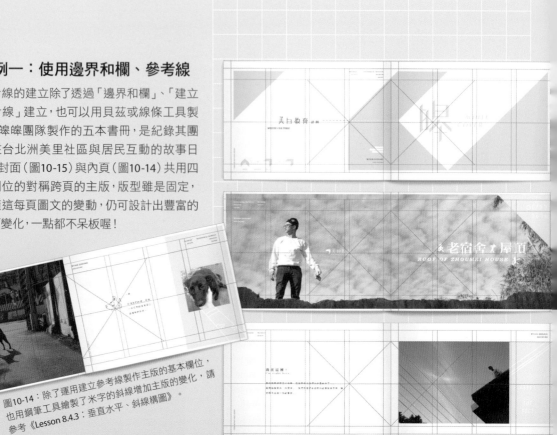

圖10-14：除了運用建立參考線製作主版的基本欄位，
也用鋼筆工具繪製了米字的斜線增加主版的變化，請
參考《Lesson 8.4.3：垂直水平、斜線構圖》。

圖10-15：五冊封面與內頁共用同一種主版版型。

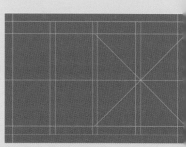

STEP03 | 設定頁首與頁尾

頁眉是指版心之外的空白處（圖10-16 綠色）可以排列簡單文字的空間。上方的空白處可稱為頁首（Header）（圖10-16-A），頁首大多設定：書名、部、章、節標題等出版資訊，也可搭配簡單的線條、圖案。下方空白處則稱為頁尾（Footer）（圖10-16-B）頁尾主要設定頁碼及線條、圖案。

水平書寫的左翻書，通常左頁頁眉放書名、右頁頁眉放章節，垂直書寫的右翻書則剛好相反，請參考《Lesson 8.2：文件設定》。但也可對調或併排同頁，這些設定主要是引導讀者定位閱讀位置所以很重要。頁首頁尾都在主版內設定。

頁眉、頁尾可在版面上用非對稱位置的變化。頁眉、頁尾的元素也可呼應設計的風格、主題進行設計。

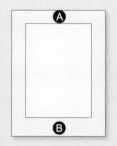

圖10-16：灰｜版心，綠｜頁眉，A｜頁首，B｜頁尾。

圖10-17：這套書的左頁書眉是主題等資訊，因整套書是以日誌形式編排，所以右頁書眉擺放的是手寫的日期。

STEP04 ｜設定視覺元素

將需要重複出現於頁面的視覺元素，如幾何圖形、色塊、線條、影像，甚至滿版的底圖設定於主版中，避免滿版底圖壓住頁碼等設定，請參考《Lesson 10.2.2：圖層於主頁版運用》。此範例跨頁灰色底圖，因重複出現於多數頁面中，所以直接設定於主版（圖10-18）。

STEP05 ｜套用主版

選擇文件頁面後就可以「套用主版至頁面」，請參考《Lesson 10.2：頁面浮動面板，圖10-8 & 圖10-9》。若同時套用多個頁面，可按【Shift】鍵選擇連續頁面、或【Command（Mac）；Ctrl（pc）】選擇跳頁的多頁頁面。

圖10-18：若有重複性的色塊、線條等，請設計在主頁版中。

10.2.2 圖層於主頁版運用

主頁版主要設定如：色塊、線條、頁碼或底圖等元素，套用於頁面時，主版元素都自動被設定於頁面的最底層。編輯圖文時若在套有主版的頁面置入滿版色塊或圖片時，可能會覆蓋主頁版設定的頁碼等（圖10-19-上），請參考《Lesson 6.6.1：InDesign圖層應用》。此時，圖層在主版設定就變得實用，新增命名為主板項目的圖層（Master Page Items Layer）（圖10-20-A），

選取設定好的主板項目（除了滿版底圖）「檔案」→「拷貝」，「檔案」→「原地貼上」於主板圖層，確定主版圖層置上（圖10-20），即可避免主頁版物件被遮蓋的問題。其他編輯文件時就不建議用圖層了！內建的圖層1就是我們所有編輯圖文元素放置的主要圖層（圖10-20-B），請參考《Lesson 6.6.1：InDesign圖層應用》。

圖10-19：上｜滿版底色把設定在主版的頁碼等物件覆蓋，下｜在主版另建一個圖層命名為主版項目，並將此圖層放置原本內定圖層之上。

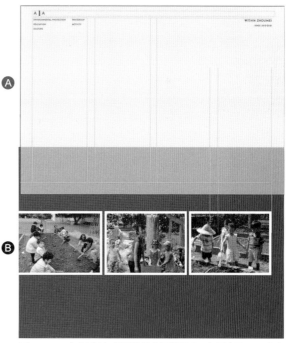

圖10-20：A｜主板項目圖層放置主頁版頁碼、書眉等項目，B｜文件內建圖層，是放置所有編輯圖文的圖層。

10.2.3 主頁版的進階應用

進行書冊或雜誌美編時,因章節多需要的變化性也多,多種主版的設定是必要的。如早期手工完稿時代,出版社都很多版本印有淡藍色格子的完稿紙,提供不同版面需求的格子提供編輯參考。數位出版的主版也是一樣,需提供不同頁面圖文配置的需求。

圖10-21:A|父主版,B|由父主版衍生的其他子主版。

主版有單頁、跨頁及多頁等選擇,單頁主版不分左右頁都可套用,但跨頁主版就有左右頁套用的限制,跨頁的右主版只能套用文件的右頁,左主版也只能套用於文件的左頁。所以建議主版設計一個單頁主版及至少一組跨頁主版,應用到文件時則可以有單頁主版搭配跨頁主版之單邊的組合,若設計出更多跨頁主版,那組合變化又更豐富了。運用主板排列組合的概念,一個文件並不需要設定太多主版也可做出許多變化。

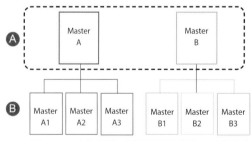

圖10-22:A|父主版、作為子主版之依據,B|依據父主版新增的子主版。

需要注意的是,主版差異太大會導致整體風格不足,因此,建議可運用將主要主版(父主版),如MasterA

與MasterB(圖10-22-A)為基礎,新增子主版進行局部元素的變化,如A1與B1(圖10-22-B),再衍生平行子版架構的其他主版,如A2、A3、B2、B3(圖10-22)。子主版仍受父主版控制,一旦父主版調整異動時子主版也產生連動。若要脫離父主版的連動,可使用覆寫或分離主頁版項目,選擇「忽略所有的主版頁版項目」,就產生獨立的子主版(圖10-23紅色虛線)。

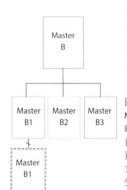

圖10-23:畫了紅框的Mater B1因做了「忽略所有的主版頁版項目」覆寫了MasterB主頁版項目,便成為獨立的主頁版頁面,不受原生主版B連動。

反之,若要再還原被覆寫的主版頁面,請選擇「移除選取的本機優先選項」即可恢復到主版中的原有設定(圖10-24-1)。需要永久性的改變主頁版項目,則選擇「將選取範圍的物件與主版分離」(圖10-24-2),頁面與主版就產生真正的分離,主版上的任何異動不會對此頁面產生更新。另外,為避免頁碼等重要元件被覆寫產生編排的混亂,選擇「忽略所有的主版頁版項目」(圖10-24-A),進入到主版頁面編輯,選取不想被覆寫的重要元件,關閉「在選取範圍上允許主版項目優先選項」(圖10-24-3)即可。

圖10-24:如果要還原被覆寫的主頁面版有三種選項可以使用。

10.3 自動頁碼

當文件或書冊的頁面順序變動時,在主頁版設定的自動頁碼,會主動更新頁碼順序。許多書冊或雜誌都是由多個InDesign文件製作後再集結成書冊檔完成。即使在每個文件的起始頁碼都設為第一頁,集結成書冊時InDesign就會自動按照匯入文件順序幫忙重新排序設定頁碼。即使已完成書冊,仍可回原始文件檔進行頁面增加、刪除或順序移動,書冊的自動頁碼仍會照重新調整的文件檔頁面順序,即時連動整本集結過的文件調整頁碼。這就是為什麼美編一定要用InDesign而非Illustrator(手動製作頁碼)非常重要的理由!

自動頁碼須設訂在主版!在頁面設定自動頁碼是無效的。設定步驟如下:一、打開頁面浮動面板的任一主版(圖10-25-1),請用工作視窗最下方的檢視條板確認是否已進入主版頁面(圖10-25-右),請參考《Lesson 2.1.1:工作區介紹》;二、選擇文字工具,在主版頁面建立字框(如100頁以上的書,需要預留可輸入3個字元的字框寬度)(圖10-27);三、在已建立的字框中,選擇「文字」→「插入特殊字元」→「標記」→「目前頁碼」(圖10-26),確認是否完成自動頁碼設定,請檢查主版內頁碼字框,出現的是否為主版名稱之代號,如主版B就會出現「B」而非阿拉伯數字(圖10-27紅圈處)。調整自動頁碼字框的位置、字體、字級、顏色等設定即完成。

水平文字走向的左翻書,單數頁碼起始於右頁。反之,垂直文字走向的右翻書,單數頁碼都起始於左頁,請參考《Lesson 8.2:文件設定》。但書冊的推薦序、目錄或前言等內容不會設定為書的第一頁。起始頁碼通常以內容開始計算,就需要運用「編頁與章節選項」進行起始頁的變更,請參考《Lesson 10.4:編頁與章節》。

圖10-25:左｜頁面浮動面板,選擇主版區的圖示,雙擊進入主版畫面。右｜如何去認是否在主版頁面中,可以檢查文件頁面下方的檢視條板,可確認。

圖10-26:字框中加入頁碼的選單步驟,「文字」「插入特殊字元」「標記」「目前頁碼」,可記憶快速鍵方便操作。

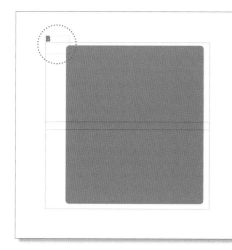

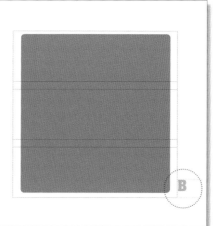

圖10-27:在主版中建立字框,並選擇功能表清單「文字」、「插入特殊字元」、「標記」、「目前頁碼」,確認字框內出現的是主頁版命名的代號而非數字!這樣才算設定成功。接下來選擇字框內的自動頁碼(代號)調整字體、字級、顏色即可完成設定。

10.3.1 雙頁碼

自動頁碼會依頁面位置判別計算，一般來說一頁多以一個頁碼呈現。但將兩個頁碼併排於同一頁的雙頁碼也是設計師喜歡表現的手法。操作步驟：一、左右主版已都建立自己獨立的自動頁碼（圖10-28-1）；二、如想將右頁頁碼移左頁，與左頁頁碼並排時，將需要被移動頁面（右頁）的頁碼文字框往左拉大並跨至左頁頁面（圖10-28-2）；三、將右頁頁碼字框的文字設定靠左對齊，與左頁頁碼並排，但關鍵在需將原右頁頁碼字框的中間節點留於原本頁面（右頁）（圖10-28-3），頁碼的認定在頁碼主要放置的頁面！這就完成雙頁碼設定。

圖10-28：雙頁碼的設定，最重要的是將右頁頁碼框的中心留在右頁（3）。（設計：暐暐）

10.4 編頁與章節

一本書的大段落稱「章」，小段落稱「節」，章節是書冊引導讀者閱讀的重要結構。大多書冊前段是版權頁、序、目錄等頁面，為了與內文區別會選用不同於內文的編碼形式，常用的前段編碼如：國字數字（圖10-29-B）或羅馬數字（圖10-29-C），內文則用方便辨識的阿拉伯數字（圖10-29-A）編碼較多。

改變頁面的起始頁碼可選擇功能表清單「版面」→「編頁與章節選項」或頁面浮動面板隱藏選項的「編頁與章節選項」（圖10-30）。

以改變書名頁頁碼的設定為例，一：在頁面選取第一頁及第二頁的書名頁（圖10-31-A），直接在編頁與章節選項內改選樣式（圖10-29-3），選擇羅馬數字編碼（圖10-29-C）。

以內頁為例（圖10-31-B）從第三頁開始選擇阿拉伯數字編碼，所以需要改變起始頁編碼，步驟：1｜點選頁面浮動面板中的內頁開端（第三頁），2｜「新增章節」對話框勾選「起始章節」（圖10-29-1），3｜設定「起始頁碼」輸入1（圖10-29-2），4｜頁碼樣式設定為阿拉伯數字（圖10-29-3）。

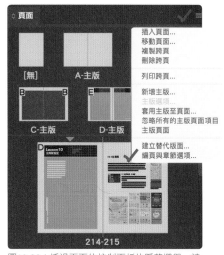

圖10-30：透過頁面的控制面板的隱藏選單，請按下編頁與章節選項。

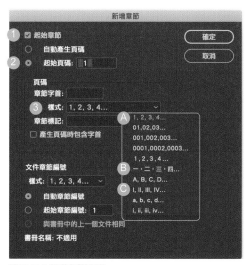

圖10-29：新增章節選項。

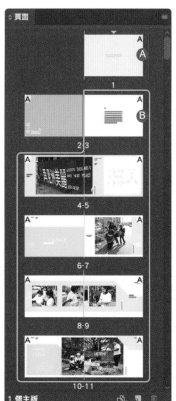

圖10-31：頁面1-2設定為書名頁以羅馬數字編碼，第三頁開始是內文，設定起始頁碼為1，並選擇阿拉伯數字為頁碼樣式。

10.4.1 章節標記

書的章節標記及書名常設於頁首或頁尾，請參考《Lesson 10.2.1：主版設定步驟，STEP03》。章節標記設定在主頁版中，簡單的作法是為每個章節設訂固定的章節內容於主版，然後套用至每章節的頁面中。本章是透過靈活的「動態表頭」進行章節標記的專業設定的示範。

01 │ 定義動態表頭

「動態表頭」設定章節標記，首先要先進行定義，選擇功能表清單「文字」→「文字變數」→「定義」（圖10-35-A），步驟如下：一、在「文字變數」對話框中選擇「動態表頭」（圖10-32-1）；二、選擇「編輯」按鈕（圖10-32-2）；三、命名變數名稱（如章節設定為頁尾的一部分，在此命名為書尾章節，便於自己辨識）（圖10-33-3）；四、在「類型」選擇「動態表頭（段落樣式）」（圖10-33-4）；五、選擇已在段落樣式設定好的「樣式」（本範例在章節的起始頁運用「中標」樣式來定義章節名稱）（圖10-33-5）；六、在「使用」選擇「頁面上的第一個」，即是以頁面中第一行設定中標樣式的字為章節名稱（圖10-33-6）；七、「之前放置文字」、「之後放置文字」（圖10-33-7）用於設定章節標記的前後加入如Chapter或Lesson等文字，可參考圖10-34的設計方式。

圖10-32：從文字變數的定義開啟

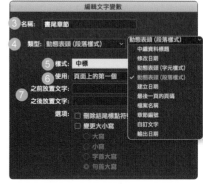

圖10-33：從文字變數的定義開啟。

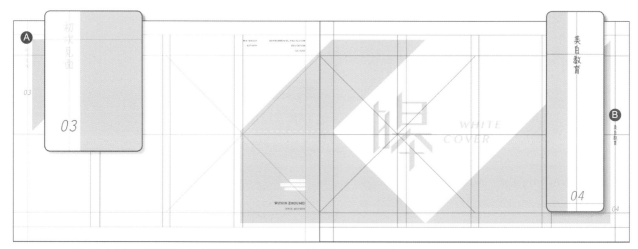

圖10-34：主版內的章節設定：A │ 頁眉設定書名與頁碼，B │ 頁尾設定章節與頁碼。

02｜插入變數

待定義完動態表頭後，進入已設有字框的主頁版進行插入變數的步驟，從「文字」→「文字變數」→「插入變數」（圖10-35-B）→選擇剛已定義完成的變數：「書尾章節」（這是自己定義的名稱）（圖10-34-3）。

步驟如下：一、選擇頁面浮動面板中的主版（圖10-36-1）；二、在主版頁面中建立字框調整好章節的位置（圖10-36-2）；三、「插入變數」→「書尾章節」（圖10-35-B），在主版的字框中即出現「書尾章節」的文字（圖10-36-3），設定才算設定成功。

最後將已設「動態表頭」的主版章節標記字框（圖10-36-3），選擇「編輯」→「拷貝」然後再「編輯」→「原地貼上」複製於每一個主版頁面。InDesign就會很聰明搜尋所有章節中設定「中標」段落樣式的第一段文字，自動落版在不同的章節頁面內（圖10-37）。

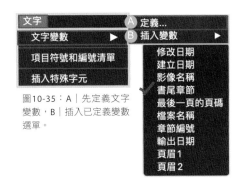

圖10-35：A｜先定義文字變數，B｜插入已定義變數選單。

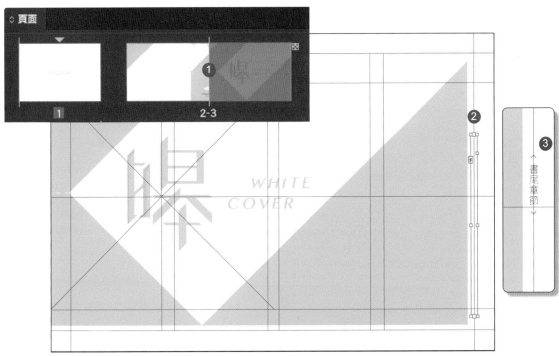

圖10-36：插入變數的實際操作。

設計的品格

圖10-37::插入變數後的實際版面。（設計::暭暭

Lesson 11
輸出

InDesign輸出格式型式主要分成平面輸出（印刷）及數位輸出。

置入InDesign的影像無法如同Illustrator「嵌入」檔案，在進行封裝時，請先執行《Lesson 11.1：檢視與封裝》，確保相關檔案、圖片及字體都完整的集中於資料夾中。

最後，將所有單原檔案都封裝完成後，可進行《Lesson 11.2：書冊同步化》統整文件檔的主頁版、色彩、樣式等同步化。

11.1 檢視與封裝

本章節進入到印前的最後步驟工作：檢視與封裝！但執行InDesign封裝前請務必執行「預檢」，最方便取得「預檢」資訊是從工作視窗下方檢視面板（圖11-1），如果檔案連結、文字出現錯誤則會出現紅點及錯誤數量（圖11-1-A）。選擇「預檢面板」（圖11-1-B）即可得到錯誤的詳細資訊（圖11-2）。預檢面板也可從「視窗」→「輸出」→「預檢」取得。

預檢面板並無法修改錯誤，需要打開「視窗」→「連結」，透過連結面板重新連結遺失的圖檔、修改溢排文字（圖11-4）或字體遺失。若預檢面板未顯示錯誤並不完全代表檔案沒問題，可透過「定義描述檔」（圖11-1-C）勾選更多檢驗項目：如「影像與物件」更可設定「影像解析度」範圍，檢視畫質不夠的圖片；或檢視不正確的疊印或圖片是否設定CMYK等檢視項目。

確認「預檢」、「連結」後，可以開始「封裝」了！封裝對話框中較新的InDesign版會自動執行「包括IDML」及「包括PDF」的儲存（圖11-5-B），若是較舊InDesign版本，則需要自行另作轉存IDML及PDF的步驟。

封裝的資料集包含：1｜文件indd檔（圖11-6-A）。2｜InDesignCS4及更新版本的idml檔，提供較低InDesign版本開啟使用（圖11-6-B）。3｜PDF檔（圖11-6-C），4｜Links資料夾，集中文件中使用的圖片及影像（圖11-6-D）。5｜Fonts資料夾，這是蒐集文件檔中所使用的字型（圖11-6-E）。6｜指示.txt（圖11-6-F），此為印刷製作規範的說明檔。

圖11-1：文件工作區下方的檢視條板，A｜出現的紅點是告知檔案連結、文字等錯誤訊息。B｜預檢版面可以找尋文件錯誤。

羅馬數字編碼（圖10-28-第三頁開始選擇阿拉伯數編碼步驟：一：在頁面浮（第三頁），勾選「新增章節」→「起始頁碼」：輸入

圖11-4：溢排文字：段落中的文字未完整出現，會導致印刷不完整。

圖11-2：預檢面版。

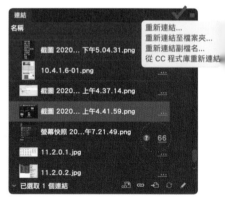

圖11-3：連結面板，紅色驚嘆號表示檔案連結遺失，黃色數字代表此影像所在的頁面。

圖11-5：新版本的InDesign可封裝即包括IDML與PDF檔的自動轉存。

圖11-6：封裝的檔案資料夾。

11.2 書冊同步化

以《設計的品格》第一版為例，前段包含版權頁、序、目錄等頁面，內文由十四個章節所構成（圖11-7）。執行美編印前作業時，建議一個章節建置一個文件檔，方便分工完稿及校稿的工作。

所有章節文件完成後，使用「檔案」→「新增」→「書冊」將文件檔案串聯集結成冊。「書冊」是一個浮動面板（圖11-8）不是「文件」工作檔，執行步驟：一、選擇「書冊」面板的下方圖示（＋）或由隱藏選單的「新增文件」（圖11-8-4），將文件檔依順序匯入書冊面板。二、匯入的文件即照排列順序自動重新編寫連續頁碼（圖11-8-A），一旦文件頁數或順序調整，書冊的頁碼也會自動同步更新。

書冊浮動面板（圖11-8）的工具介紹：使用「樣式來源」以同步樣式與色票（圖11-8-1）、儲存書冊（圖11-8-2）、列印書冊（圖11-8-3）、新增文件（圖11-8-4）、移除文件（圖11-8-5）、同步「選取的文件」（圖11-8-6）。

書冊同步化是將所有文件檔進行主頁版、色票、樣式（字元樣式、段落樣式、物件樣式、表格樣式）統一的功能。但需設定何者為同步「選取的文件」的檔案，進行書冊同步的步驟如下：一、設定「樣式來源」做為同步樣式與色票的範本（圖11-8-B）；二、選擇同步「選取的文件」（圖11-8-6），即完成書冊同步（圖11-10）。書冊檔案格式是indb檔，是Adobe InDesign Book File的縮寫（圖11-9）。

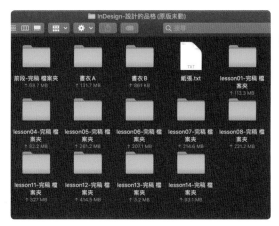

圖11-7：《設計的品格》的完整檔案，可分前段及14章節的資料夾。

圖11-8：在書冊浮動面板中，可以透過隱藏選單，來同步書冊。

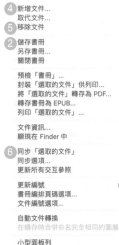

圖11-9：書冊indb的檔案圖示。

圖11-10：正在同步書冊的對話框。

Part

04

編輯應用
Application

本書透過《第一章：設計的基本 (Introduction)》、《第二章：視覺的創意 (Exploration)》、《第三章：編輯整合 (Intergration)》的訓練後，本章《編輯應用 (Application)》終於要進入最後階段——製作作品集。

為什麼鋪陳這麼久，結果選擇完成一本作品集？二十幾年來，筆者協助許多設計系學生面對國內、國外升學，或就業需求，輔導每個人探索屬於自己獨一無二的作品集。作品集必須依據個人專長、經過無數次討論、耐心歸納作品、找尋風格調性，並運用 InDesign 進行印前美編、輸出、印製及裝訂，整個過程至少需要半年至一年的時間，還要反覆修改才可完成符合期待的成品。因此，作品集是經過設計、思考及編輯淬煉而成，一點也不為過。

本章節還專訪兩位指導升學作品集很有經驗的教授！

感謝許多參與的人，你們的身影成就此書！

Lesson 12
作品集製作

坊間有幾本外文書介紹如何製作作品集，也有中譯本可參考，如妃格·泰勒（Fig Taylor）的《這樣準備作品集》（積木文化出版）。但可惜的是，內容提供概念及範例，但缺少作品集製作流程。

本章將從《Lesson 12.1：何謂作品集》、《Lesson 12.2：作品集的形式》、《Lesson 12.3：作品集的使用目的》、《Lesson 12.4：作品集屬性》仔細介紹作品的精髓。隨後再透過《Lesson 12.5：作品集流程》、《Lesson 12.6：設計規劃階段》、《Lesson 12.7：作品分類歸納整合》、《Lesson 12.8：作品修繕》、《Lesson 12.9：圖文配置》、《Lesson 12.10：印前作業》、《Lesson 12.11：印中製作及印後處理》循序漸進從作品的整理、規劃、版面設定、InDesign製作、校對、打樣、印製、印後加工，在這段過程中，一定會面臨到成本思考與設計取捨的問題，唯有逐一解決並且克服，才能成為自己的設計養分。

《Lesson 12.12：作品集成果》與六位喜好、專長、屬性不大相同的學生，花費將近一年的時間紀錄，透過「做中學（Learning by doing）」讓讀者參與他們作品集產生的流程。

12.1 何謂作品集

Portfolio:
a flat, portable case for carrying
loose papers, drawings.

二十八年前,在美國波士頓唸研究所時,觀摩大四學生參加校內舉辦的就業面試,大學部平面設計的學生必須在大四這一年,完成八到十件成熟的實體作品,作品大多是以紙本印製的書冊,最後所有作品收納至作品集皮箱中。

這些作品不一定是新的題目,可以是大一至大三曾經的作業,挑選出能表現自己專長的作品再重新修改製作,部分作品必須尋找新的主題如新的專案作品。作品要求很高的完成度及精緻度,作品必須呈現材質與色彩的真實度,專業能力必須被看見。

實體成品最後妥善收納於專用硬殼黑色手提箱內,作品不是散放的,要用全黑色的Museum Board或Foam Board做出放置作品的雙層襯板(紙板還講究到包括它的邊都是全黑的),上層紙板還需要切割方便收放作品的凹槽,為了保護作品、襯板的厚度必須高過作品的厚度,最後一層一層輕輕的堆疊放入手提箱。

學期末校方會邀請許多設計公司前來學校為大四準畢業生進行面試,每一位學生提著作品箱在設計師桌前排隊,展現自己的作品時都會戴白色棉手套,慎重地從手提箱取出作品,並將襯板一字排開,再逐一介紹作品的創作理念。這種「慎重」就是代表一種專業!

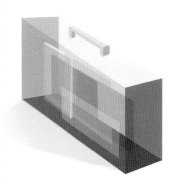

作品集是展現個人專業能力、並以系統整合作品的媒介,而作品集Portfolio在dictionary.com的定義是「a flat, portable case for carrying loose papers, drawings, etc.」,說得一點也不假,傳統的作品集就是放進一個手提箱中,將作品整理裱裝而成。

圖12-1:這是倫敦知名的文具美術用品店「Paperchase」,有紙張及作品集盒、作品袋的專區提供選購。

設計的品格

圖12-2：當時沒有電腦排版，所有的文字與圖片雖是手工剪貼完成，但仍講究版面構成。

圖12-3：《Esprit: The Comprehensive Design Principle》，作者為Douglas Tompkins，於1989年出版，目前仍在Amazon可購買。

三十年前申請美國設計研究所時，作品審核要求一張可放20張作品的幻燈片夾（我想現在年輕世代應該很少看過幻燈片Slides），當初覺得幻燈片夾很單薄，感覺很難讓審查委員了解我的能力，於是擅自製作一本與幻燈片夾相同尺寸的紙本作品集，然後把幻燈片裝訂在最後一頁。1990年是個還沒有電腦繪圖的年代，更別說蘋果電腦，平面設計完全以傳統照相打字、底片沖洗相紙、純手工剪貼完稿。這段過程仍需要畫草圖、規劃作品集章節、訂定版面格式、規格，並自己撰寫設計理念等文案，一本附件幻燈片夾的作品集就誕生了（圖12-2）。

沒想到這份用心編輯且與眾不同的作品集，讓國外審查的教授印象深刻，在越洋電話口試時，問我的第一個問題都是：請問妳在業界工作幾年？因為看起來實務經驗相當豐富！因此，第一次申請就幸運拿到多間設計研究所的入學許可，還願意提供獎學金呢，其實，我只是剛從大學畢業，而且我也沒在學校學過平面編排。

因大學主修工藝，不但沒學過平面設計更別說作品集的相關課程了。當時製作作品集時，唯一的思考面向是——「觀看者希望得到什麼資訊？」、「作品要傳達自己什麼能力？」幸好，有一本書啟發了我，就是《Esprit: The Comprehensive Design Principle》（圖12-3）。該書是ESPRIT品牌策略的設計書籍，章節從企業哲學（Philosophy）、識別系統（VI）、平面（2D）、包裝（Packing）、服裝（Fashion）到空間（Space）逐一介紹，讓閱讀者從理念、2D到3D的循序漸進入產品了解品牌的思想，原來章節結構可讓讀者清晰並易懂脈絡，這啟發我章節架構的重要性。建議作品集三個基本的需求：

01｜內容需表達出個人獨特的思想、價值及專業能力。02｜圖文編輯及章節架構，主要目的是傳達準確訊息。03｜透過設計風格表現個人美學能力。

以下表格將作品集的分類依形式、目的及主題（專長）進行說明。

01 ｜ 作品集分類

形式	目的	主題（專長）
實體作品集 數位作品集	學生作品集 專業作品集	平面設計作品集 插畫作品集 數位媒體作品集 跨領域作品集

本章節帶領學生製作的六套作品集範例，依形式分類共有五份實體作品集、一份應海外學校要求製作的數位形式（該生以這份作品集順利赴英國就讀並已完成碩士學位）。作品集若依目的分類，主要可分學生作品集及專業作品集兩類。若依主題（專長）分類，六套作品集皆以學生專長輔導，分別為電影、插畫、繪畫、攝影、平面設計等綜合應用。六套作品集範例也刻意邀請不同年級學生參與，分別為大三、大四生，年級不同也可比較作品數量與成熟度的差異，本章是多元考量的取樣，以凸顯作品集表現形式的多方思考。

02 ｜ 本章作品集的形式與目的設定

	Portfolio1: An Chen Portfolio	Portfolio2: Imaginary J	Portfolio3: Simple/Life/ Heart	Portfolio4: My Color Diary	Portfolio5: A Person Alone	Portfolio6: 李勁毅作品集
形式	實體書冊	數位PDF檔	實體書冊	實體書冊	實體盒裝	實體盒裝
目的	學生作品集	學生作品集	專業作品集	專業作品集	學生作品集	學生作品集 專業作品集
主題	電影	插畫/平面設計	攝影、平面設計的綜合應用	插畫	攝影/平面設計	平面設計
製作時間	大三	大四	大四	大四	大三	大三

圖12-4：這是學生發佈在issuu的作品集。（設計：胡芷寧）

12.2 作品集的形式

作品集以形式可分：**實體作品集與數位作品集兩類**。實體以紙本為主，多以書冊或海報、以單件、袋裝或盒裝方式呈現。數位形式則如：網頁、部落格、影片、電子書（issuu是創作者喜愛的作品集平台），常用檔案格式為PDF檔（列印或互動式）、EPUB（電子書）、APP及HTML（網站），隨著網路科技的蓬勃發展，數位作品集漸漸成為主流，可參考本書附錄《InDesign的動畫與互動元素》。

數位作品集具有網路傳輸的便利性，透過展現平台被大家注意，作品若是以影片、動畫，或3D設計為主的專業，選擇數位作品集比紙本更適合。一來因作品多為動態呈現，二來螢幕色彩（RGB）比印刷色彩（CMYK）的飽和度高及鮮明的視覺效果都會讓多媒體作品加分。

數位作品集廣用於面試第一關或學校申請，但要注意上傳的檔案與電腦系統相容性的問題，必須確認檔案格式是否適用於不同的平台及載體，才不會造成無法開啟觀看而失去競爭機會的窘境。

因為數位作品主要透過螢幕閱讀，螢幕除散發藍光、及滑動畫面的操作方式，反而容易使讀者視覺疲乏，閱讀耐性比紙本低，因此數位作品集的頁數不宜過多，挑選注目率高、最展現自我的精華作品為宜。

雖然多數國外學校申請或企業面試已以數位作品集為趨勢，但進入第二階段面試時，展現實體作品也許有加分效果。因此，建議規劃作品集的最初，將實體與數位兩者一併規劃，風格、色調、圖像處理、畫面比例等維持一致性，作品的形式、展現的重點則讓它們有所區隔。數位作品集講求注目率及快速傳達專業，實體作品集則重在補充更多作品細節，傳遞自己系統性的思想脈絡，彌補數位作品集所缺乏的細節。實體與數位作品集兩者間是互補關係，而非只是儲存形式的差別而已。

12.3 作品集的使用目的

黃國榮

作品集依使用目的可分：學生作品集及專業作品集。學生作品集可用於申請國內、國外學術機構就學，製作前須了解每所學校自訂的格式、內容、頁數等規範。而專業作品集則適用於企業求職，其格式相對自由一些，但須依公司需求及工作類型來凸顯個人專業為重點。

本章節訪問了兩位學術界有豐富經驗指導、甚至開作品集課程的老師與我們分享：黃國榮助理教授提供學生國內升學及專業作品集的經驗，另外，近年已由大學教授轉職國際教育的林維冠博士分享國外升學作品集的要點。

訪談：邵昀如　攝影：亦象光點攝影

國立台灣科技大學 工程技術研究所 設計技術學程 商業設計碩士

早年在永漢集團工作時，就明瞭一本好的作品集扮演著求職的關鍵角色。在職期間申請台科大碩士班時也再次製作匯整業界作品的作品集。之後，因緣際會的從廣告設計部主任轉戰教育界跑道，在景文科大視覺傳達設計系，教授作品集設計課程十餘載，針對未來求職或升學，輔導畢業生整理在校作品，且擬定策略，提出最佳代表作品集。

寶貴的一句話：「作品集所呈現的不僅止只是作品本身，它更是個人獨特價值的延伸、專業能力的完整顯現。」

—助理教授，景文科技大學視覺傳達設計系。

林維冠

Doctor of Design, Swinburne University of Technology, Australia.
Master of Architecture, Rhode Island School of Design, USA.
經歷：留學顧問, 捷進國際文教事業有限公司
助理教授, 景文科大, 台灣師範大學, 元智大學
及 Cambridge International College, Australia教師

早年於美國羅德島設計學院就讀建築研究所，於申請時開始了解國外作品集的要求及重點，並認知作品集對設計師及藝術家之重要性。累積多年國外教育經驗，於國內外任教期間亦經常協助學生準備作品集以為升學之用。近年專注於國際教育，輔導設計及藝術類學生申請海外留學及作品集之準備，為設計類專業留學顧問。曾輔導台灣，中國及美國之各國學生。

只要記得這一句話：「展現『作品精神』。盡量呈現出作品的廣度，而且要有個人的表現方式。」

—Usher Academy 創辦人 / 教務主任，聯合國際實驗教育機構。

12.3.1 學生作品集

學生作品集主要是用來申請國內外學校,可分大學或研究以上申請,國內大學的申請皆需準備紙本或上傳數位檔至雲端。研究所申請不論國內外除了作品集也十分重視讀書計畫、推薦函等文件資料,作品的要求需要更專注於專業能力的呈現。

01 | 國內升學

黃國榮助理教授表示,國內美術相關學校的系所大致可分:創作型(by Project)或論文型(by Thesis)。創作型可分藝術創作或設計創新類別,藝術創作類別:繪畫、工藝、影音創作等;設計創新類別:商設、視傳、應用美術、多媒體設計等。而論文型的系所:藝術或設計教育、管理或研究所以上學位。

創作型作品集:若是藝術創作系所,需呈現出觀念脈絡(創作理念)及技法養成的過程。若是設計創新系所,則需展現創意思考的活潑多樣性,表達出與設計的連結(思考脈絡),以及專業技能的掌握程度,如軟體操作的嫻熟度。

論文型作品集:以研究計畫(讀書計畫)方向為準備重點,其他各項專業能力為輔,皆可作為備審資料(能在軟體的操作熟練、精準,相對也能進一步探討核心問題)。

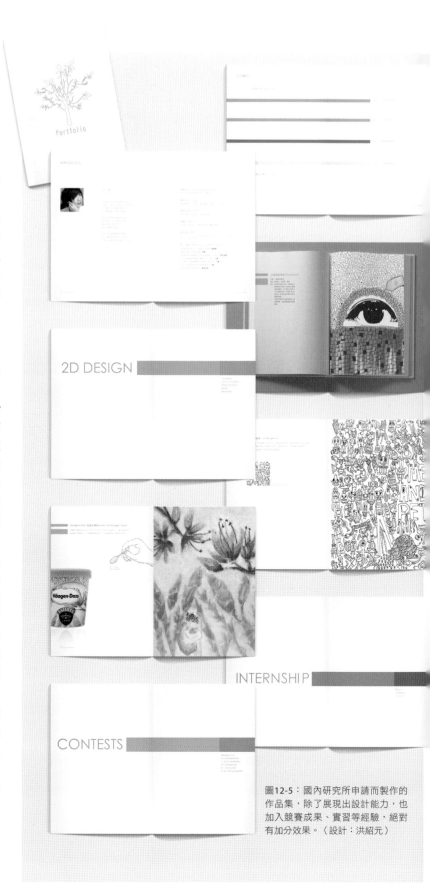

圖12-5:國內研究所申請而製作的作品集,除了展現出設計能力,也加入競賽成果、實習等經驗,絕對有加分效果。(設計:洪紹元)

02 | 國外升學

林維冠博士表示，由於近年設計教育的蓬勃發展，有不少到國外留學的學生會選擇藝術、設計相關科系，作品集更是申請資料的必備。因此，國外學校對於作品集的看法為何？該如何準備？是設計藝術學生必須琢磨的課題。

也因為歐美國家在藝術設計領域的發展相當成熟，在學校的教育上擁有較為寬廣的視野，因此，對於作品集的要求採開放的態度，在創作概念、媒材、表現形式等並沒有太大的限制。部分學校甚至不要求作品集是否與未來要主修的科目相符，準備的方向可說相當寬廣的。但，建議還是提供能展現專業領域的作品，以顯露出對該領域的興趣。以下是申請美國藝術設計科系的例子，就其製作原則、內容、形式及數量等進行說明。

A | 作品集製作原則

基本上，美國的藝術設計類大學通常是藉由作品集來了解學生在這塊領域之興趣、探索、素養、創造力、思考及技巧等，以判別學生的個人特質及未來發展的潛力。因此，重點不在於展現高超的技巧，固然技巧亦屬創作的一項要素，但校方對於創意思考、概念發想、動手執行的能力，還有主動探索的人格特質更為重視。

藝術設計是一個手腦並用，重創作概念及自我反思，到親自體驗執行的專業。西方教育更認為創作具無窮可能性，對創作形式及媒材應用有較少的限制；相形之下，軟體操作的技巧不一定是重點。許多學校對於製圖，如CAD圖反而並不鼓勵，因為此類作品無法展現出個人特質。

對於申請者而言，作品集應盡量展現出個人想法，並且大膽嘗試及試驗較能讓作品突出。

B | 作品集製作內容

根據以上原則，在作品集需充分展現自己的學習熱忱及探索能力，除了收錄藝術學習課程之相關作品，最好還要有自我嘗試的實驗作品，則更能表現創造力。另外，也要表達出對於藝術之基本素養，例如用素描作品，展現自身的觀察力、繪圖技巧、色彩運用、構圖等。展現專業領域的作品，也要一併收錄，凸顯自己對該領域的興趣，否則難以說服學校自己是具備該領域潛力的人。並且充分記錄各項作品之創作過程，因為部分學校會要求加入該創作的發展過程或是素描本內容。

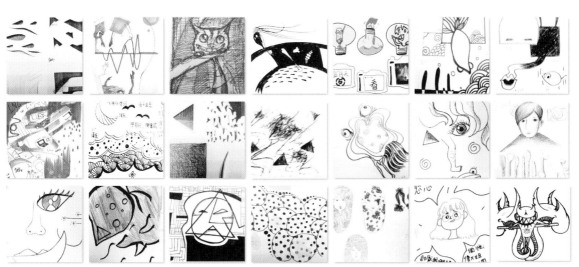

圖12-6：即使提供隨手畫的素描或草圖，皆可以看出作者對線條與色彩運用的觀察力。線條或色彩應用，均可判斷出申請者對繪畫的熟稔度及思想。

一般而言，作品集內容分為四大部分，即**素描、平面、立體及專業作品**。素描主要著重於觀察及描寫能力，歐美學校常稱之為「Observational drawing」，即從生活中所觀察然後直接描繪出圖像。觀察類型並無太大限制，如人像、動物、物品、空間等（圖12-6），盡量選擇與專業項目相符的圖像較佳。平面類作品，可包含各項想像或觀察之繪圖，並不限媒材，可以是基礎造型，或具主題性之水彩、油畫，甚至是電腦繪圖等形式（圖12-7）。立體類作品，則希望有基礎立體造型，如雕塑、模型、3D列印等；若是申請空間相關科系，則須加入可表現空間構成能力之立體作品。專業類作品，則需根據所選科系之性質來準備，如平面設計系的話，可製作海報、標誌，包裝等；空間設計的話，可呈現平面配置的模型、透視圖等。

C｜作品集的呈現形式

歐美設計大學或研究所已大多採線上申請，作品集幾乎沒有制式的格式，但要求學生將15至20頁的數位作品集上傳至規定的平台。或許，我們應該將如何在螢幕呈現出最佳效果的因素來調整作品集，為了讓對方能便於在螢幕上觀看，作品集以符合螢幕的橫式比例製作，是較好的選擇（圖12-8）。

在頁面規格上建議是採「Letter Size」的橫式比例（此為北美及許多西方國家的官方紙張尺寸：215.9mm×279.4mm），便於螢幕上觀看。若是單張格式請存jpg、png及tiff格式；若是整和成書冊則以pdf檔為主。每一單頁圖檔的大小須小於5MB，因只會在電腦上觀看，解析度設定在72dpi以上即可。每一頁面可編排數張圖像，建議為同一專案作品，意即不宜將不同專案作品

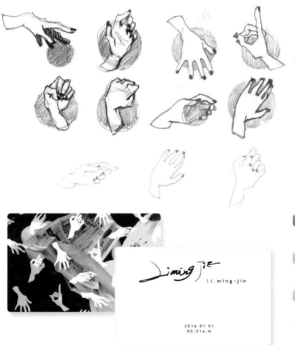

圖12-7：這是個人識別系統的作業，手繪甚至比電繪讓人看見創作者的繪圖實力！從手繪草圖至電繪作品完成，都是作品集重要素材。（設計：李明潔）

圖12-8 作者輔導申請國外研究所案例。

湊在一個頁面檔內。例如,可將概念圖、平面圖、發展模型及建築空間類作品成果作品編排在同一頁面,甚至兩個以上頁面檔。但編排畫面不宜過於複雜,否則容易分散審查者的注意力。

作品集就像一本故事書,需要統一風格及格式。須透過視覺的韻律感抓住審查者的目光。作品集的字體及版面設計,都展現出個人設計素養及美感。千萬不可輕忽編排的重要性。

D | 作品集數量

數位作品集的頁面少至10張,最多可達30張,平均值介於15至20頁左右;因此,準備時可以20頁為目標,再視各校要求適度增減。若以上述四種作品內容(素描、平面、立體及專業作品)來規劃,每個類型平均可用5頁來呈現,過多的頁面反而分散了作品特色,難以在眾多申請者中脫穎而出。但,仍可依個人的特質、專業度,及學校重點進行頁面比重調整。事實上,許多學校對於作品集是重質不重量。

作品集是展現自己美學素養、興趣、能力等最重要的文件。國外教育講求個人差異,可大膽地在作品集內傳達自己的設計主張,透過個人擅長的媒材及表現手法,做出最大的自我展現,這樣才能讓審查者注意到申請者的個人特質。如此一來,便有機會在眾多申請者中勝出,已順利獲得學校青睞。

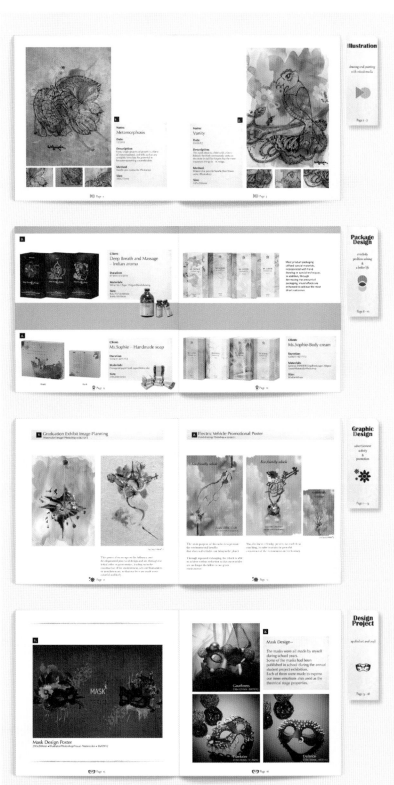

圖12-9:這是多年前學生成功申請美國RIT設計研究所的實體作品集,作品集章節分為:Illustration、Package Design、Graphic Design、Design Project,每個章節配置頁數不等。(設計:Debby Tsao)

12.3.2 專業作品集

以下是黃國榮助理教授的建議，他說專業作品集是針對就職所需，可分成兩種：

已選定就業領域方向：根據該領域所需專業能力加以強調，其他能力為輔。因此，可作品集的規劃須透過排序、內容的比重及風格表現凸顯自己。

尚未選定就業領域方向：有系統化的整理每一項能力，以平均不偏頗的方式，呈現出多元的專業素養。盡量展現出對於多樣類別的興趣、彈性，以因應各個業種之潛在需求。

作品集建議以專業攝影方式表現作品，或是製作模擬作品實質應用的最終效果（可參考《Lesson 6.3：陰影》），作品完整度也須透過細節、質感等特寫鏡頭作為資訊補充的輔助照片，而作品的風格設定最能展現出個人的品味及美感。

圖12-10：這是在業界工作五年以上的專業設計師作品集，作品的架構以專案排列整理，實務作品也多以專業攝影、注重細節的方式呈現。Shuan-han_design_portfolio。（設計：曾玄瀚）

12.4 作品集屬性

在妃格‧泰勒所著的《這樣準備作品集》中，除了將作品集分為學生作品集與專業作品集以外，還依專長屬性分成：平面設計作品集（也可以為立體、空間等）、插畫作品集、數位媒體作品集，以及跨領域作品集等。以上分類適用於已選定就業領域方向、明暸自己的專業項目、確定的系所目標的對象。

範例一：插畫作品集

能強調出自身的手繪能力、插畫技巧，並且透過版面編排，透露出基礎繪圖及設計應用的才能，明確地將插畫做為本作品集之主導媒介。

圖12-11：木質Nature的個人作品集，不管從個人簡介到平面設計或包裝設計等單元，皆以插畫為主要表現重點，將插畫能力完整表現出來。（設計：周庭君）

設計的品格

圖12-12：這本作品集不論在章節頁或作品選擇上，皆選擇數媒相關的作品，例如：3D模型、動畫、3D展示設計及影片的案例（這位學生目前在展示設計產業擔任展場設計師），運用斜線產生透視感或數媒重要的燈光設作為視覺串連的意象，與本作品集的數媒主軸產生呼應。（設計：藍雲）

範例二：數媒動畫作品集

以數媒（數位媒體）或動畫作品為主，即使平時也創作許多其他媒介作品，仍須在頁面比例上做出取捨。這本作品集設計風格簡單，但從封面、章節頁、頁碼，到所有的圖案及文字都運用3D的透視斜角進行設計，看出整體的設計概念。

12.5 作品集流程

作品集的製作流程與《Lesson 1：設計工作流程》十分類似，請參考下列工作流程圖，大致上也分成：A｜設計規劃階段、B｜印前製作階段，以及C｜印中、印後製作階段。

在A｜設計規劃階段又可細分四小階段，於後續章節有詳細的說明：

A1｜作品集設計規劃：一開始就要把三個面向訂下，1｜形式，思考作品集的尺寸、材質、加工、裝訂等。2｜架構，如章節、內容、頁數等該如何安排。3｜設計，如整體風格、色彩規劃及樣式等。

A2｜作品分類歸納整合：這是準備工作中最需要思考與耐性的階段，作品何其多，該如何有系統的歸納與呈現，是個難題。在此主要步驟：1｜作品檔案整理、2｜作品攝影或掃描。

A3｜作品修繕：針對挑選出來的作品，重新檢視是否有要調整的地方，此階段的重點為，1｜瑕疵處的修復。2｜調整失真處。3｜設計調整或重新製作。4｜透過模擬或攝影補強作品的細節。

A4｜頁數規劃（落版）：依照先設定的總頁數再來規劃每頁的圖文內容及配置。1｜頁面中的圖片通常用中間畫交叉線的框或灰塊面示意。2｜頁面中的文字，如目錄、簡介、創作理念、圖說等，將以線條的粗細示意字級大小。3｜最初步的落版建議用手繪製，快速落版以便隨時修改。

作品集主要工作流程圖，可參考如下：

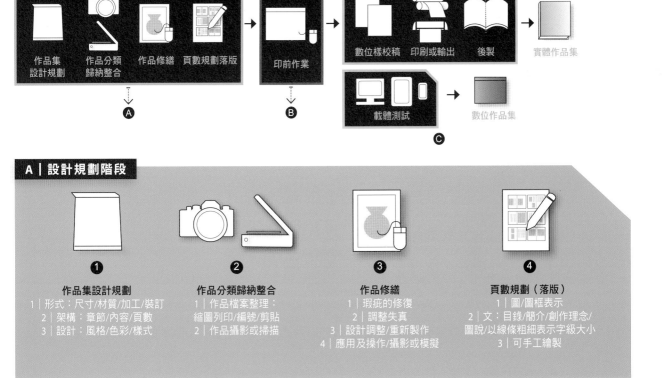

圖12-13：A｜設計規劃階段又分成四個工作階段。

作品集的製作流程中，B｜印前製作階段主要是指進入InDesign的操作階段（圖12-14）。作品集內的視覺元素設定，可參考本書《第二章：視覺的創意（Exploration）》。更細部的編排，則包含了色彩計畫、版面設定、樣式 設定、主頁版設定，至最後輸出，皆在《第三章：編輯整合（Intergration）》有詳細説明。而《Lesson 12.10：印前作業》也提供製作六套作品集的詳實記錄。

C｜印中及印後製作階段是印刷與裝訂等製作流程（圖12-15），這時特別著重在設計者與廠商間的溝通協調，也是最容易出現狀況的階段。

實體作品集印後製作大致可分程：1｜數位樣校稿（列印校色、校對、製作小樣）。2｜印刷或輸出（看印、打樣）。3｜印後處理，是指表面加工及裁切裝訂（請參考《Lesson 1.4：印後流程》）。若是選擇數位作品集輸出，則需進行載體測試，確認無誤才算工作完成。

圖12-14：印前製作工作細項。

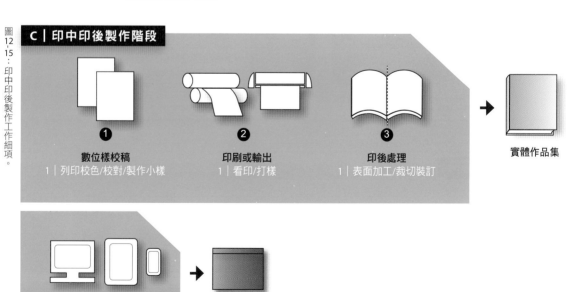

圖12-15：印中印後製作工作細項。

12.6 設計規劃階段

製作作品集就是個專案，需有詳細的計畫表！

A1 | 作品集設計規劃

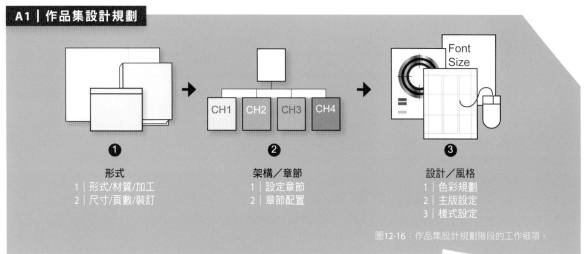

① 形式
1 | 形式/材質/加工
2 | 尺寸/頁數/裝訂

② 架構／章節
1 | 設定章節
2 | 章節配置

③ 設計／風格
1 | 色彩規劃
2 | 主版設定
3 | 樣式設定

圖12-16：作品集設計規劃階段的工作細項。

12.6.1 形式

先做出規劃表協助作品集設計構思，表格內的項目依個人需求設定。若選書冊形式，就分封面與內頁分別規劃，封面設定如：形式、材質、加工等。內頁規劃：尺寸、頁數、材質、加工、裝訂等方向。製作一張適合自己的規劃表安排適當的規格，設計的想法用文字、手繪草圖或影像來說明皆可。

形式是指版面尺寸及裝訂方式，圖文內容的多寡與作品集的開數設定有極大的關係，例如，設計類籍、攝影類書籍偏好採16開（19x26cm），以呈現影像的細節。文字為主的小說類型為方便閱讀，多半設定為25開（14.8x21cm），請參考《Lesson 8.1：出版品規格》。

另外，紙張材質的選擇也需考量，看是以畫面印製效果或成本為重要思考，例如亮面的塗佈性紙張雖顯色好，但帶商業特質；霧面非塗佈性紙張印刷的色彩飽和度較差，卻有著文藝、手感的氛圍。現在流行輕塗佈紙，在顯色效果與文藝風格間做了折衷，請參考《Lesson 1.3：印中流程》。而頁數、紙張磅數，以及裝訂，也是設計規劃階段都要考慮的，紙張厚度影響書冊厚度，皆影響裝訂方式，請參考《Lesson 8.2：文件設定》。

在規劃階段，可以請印務提供印刷範本，先了解印製品的尺寸、材料、加工及成本概念。本章製作的六套作品集範例，四位採用裝訂的書冊形式；另外兩位則選擇單張平面作品結合包裝形式的設計。

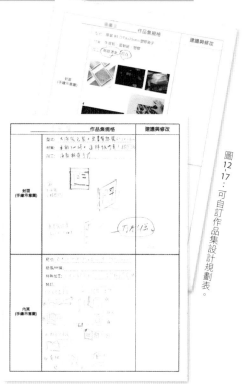

圖12-17：可自訂作品集設計規劃表。

Photography — *Pattern Design + Origami* — *Interactive Postcards* — *Paper Cut + Lighting*

Kinetic Sculpture — *Metal Sculpture* — *Illustration* — *Films*

3D Computer Models — *3D Illustartion Books* — *Interactive Design* — *Website*

圖12-18：作品的類型。

12.6.2 架構/章節

作品的影像、文案、插圖視覺元素等,皆需花費時間搜集、整理及製作。以專業類型可分成:1｜平面作品:繪畫、插畫、形象規劃、廣告設計、海報、編輯設計、圖表設計、攝影等。2｜立體作品:造型設計、工藝設計、空間設計、展示設計、模型等。3｜數位媒體作品:動畫、影片、網頁設計、3D電繪、遊戲、電子書、互動設計等(圖12-18)。該如何配置作品,端看架構如何安排。

作品集的架構主要是透過章節來引導。確定作品集總頁數後,就開始進行章節比例分配(圖12-19)。章節架構除了可以從專業類型規劃,還可以依時間軸進行,如各中學、大學、實習、專題、實務等階段安排作品。時間軸也可用倒敘,先陳述近期再回溯至早期作品。

除此之外,每個人可依個人的「目的」,進行不同的規劃思考。結合專業類型與學習歷程時間軸進行編章的作品集清晰易懂,比如第一章、平面(2D Design):以大一大二的繪畫及平面設計作品為主,展現自己的基礎能力。第二章、立體(3D Design):以大三的複合媒材作品為主,展現對媒材的運用能力。第三章、專題製作(Degree Project):以大四進行的畢業專題作品為主,展現專案的整合執行力。第四章、實務作品(Practical Project):以實習或畢業後就業所獨立製作或團隊合作的作品為主,呈現自己已具備的專業能力與溝通協調能力。

作品集頁面架構,可分:封面、書名頁、前言、目錄、個人資訊(學歷、經歷、專長、榮譽、自傳等)、章節頁、內文(作品介紹)。

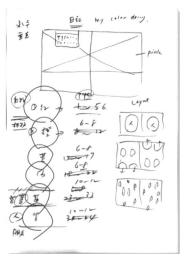
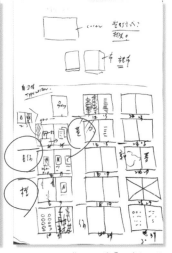
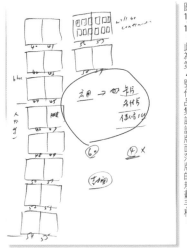

圖12-19：此為第4號作品集討論版面落版的規劃手稿。

定調用類色區隔章節 即開始進行頁面規劃
先大概分配一下每個章節頁數
以方便計算書放哪幾件作品

落版－習慣先將每個頁面畫出來 標示頁碼
可以用方格表示圖片 直線表示文字配置

圖12-20：設計／風格主要分：1｜色彩規劃、2｜主版設定、3｜樣式設定。

12.6.3 設計

前面分別談到形式與架構，前兩者有如作品集的骨架，有了初步的骨架，才能進入設計階段。設計主要透過色彩規劃、主頁版設定及樣式設定，展現個人專業與美感的成果。

如何訂定風格呢？試著從作品中找出一個定律，發掘自己創作時的思考脈絡，以及別於他人的獨特。別急著打開InDesign開始編輯，進入電腦編排前，請多用草圖，包含一些很初步閃過的靈感、作品的特性甚至排版初稿。圖12-21是本章第4號作品集：My Color Diary的初步發想，請參考《Lesson 12.12.4：作品集04》，我們在手稿中找出風格設定的關鍵字，如「手寫」及「加入真實物件」，於是討論中訂出全書「手繪」是作者很喜歡的表現手法，並把「加真實物件」聯想「拼貼」的風格剛好與手繪結合。在手稿中我們寫下試作草圖的問題，請參考《Lesson 8.5：版面韻律節奏－重複與對比》，一本作品集的風格就是在手稿的腦力激動中誕生了！隨時回到前面步驟：架構（圖12-19）反覆調整修改頁面與版面構圖。

風格設定若針對升學所製作的作品集，應以凸顯個人設計風格為主要考量。若設計專業作品集，可能需要把應徵的公司需求及特色列入考慮，請參考《Lesson 12.13：設計師給予作品集建議》，比如應徵的職業類型或公司風氣偏向保守，建議不要提供叛逆風格的作品，但也許逆向操作會意想不到的結果。

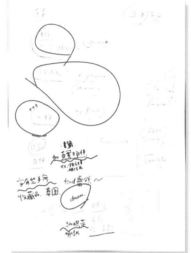

從搜集的繪畫中找出一個定律
發現創作的相關脈絡 及表現手法

討論初步草圖的問題
比如過於規律 比例及應用都可變化

圖12-21：作品集no.4：My Color Diary的初稿規劃，右上｜從隨意發想的手稿中，找出作品集風格設定的關鍵字，如「手寫」及「加真實物件」，左下｜於是就由「手寫」訂出「手繪」入的表現手法，從「加入真實物件」聯想到「拼貼」的風格！然後再針對試作草圖找出問題，如圖片大小比例太過平均，插畫作品僅限於原作表現缺乏應用，另外建議加入真實質感，應用於手繪圖形中，增加趣味性。一本作品集就是在手稿的腦力激動中誕生了！

在設計的過程中，修改風格調性是很常有的事。第5號作品集：A Person Alone 一開始是以書冊形式進行設計，但發現作品的圖文數量少，若以書冊編排的話，頁數不多顯得單薄，最後選擇取出較完整的兩個小系列作品用彈簧折製作。彈簧折可利用折合及展開所產生的影像變化，思考更多的版面構成。事實上，風格的轉變也包含形式、構圖、色彩，圖12-22只呈現部分的過程，其實還經歷多階段的演進，如色彩從鮮豔轉換為沈穩，請參考《Lesson 12.12.5：作品集05》。

作品集設計及製作的過程是不斷在形式、架構及設計中反覆調整，以第1號作品集：An Chen Portfolio 為例，檔案上傳的資料夾數大概就是修改次數（圖12-23），成熟的作品是需要淬煉，請參考《Lesson 12.12.1：作品集01》。

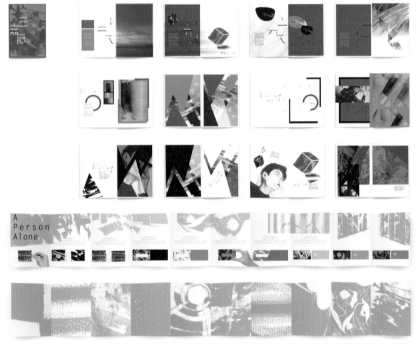

圖12-22：在設計的過程中，修改風格調性是很常見的。由上而下是Portfolio no.5從構思到製作的部分過程，到最後的完成品其形式及風格的轉換非常戲劇性。

圖12-23：設計的流程是經過無數的討論與修改，從Portfolio no.1上傳雲端的資料夾數，便可理解製作流程的辛苦。

12.7 作品分類歸納整合

12.7.1 作品檔案整理

將所有作品照片以縮略圖（Thumbnail）模式列印出來（圖12-24-1），再用手工剪貼，將同類型作品貼在同一張紙上，確認後才用電腦整理檔案名編號（圖12-24-2）、資料夾分類歸檔（圖12-24-3），剪貼是整理作品檔案快速的方法，方便全面性的反覆檢視作品分類，直接又明瞭、效率高（圖12-25）。我還要求學生在初步縮略圖剪貼後，整理一張作品呈現及修繕計劃表（圖12-26），內容分：作品類型、作品編號、放置章節、工作計畫。工作計畫就是如何修改或延伸應用作品，請參考《Lesson 12.8.3：原作的設計調整或重新製作》。

圖檔的命名可用Adobe Bridge的重新命名批次處理功能，並利用Adobe Bridge的關鍵字設定讓圖片跨章節資料夾被重複運用，請參考《Lesson 2.3：Adobe Bridge》。依照作品類型整理出每個資料夾的作品數量，即可判斷自己作品的落點與方向，這些都是規劃章節及作品重新調整的依據。

挑選凸顯自身專業能力的作品，不適當的作品需要捨棄，而非以量取勝。作品集的文案撰寫很重要，有條理的陳述設計思考及創作理念是一種負責的態度。做好看的作品集並不難，但要做出通情達意的作品集真的不簡單。

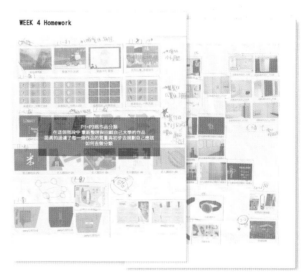

圖12-24：1｜將所有作品以縮略圖列印，2｜再利用電腦修改檔名編號，3｜以章節命名資料夾將檔案分類。

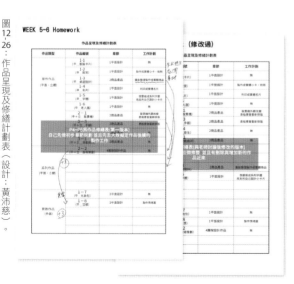

圖12-26：作品呈現及修繕計劃表（設計：黃沛慈）。

WEEK 4 Homework

圖12-25：將未整理作品用縮略圖列印後，拿些白紙剪貼分類，紙本方便註記並再撕下重貼調整章節及順序（設計：黃沛慈）。

如何將作品進行歸類？透過以下製作的圖表給予建議，基本分為單件作品、系列作品、實務作品及其他作品。「單件作品」多為基礎習作，這類作品也提供展現基礎能力也建議選擇部分放入作品集，但建議以：1｜同類型集中（化零為整）（圖12-27），或2｜將基礎習作與實體模擬，例如：將插畫用影像合成在明信片或T-Shirt上，提高作品的成熟度。專題形式的作品可歸類為「系列作品」，主要展現具有設計流程的能力，建議作品以完整單元規劃（至少一個以上的跨頁），並提供草圖、設計過程、完整的設計理念及圖說文案。

「實務作品」可以是學生實習參與的作品、或自己接的實際案例，這部分是展現自己與團隊合作及具有專案整合的經驗，但把實務作品放在作品集之前，需詢問合作單位使用權利，若許可則需在文案詳實說明自己負責的分工項目，作品呈現方式上則建議以實物拍攝的影像較具專業性，可參考《Lesson 12.3.2：專業作品集》，並且要提供細節，以至少兩個以上的跨頁來規劃。最後，其他無法歸類的專業作品可以輔助角色呈現，這是補充自己其他專業的能力，但內容比例勿超過主要專業項目。

作品基本的歸類方向：

作品類型	屬性	展現之能力	建議呈現方式
單件作品	多為基礎習作	基本繪圖能力	1. 以類型集中。如依素材分：繪畫或攝影、平面或立體等。 2. 將基礎習作利用視覺模擬的方式套用於應用項目。例如：將插畫作品模擬在明信片或是T-Shirt上，提高作品的成熟度。
系列作品	多為專題作業	設計流程	1. 以一單元一系列規劃。 2. 記錄草圖及設計過程。 3. 提供設計理念及圖說。
實務作品	實習作品（多為業界團隊合作/屬公司智慧財產權） 個人創作或商業合作的作品 專案設計	展現設計整合及應用能力 團隊合作經驗	1. 詢問公司作品使用權利。 2. 說明團隊作品負責的分項工作。 3. 作品以實體攝影表現為佳，並提供細節。 4. 一個專案一單元呈現（至少一個跨頁以上）。
其他作品	其他專業作品	凸顯自己專業之外的其他專項 展現自己的多元性	1. 注重內容比重，建議以輔助角色呈現。

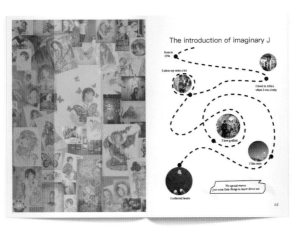

圖12-27：左頁是將許多零星主題插畫作品，集結構成的一個頁面，有化零為整的加分效果。有時候許多練習的作品精緻度不足，若以單件單頁呈現反而會暴露出自己能力的弱點，做好要運用一些影像合成技法，讓這樣的素材變成設計師天馬行空的頁面。

12.7.2 作品攝影或掃描

參加國際競賽並獲獎無數的設計師曾分享過,作品曾因攝影的品質不好在比賽初期就慘遭淘汰,之後,下定決心委託專業攝影師拍攝作品,就連續得獎了。可見作品影像的拍攝品質與風格非常重要。因此,除了要認真妥善保存作品,還要趁作品被破壞或遺失前保持隨時記錄、掃描或翻拍的好習慣!

以第1號作品集An Chen Portfolio為例,在整理作品發現拍影片的過程中未做高階靜態影像的記錄,作品集內的照片只能從動態影片擷取,圖像品質當然不理想,但也無據可考非常可惜。請務必謹記,紙本作品集輸出時,需將作品影像設為CMYK色彩模式,而且至少是300dpi的解析度,影像的解析度高才能印製出好的影像品質。數位作品集色彩模式則設為RGB,72dpi的解析度。作品影像的色彩模式轉換,例如把RGB轉成CMYK時,需透過經過色彩校正的螢幕及輸出進行幾次色彩的調整。

培養基本的攝影能力是設計師必備的養成,即使沒有攝影專業燈光器材,其實運用自然光,找個陽光充足但不是豔陽高照的白日,也可拍出自然舒服的作品。需要保持攝影記錄的,不只是最終成品而已,不論草圖(Sketch)(圖12-29)、手稿(Script)(圖12-30)、初模(Prototype)(圖12-31)、操作(Instruction)(圖12-32),或設計過程(Design Process)(圖12-33)也一併拍照記錄,當整理作品素材時不論多簡單或複雜的作品都可變成專案,透過有脈絡的思考,豐厚作品的深度。

圖12-28:上|專業攝師協助作品集棚內拍攝(亦象光點攝影),左|擅長攝影的兩位學生(李宗諭、林韋辰使用簡單的攝影光線設備拍攝,協助本書作品拍攝。

草圖（Sketch）

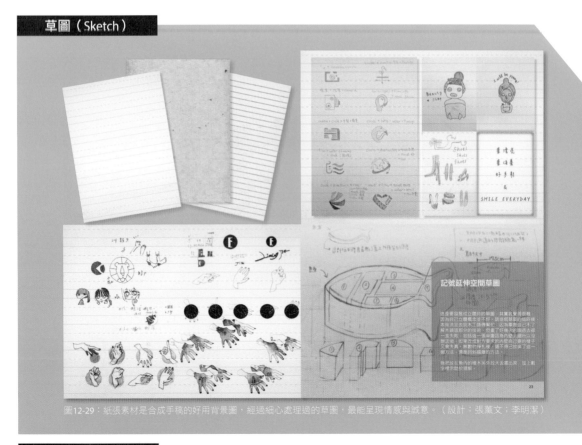

圖12-29：紙張素材是合成手稿的好用背景圖，經過細心處理過的草圖，最能呈現情感與誠意。（設計：張薰文；李明潔）

手稿（Script）

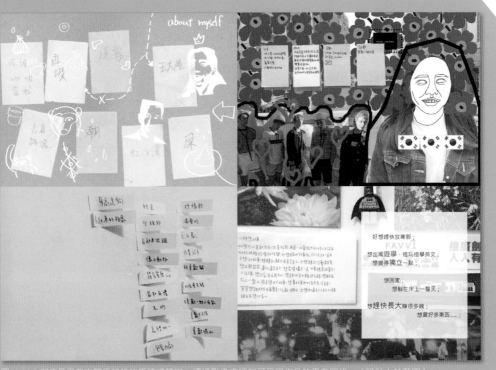

圖12-30：即使是思考中隨手記錄的手稿或筆記，透過影像處理就可呈現作品的思考脈絡。（設計：林芳宇）

初模（Prototype）

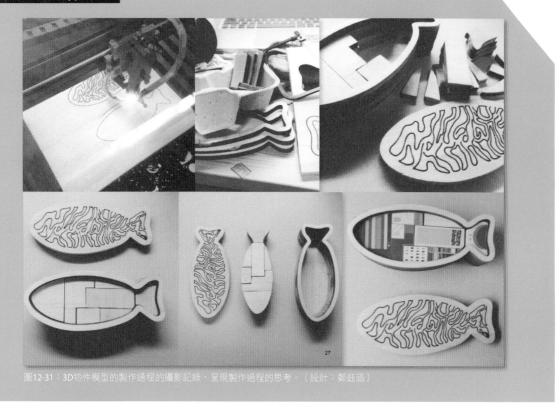

圖12-31：3D物件模型的製作過程的攝影記錄，呈現製作過程的思考。（設計：鄭鈺涵）

操作（Instruction）

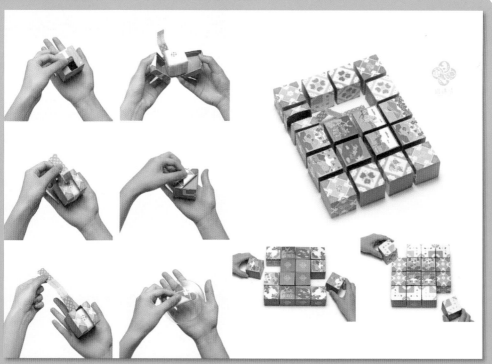

圖12-32：包裝作品的操作說明，用攝影記錄下來，影像的傳達遠勝於文字描述更容易理解。（設計：綴磚情）

設計的品格

設計過程（Design process）

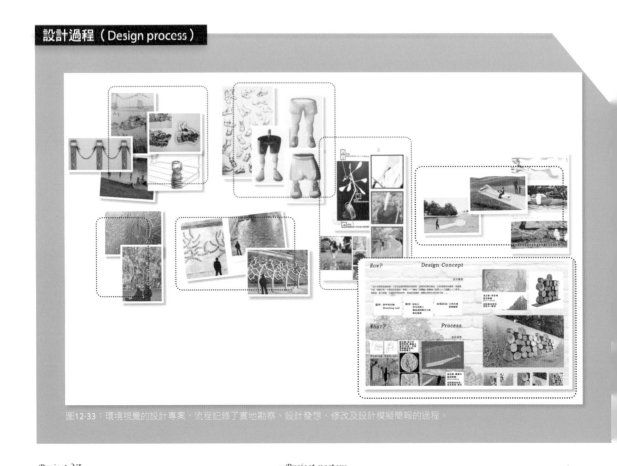

圖12-33：環境視覺的設計專案，流程記錄了實地勘察、設計發想、修改及設計模擬簡報的過程。

Project VI ·····································> *Project posters* ·····························>

Project Iteration

12.7.3 專案流程圖片的紀錄與彙整

在製作專題作業時，筆者會要求學生從頭到尾記錄草圖發想、設計、反思、修改的思考脈絡。學生透過文字、平面影像或影片記錄的方式，養成記錄設計流程的習慣。這些內容也提供閱讀者宛如親身實境，一同參與了設計師的發想過程與故事，流程書製作是所有課程必備的訓練。

通常流程書會持續跟著設計進度即時更新內容，當設計專案結束了，流程書也就跟著完成了！只要再進行下一步的版面編排，流程書其實就是作品集中的完整專案單元。

圖12-34的案例是皥皥團隊花了兩年時間，深入洲美里社區推行屋頂漆白及美白教育計畫的紀錄，內容包含初期的企畫書、facebook上的記錄，以及影片片段等。從專案識別（Project VI）、活動宣傳海報、影片紀錄的設計過程，從第一天開始就以日記形式紀錄宛如工作日誌，這些素材最後彙整成五套書籍內容。所以每天都要記錄！

圖12-34：這是大四專題設計的流程書（關於洲美里社區的故事影像報導），內容涵蓋了一年半從企劃、調查、設計及反思等過程，流程書擁有將近一百頁的圖文記錄，最後用這些內容製作了五本專刊。（設計：皥皥）

diary •

mentary movie

future study

topic setting design

圖12-35：大四專題製作流程書（專訪5位在各專業領域努力的30歲女性採訪報導），內容也包含了設計方法、訪談紀實，以及所有的設計產品，這些內容也成為雜誌所需的圖文內容。（設計：隅果）

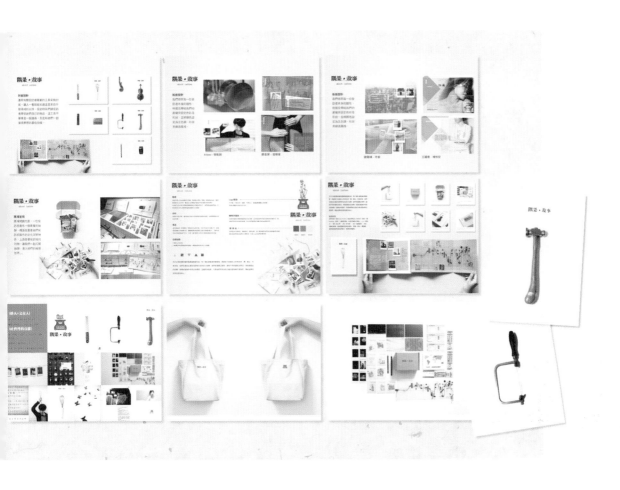

Design Proposal ┈┈┈┈┈┈┈┈┈┈┈┈┈┈┈┈┈┈┈┈▷ *Design Iteration*

Design Outcome

Final Film

圖12-36：大二以影片「我的快樂就是想你」的作業，記錄一段隔代教養祖孫的情感故事。從設計構思、腳本規劃、工作計畫流程、拍攝過程紀錄，到最後的影片剪輯完成都被要求製作流程書。（設計：李宗諭等人）

12.8 作品修繕

前一單元鼓勵大家用攝影掃描影像紀錄作品,但真實的情況是有時候是沒有作品了,因年代久遠已被破壞殆盡、甚至是遺失,若發生以上情況,就需要透過作品修繕來進行製作,修繕內容整理出四個方向,供讀者參考:

01│原作的瑕疵修復:主要針對作品本身的污漬、破損的修補,請參考《Lesson 12.8.1》。

02│調整作品失真:通常是作品翻拍或掃描時產生的變形或色偏,可透過比例、透視修復及色階、顏色、對比等調整,請參考《Lesson 12.8.2》。

03│原作的設計調整或是重新製作:可用覆蓋或圖章修補方式,修改原作品不理想的設計;或是擷取出精彩的部分,重新製作出更成熟的系列作品,請參考《Lesson 12.8.3》。

04│應用及操作補充:可透過視覺模擬合成,將習作示意於產品或其他載具上。或補充更多說明照片或圖像,提供作品比例、操作或特寫細節,請參考《Lesson 12.8.4》。

12.8.1. 原作的瑕疵修復

範例一:材質重現

筆者在二十幾年前於美國念研究所時製做的專題創作,是透過刺繡故事講述自身家族四代女性的故事。為了展現刺繡的真實性特別將用電腦做好的海報,使用噴墨印表機印在織品上。

當時的海報或書冊,是用自購的噴墨印表機將影像印吸水但不會暈渲的棉布,當時的噴墨印表機最大就是A4尺寸,若要做成A1大小,只能一針一線由8塊A4輸出的布拼接而成,當然這個做法也是當初自己設定呼應主題的刻意安排——針線裝幀。但因年代久遠,彩色噴墨早已褪色,自美畢業返台時作品不便攜帶,實體成果便留在母校做為教材。

回台準備專業作品集應徵工作時,因作品的材質與尺寸的特殊性,記錄的照片不甚理想無法使用(那年代只有膠卷相片),還好還有電腦檔案,於是用軟體將作品復刻重現。

修復步驟如下:1│選一塊棉布材質影像,運用透明度效果將布與2D圖檔影像重疊處理(圖12-39-1)。

圖12-37:這是InDesign合成圖,運用觀眾來凸顯海報比例,左側大張海報大約為A1尺寸。

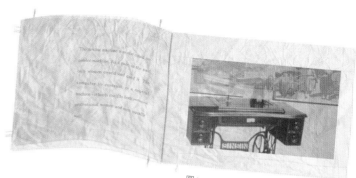

圖12-38：A four generation study of invisible (women) graphic designers and cultural transmission in Taiwan. Needle,thread & love Thesis Project of Yun-Ju Shao,1994

（請參考《Lesson 6.5：透明度》），2｜一針針的縫線是選擇鋼筆工具描繪彎曲線段，並將線條改為虛線（圖12-39-2），請參考《Lesson 5.2：線條工具》。3｜將虛線選擇浮雕化及加陰影效果，請參考《Lesson 5.11：斜角、浮雕和緞面效果》、《Lesson 6.3：陰影》，即還原當時A1海報作品輸出的質感效果。

同樣的，布書（圖12-38）的質感及縫線製作程同海報一樣，多了布書上的文字，應隨著書頁的弧度去調整，1｜先用鋼筆工具繪製弧度的路徑，2｜再用路徑文字工具輸入文字即可，請參考《Lesson 4.7：路徑文字工具》（圖12-39-3）。

圖12-39：1｜將電繪圖與棉布質感用透明度堆疊，有時候影像會重複堆疊達到更好的色彩飽和度。2｜縫衣線是用鋼筆工具繪製再選虛線線條樣式，加上陰影就產生真實感。3｜順著頁面弧度的文字是用路徑文字工具完成。

12.8.2調整作品失真

範例二：色階調整

作品透過攝影翻拍或掃描後，常因燈光設定不均勻或光線不足讓色階不平均，請用Photoshop或Lightroom調整色階、顏色或對比（圖12-40）先運用顏色及色階調整色調及亮度後，仍無法呈現白紙的背景，請進行局部選取用橡皮擦工具去背。。

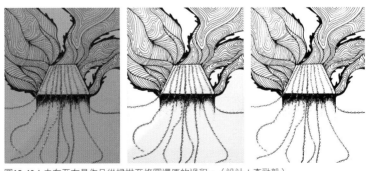

圖12-40：由左至右是作品從掃描至修圖還原的過程。（設計：李勁毅）

12.8.3 原作的設計調整或重新製作

範例三：將原作延伸應用

在整理Imaginary J 的作品時，發現學生曾為色彩學作業（圖12-41）繪製一些不錯的插畫，所以就將具原創性插畫作品單獨擷取出來，重新製作新的作品，請參考《Lesson 12.12.2：作品集02》。

圖12-41：擷取學生的插畫作品來做延伸。

依據原本插畫主題：鳥類保育計畫。我們試著將這些插畫重新構思、製作成國家鳥類保育公園的宣傳品，例如，將四組不同色系的鳥類插畫（圖12-41-1）延伸做成公園門票（日票/週票/月票/年票）（圖12-42-1）；並且調整原先構圖不良的海報（圖12-41-2），刪掉中文的文案，再重新設計標題字改善（圖12-42-2）。

整理作品時，以前的報告作業還是可以拿出來瀏覽一下，只要是原創的圖片重新構思就是有用的作品！任何基礎練習或初級作品，經過重新設計後也可改造成專業作品。

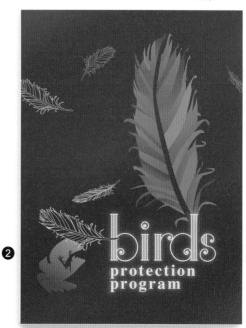

圖12-42：1｜將原本的四個插畫延伸作為門票，2｜因為用國外升學、將原本中文刪除，並調整構圖。

12.8.4 應用及操作補充

範例五：攝影呈現層次感

電腦合成是常用的作品模擬技法，但總是缺乏一些自然。其實也可以直接將設計檔案，如名片、卡片或海報等，在家用印表機輸出，若能直接印在喜歡的紙張上更好，使用一般ＡＡＡ紙張印製，只要善用打光或運用戶外自然光，仍可拍出氛圍感的照片（圖12-45），實體與模擬照片穿插會更有趣。

範例四：重新製作

這也是Imaginary J 的作品，將大一的基礎版面編排練習重新製作成新作品的範例。編排習作（圖12-43）的主要圖文是來自喜愛歌手的照片及歌詞，為了這個作業學生也自己繪製了插畫。若將這個習作放入作品集，不但編排的成熟度不足反暴露缺點，因而決定重新製作！

重新製作的過程中，筆者建議學生以她最喜歡的音樂專輯為題再延伸幾幅同主題插畫，以這份習作圖文為基礎，調整圖文的重心，把原創的插畫用於唱片封面設計，編排部分作為音樂專輯歌本（圖12-44）。

在既有作品中找到連結，即使原本各自分散在過去不同的作業中的元素都可以整合，把單一習作變成系列作品，這樣的應用就成為全新的作品。

圖12-43：將自創的插畫元素放大運用，運用於CD封面，並模擬成包含歌詞本的音樂專輯。

圖12-44：將自創的插畫元素放大運用，運用於CD封面，並模擬成包含歌詞本的音樂專輯。

圖12-45：這是作品Portfolio no.6，利用列印再透過攝影拍出實體，收錄在作品集中。

範例六：模擬（Simulation）

Portfolio no.2：Imaginary J 這本國外升學作品集，一開始鎖定申請插畫專業科系，但有的學校是將插畫專業放在平面設計系。不同科系在看作品集，會有不同的重點，必須為不同科系調整作品，請參考《Lesson 12.3.1：學生作品集》。兩套作品集最大差別在作品的內容呈現方式，比如插畫系比平面設計系更強調繪圖、觀察，以及描寫能力，因此呈現原作的精緻度與細節是重點。相對的，平面設計系注重學生設計整合能力，所以將插畫原作延伸至其他媒材應用，如海報（圖12-46）、書冊等，會更貼切平面設計科系申請的需求。

圖12-46：這是學生將做好的平面練習，模擬為海報。

Rubik＇s cube exhibition (stimulation)

Love will tear us apart. Illustration poster

FEMINISM

範例七：補充作品的操作細節

單張照片是無法呈現出作品的結構、操作等，這時，可加入一些操作步驟的細節補充說明。影像的訊息傳達遠比文字描述容易讓讀者理解，幾張照片就比長篇說明書容易理解，請參考《Lesson 12.12.6：作品集06》。

圖12-47：這是作品Portfolio no.6，其中的一個製作項目：個人記號。設計概念是運用黑膠唱片的轉盤，讓讀者逐一探索跟作者相關的記號。可旋轉的互動設計，用幾張連續動作的拍攝，讓讀者立刻明瞭作品互動的特色。

範例八：物件比例呈現

畫面中的一張平面作品，如何判斷它是一張明信片？還是一張海報？有時候在畫面加一點作品外的元素，例如一支筆，就明瞭那是明信片，透過其它環境物件，判斷作品的尺寸與用途以呈現物件比例。圖12-50畫面中出現的半身人物，讓作品呈現是海報的比例。

海報最常見顯現比例的方式，如加人物（圖12-50）、或用雙手握住海報，或黏貼、懸掛在牆上。常運用懸吊的文具如馬口夾，馬口夾與海報的比例可以協助判斷是A3或A1海報（圖12-49），在牆壁加點陰影，模擬出A1海報在牆上的樣貌。

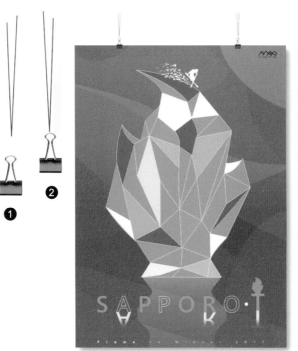

圖12-49：運用魚線懸吊海報，也是海報展示中常用的手法。如何製作出海報懸吊的樣子？1｜置入馬口夾，以貝茲曲線繪製懸吊的魚線。2｜用效果工具為馬口夾及海報加上陰影，陰影的顏色深淺及寬度是依物件厚度或與背景距離而調整，陰影越深越寬代表物件較厚，陰影淺則代表與牆壁距離較遠。因海報單薄，陰影大約設25%，較顯自然。

圖12-50：圖中的兩位觀眾主要是用於凸顯海報比例，故意以單色調淡化處理，讓大家焦點還是集中在海報上，從人的比例來看可清楚知道作品是海報而非明信片。

12.9 圖文配置

經過「作品集設計規劃」、「作品分類歸納整合」，及「作品修繕」步驟後，即可進入「設計規劃階段」的最後步驟：「架構/章節」。主要可分兩階段：1｜章節設定，2｜圖文配置也稱之為落版。可先畫整本作品集的總頁面（通常可以用預算去評估），依照章節將作品屬性配置於各章節，試著將分類好的作品及文字放置於每個頁面進行落版，落版草圖圖片以灰色色塊標示，文字則用線條粗細表示字級大小。初步落版階段只為了先了解章節配比是否協調，頁面是否平衡，之後隨時需要再調整（參考下圖表A1-2）。

很多人習慣沒有經過規劃就進入InDesign進行印前作業，但事實上，落版與設計階段的色彩規劃、主頁版及樣式設定一樣，可使印前工作更順暢、事半功倍。筆者即使從事美編二十幾年仍習慣用手繪的頁面配置進行落版（圖12-51），不論是單張設計或多頁數的書籍，都會用最快速的手繪進行，將圖與文透過速寫表達，看起來類似預覽頁面的縮圖。

以My Color Diary為例，請參考《Lesson 12.12.4：作品集04》，在確認主題章節後，準備把圖片分配至章節前，無意間在作品中找出一種色彩的韻律（圖12-52）。所以決定依顏色做為規劃章節的活潑點子。之後進入InDesign編排，特別還在章節銜接的頁面，利用漸變的方式與下個章節的主題色彩銜接。

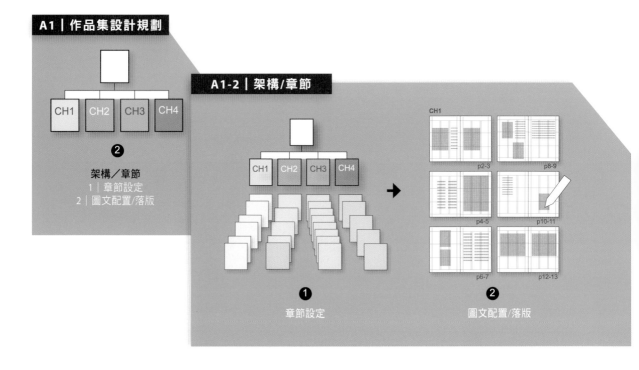

圖12-51：幾十年以來不論大小編排筆者仍習慣先用手繪圖進行落版。

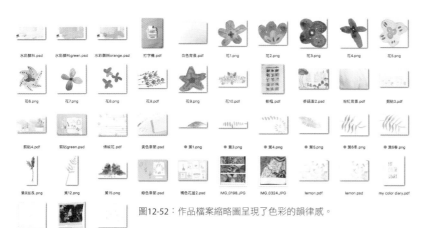

圖12-52：作品檔案縮略圖呈現了色彩的韻律感。

12.10 印前作業

結束了作品集製作的「設計規劃階段」流程，隨即進入「印前作業」，這是指進入InDesign電腦操作的階段，也是本書介紹工具及概念的主要焦點，詳情可參考《Lesson 2：InDesign快速上手》。印前可分設計階段：視覺元素的準備，如文字、插畫或影像效果等，請參考《第二章：視覺的創意（Exploration）》。編輯階段，請參考《第三章：編輯整合（Intergration）》，如色彩計畫、版面設定、樣式設定、主頁版設定及輸出。

進入印前階段，可先了解印刷及輸出的流程。印刷廠的資深印務可提供經手製作的案例，邀請他們來正好為學生上堂課，關於發稿、色彩、尺寸及實際印刷的寶貴經驗。以下章節將著重於與學生、印務三方討論六套作品集時，所遇到的製作狀況及常遇到的問題進行說明。

圖12-53：印前製作工作細項。

圖12-54：在印前製作時即與印刷廠聯絡，邀請尚祐印刷的印務人員與學生一同分享相關範例及印刷須知。

12.10.1 檔案問題

這是學生在完稿要發稿給印刷時，常見的狀況：

01｜檔案是否有缺漏？

當做稿完成後，請記得檢視與封裝。使用檢視功能，可將檔案的連結、溢排文字、字體遺失、影像色彩及解析度設定等作全面的檢查，請參考《Lesson 11.1：檢視與封裝》。

02｜加工部分須設獨立圖層

若有需要加工的部分，如燙金效果，在製作檔案時請將加工與正常文件的圖文用不同圖層處理，請參考《Lesson 6.6：圖層應用》。

03｜PDF檔的使用

不論是為了紙本印刷或數位輸出所存成的PDF檔，都需要注意在輸出時，勾選「單頁」或「跨頁」的選項。雖然印刷廠、輸出中心可以接受PDF檔來印製，仍建議將封裝過的InDesign資料集一併提供，請參考《Lesson 2.1.5：結束編輯：儲存/轉存/封裝》。

12.10.2 色彩問題

是否印出心目中想要的顏色，有些地方需要留意：

01 │ 選用Pantone色彩需小心

一般數位輸出時，盡量避免選擇Pantone色彩，若一定要使用的話，建議先將Pantone色轉成CMYK，然後先去輸出中心試印，再依據印出的樣本回電腦再調整顏色，直到輸出較接近預期的色彩為止。印製時記得提供確認色彩的紙樣，才進行正式數位打樣。An Chen Portfolio的三本封面底色因選擇Pantone色，未經試印就送打樣產生嚴重色偏的問題（圖12-55），才學習依照上述步驟進行修正，請參考《Lesson 12.12.1：作品集01》。

02 │ 讓黑白影像對比明顯，黑即是黑！

印製以黑白攝影為主的作品時，印務提供一個讓黑色更黑的方法：即是將黑白影像製作成灰階檔，再將原圖於Photoshop軟體之CMYK色版中單獨挑出藍版（Cyan），將獨立的藍版標示為特別色，請參考《Lesson 6.6：圖層應用》，獨立的灰階檔及特製的藍版一併送給印刷廠，讓印刷廠將設定特別色的藍版加印於灰階檔上，黑白影像的黑層次更明顯，請參考《Lesson 6.6：圖層應用》。

圖12-55：左｜直接輸出設定Pantone色票的封面，原本粉紅色的色彩輸出時變成色彩相差很大的芋色，右｜先將特殊色改為CMYK模式再調整色彩，試印再校色準確後印製出來的樣本。

圖12-56：左｜印務提供黑即是黑的範例，右｜運用灰階與藍版印出來的打樣。

12.10.3 尺寸問題

作品的尺寸影響裝訂方式，也影響紙張的選擇：

01│摺口的寬度、出血設定

封面摺口的尺寸至少需是封面的2/3寬度，折口才不易外翻（圖12-57），請參考《Lesson 3.1.3：頁面工具介紹》詳細說明。封面或內頁若有滿版的圖片或色塊需做出血處理（圖12-58），避免印刷裁切偏移導致頁面白邊出現，請參考《Lesson 3.1.3：頁面工具介紹》。

02│書中多頁拉頁尺寸的設定

在書冊中有跨多頁的頁面時，需特別注意跨頁頁面尺寸要逐頁遞減，即原頁面尺寸（圖12-59-1）應比單頁尺寸內縮一些，第二折的頁寬再遞減0.3cm（圖12-59-2），第三折頁寬再遞減0.5cm（圖12-59-3），以此類推，請參考《Lesson 8.2.3：建立多頁跨頁》。因為書冊輸出裝訂後會用裁切機裁邊，摺頁若無尺寸遞減，多頁折頁可能因裁邊時被裁斷，請參考《Lesson 12.12.4：作品集04》。

03│用全開紙思考作品集尺寸

當印刷較大開數的作品集時，輸出成本是以面積計價，若使用的紙張有多裁會造成浪費，讓印製成本提高，考慮以全開紙進行頁面尺寸規劃。在不影響設計創意的情況下，將海報調整可用全開拼四個版面的350x350mm尺寸，成本是重要考量，請參考《Lesson 12.12.6：作品集06》。

圖12-58：左上角頁碼下的圖案跨出邊界，圖案需做出血處理。

圖12-57：折口寬度設定太窄時，封面容易掀起來並折壞。

圖12-59：內頁拉頁的頁面尺寸要隨著折頁而逐頁遞減。

12.10.4 印刷問題

許多印刷的問題,在編排的過程中,就
可避免並謹慎處理:

01 | 避免讓閱讀文字接近裝訂邊緣、頁面邊緣

頁眉或頁尾的文字設計若太靠近頁
面邊緣,容易因紙張裁邊造成文字破
壞,無法閱讀;靠近頁面中心裝訂線的
文字亦然,容易因裝訂被遮蔽,請參考
《Lesson 10.1:主頁版》。

02 | 書籍裝訂邊的確認

直式文字的設定是右翻書(即是裝訂
邊為左邊),頁面的起始第一頁應為
左頁,An Chen Portfolio由於書封製作
錯誤而導致打樣時裝訂錯誤。一開始
封面完稿時把封面與封底順序放反,
裝訂廠則依據封面設定進行裝訂(而
不是照內頁),導致內頁順序錯亂(圖
12-61的左邊),請參考《Lesson 3.1.3:
頁面工具介紹》。因此,在印前製作小
樣(實體範例)可避免不必要的錯誤。

03 | 印刷材質

紙張的選擇與印製的方式都必須仔
細考慮,打樣時十字折海報用的是較
薄的雪銅紙,因為雙面印刷又滿版,
產生紙張透色的問題。但磅數過厚折
疊時,紙張不會完全服貼。最後選用
180磅超特銅、雙面UV輸出(油性油
墨),另加亮油產生粗粒子質感,請參
考《Lesson 12.12.6:作品集06》。

圖12-60:這裡的頁眉
設計是很接近頁面邊緣
的彩色線條,打樣品經
裝訂裁切後,線條、頁
眉文字部分被裁切不完
整了,於是回到製作檔
中,將物件試著往版面
內移動。

圖12-61:左|An Chen Portfolio的封面檔案做成左翻書,內文印好後裝訂廠就照著封面設
定,讓左頁空白,因而內頁起始順序錯亂。右|直式文字其實是右翻書,這才是正確的頁
面順序。

圖12-62:十字折海報的紙張厚度及印刷方式,都是與印務討論出最適合的折衷方案。

12.10.5 設計問題

除了上述在印刷時的常見狀況外,學生在製作作品集時,也有許多設計概念的問題,以下三個單元內容將提供設計討論的筆記,分別為1｜An Chen Portfolio,請參考《Lesson 12.12.1：作品集01》、2｜Simple/Life/Heart,請參考《Lesson 12.12.3：作品集03》、3｜李勁毅作品集,請參考《Lesson 12.12.6：作品集06》,把試做初期筆者給學生的討論重點記錄下來。

範例一：An Chen Portfolio設計筆記重點

01｜作品集規劃需考慮後續發展性

就圖12-63的Note 1 & Note 2來看,作品集表現的屬性與風格很重要,但作品集的後續發展性也是必要考量。作品數量會隨著學習及職場的歷程而累積,因此,規劃作品集是需要具有延展的彈性空間,例如以分冊方式,所以在設計封面時就先建立系列(以成冊套書思考),或以更具彈性的盒裝收納的形式規劃。可參考An Chen Portfolio的書冊設計,及A Person Alone、李勁毅作品集的兩套的盒裝設計。

02｜直式文字與西文編排的起始頁不同

左翻書(橫式書寫)的起始頁碼通常設於右頁,章節的起始建議從右頁開始編碼並結束於左頁。右翻書適用垂直編排的文字(如中文小說),其起始頁碼開始在左頁,請參考《Lesson 8.2：文件設定》,如前所述本作品集曾因封面設定錯誤,導致裝訂錯誤而重新印製,這些錯誤在新增檔案時,就可以避免(Note 3)。

03｜整合零星元件&統一與變化的拿捏

Note 4的範例說明太多零星瑣碎的版面元素易使版面結構鬆散,編排時可運用大面積的色塊影像或質感肌理(如紙張、木紋)當底圖,可透過背景將分散的元素化零為整。主頁版運用格狀結構有助於版面更具結構,也利用局部改變或不對稱來打破固定規則,請參考《Lesson 8.5：版面韻律節奏－重複與對比》。

04｜不可忽略的圖片說明

圖片說明(圖說)用於真實描述影像內容,是具體傳遞理念的寶貴訊息,另外,因為圖說的文字多設定為版面最小字級,小字是文字樣式重要的對比元素,可提升版面精緻度。好的版面其實是由點、線、面的元素構成,在編輯中級數小的圖說猶如版面重點,宛如畫龍點睛角色,請參考《Lesson 8.3：版面元素－點線面構成》(Note 5)。

05｜符號的正確性

因An Chen Portfolio的作者是陸生,主要使用簡體字,這本作品集選擇繁體字製作,造成繁體簡體的引號產生差異。在歐文及簡體中文中的引號是「""」(Quotation),繁體中文則是用上下引號(「」),全文的引號修改,請用「編輯」之「尋找/變更」來進行,可參考《Lesson 9.1.4：引號的變更》(Note 6)。

Note 1

Note 3

Note 5

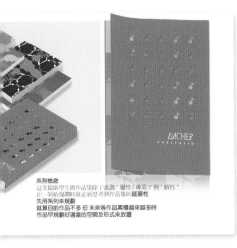

系列概念
這次協助學生做作品集除了強調「屬性（專業）」與「個性」
在一開始規劃時就必須思考列作品集的延展性
先用系列來規劃
就算目前作品不多 但 未來等作品累積越來越多時
作品早規劃好適當的空間及形式來放置

內書封

藏書票概念
內書封改用最單純的紙板
上面的圖案
則設計為藏書票（目前款式未定案）
可讓作者自行黏貼
也可做成周邊 可送入

Note 2

圖式編排
這套作品集的屬性
以電影的時延為主
與一班設計系學生以圖
為主導而言
相對文字較多

故特別選擇以中文小說
的概念做直式編排
垂直文字框

直式編排
的起始頁是右頁
書的裝訂在右側

有時版面會出現較零星的一些圖文
元素（如圖一）
建議可以用色塊或一些元件（如圖
二的紙張）將這些元素整合一塊
InDesign 也有效果功能
不需進 PS 過理影像重疊的效果

當版面用格子穩定結構後
建議可以稍微打破垂直水平的視覺
傾微傾斜物件（圖三）
刻意將紙張與照片處理像是自然散
落在桌面的感覺（所以加點自然的
陰影）

Note 4

較屬於口稿對白的文字

引號的運用
西文及中國會用 ""(Quotation)
但台灣用「」
以陳安的文章來說
需要將他全文的 "" 改為「」時
可以用 上拉式選單之「編輯」
之「尋找／變更」。
將「尋找」設定 : ""
「變更」設定為 : 「」
即可進行全文修改。

謝謝黃老師 _ 這功能我沒用過
阿

Note 6

圖12-63：給An Chen Portfolio的設計筆記重點。

範例二：Simple/Life/ Heart設計筆記重點

01｜主頁版的欄位設定與頁面寬度有關

就Note 1 來看，橫式版面（Landscape）的主頁版建議比直式版面（Portrait）設定更多的欄位（可到6欄），這可提供更靈活的編排參考。很多人擔心多欄位讓文字段落過窄，造成句子斷斷續續。但，將文字及圖片進行跨欄位排版是常用的，運用跨欄改變版面的韻律與節奏，參考《Lesson 2.1.4：樣式設定及版面設計》及《Lesson 8.4：版面結構》。

02｜增加頁面大小或材質變化

一本書可利用頁面大小、材質，創造出趣味度。在同文件中可加入幾頁特殊尺寸頁面，參考《Lesson 8.2.3：建立多頁頁面》。也可運用不同紙質交錯打破編排的固定性，例如，選用半透明的粉色描圖紙作為與內頁區隔的章節頁（圖12-64）。

03｜不超過邊界的閱讀文字排列

一套作品至少選用2種字體進行搭配較有趣，其他就運用字體家族：正體、粗體、斜體及尺寸進行更多變化，可參考《Lesson 9.2.1：段落樣式規劃與建立》。任何閱讀性文字皆建議不可超過頁面邊界排列以防裝訂時被裁切，版面的上下內外邊界設定特別主要可限定閱讀段落排列最邊緣的極限，請參考《Lesson 10：主頁版設定》（Note 2）。

04｜透過章節頁轉換閱讀節奏

章節是文件的架構，章節頁但也如同樂譜中的休止符號，可讓讀者喘息及調整閱讀速度。章節頁的設計可與內頁產生差異，比如內頁用淺色紙張，章節頁可用顏色強烈的紙或特殊材質區隔，請參考《Lesson 8.5：版面韻律節奏－重複與對比》。章節頁也是提供單元之標題及內容說明的引導頁，並不限只能用一個頁面，書冊內的章節標題可快速用參數設定，請參考《Lesson 10.4：編頁與章節》（Note 3）。

05｜運用參考線輔助強化版面結構

主頁版之參考線不限用於圖文編排而已，它還作為色塊或圖片的局部遮色片的參考線，例如可將方正的滿版照片進行結構性的破壞，請參考《Lesson 8.4.2：垂直水平構圖》、《Lesson 8.4.3：垂直水平、斜線構圖》、《Lesson 8.4.4：垂直水平、斜線及弧線構圖》。

我們一向習慣注意垂直的欄位所建構的版面結構，其實，水平線更是影響閱讀的視線，需透過水平參考線維持跨頁甚至整個文件版面的穩定性（Note 4）。

06｜利用半透明或不透明色塊處理文字與背景 或圖與圖間的層次問題

壓在圖片上的文字段落常因複雜的背景難以閱讀，運用半透明或不透明色塊襯於文字與底圖兩者間，提高文字的辨識度。半透明色塊較不會阻隔背景影像。若是圖片間重疊時，也可以加圖片加白框，如白框相片的效果，即使照片疊放也有層次感（Note 5），也可參考《Lesson 5.10：光暈效果》處理文字的方式。

Note

Note 2

Note 3

因為為橫幅編排 寬度較長
建議欄位設定可設定 5-6 欄
編排上可以更靈活!!!
（參考線準鋼較多）

另外 參考線的列請加欄間距設為 0
的水平線
延續左右頁及頁與頁之間的
水平對齊

請記改成 5-6 欄
至加外的參考線
（不要欄間距）

圖12-64：運用彩色描圖紙作為章節
頁與一般紙張的內頁區隔。

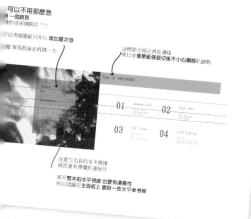

可以不用那麼急
一個跨頁
轉化成兩個個頁 !!!

以用描圖紙另外印 增加層次感

等等為板確定再調一次

這標跟太揭過者長傳線
看以來像是紙張截切後不小心偏移的缺點

注意左右頁的水平視線
兩頁會有視覺的連接性

甚至整本的水平視線 也要有連貫性
所以建議在主頁板上 要設一些水平參考線

Note 4

參考線的用途不只用在圖
文對齊
也可以做一些色塊
遮罩等使用（破格）
比如將方方正正的照片切
割一些白色 照片就打破方
正的框架 與背景融合

圖
12
-
65
：
Simple/Life/Heart
的
設
計
筆
記
重
點
。

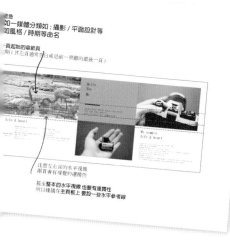

急
如一媒體分類如：攝影／平面設計等
如風格／時期等命名

頁起始的章節頁
期（其左頁通常空白或是前一章節的最後一頁）

注意左右頁的水平視線
兩頁會有視覺的連接性

甚至整本的水平視線 也要有連貫性
所以建議在主頁板上要設一些水平參考線

可以加透明色塊於文字與圖之間
（若文字的顏色無法從圖片中凸顯
出來）
字體要要再改

圖片之間可以用白框 區隔照片
它看起來像是把照片疊放的感覺
比較有層次感
有些滿版照片可以考慮跨頁延伸到另一頁的欄位中
比較可以打破左右頁分割的規律

Note 5

Note 1

Note 2

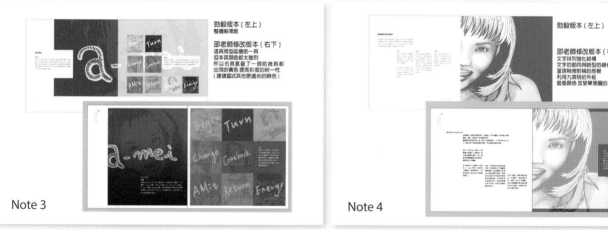

Note 3

Note 4

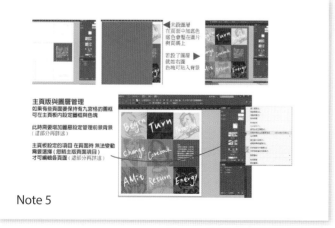

Note 5

圖12-66：李勁毅作品集的設計筆記重點。

範例三：李勁毅作品集設計筆記重點

01｜跨頁的編排需考量整體連貫性

跨頁的編輯必須左右頁一起規劃，尤其是水平視線的連貫性。進行編排前，需利用格狀結構或其他欄列設定。建立主頁版參考線，九宮格其實是有趣的版面結構，不止用於圖文排列，也可當色塊遮色片的參考，請參考《Lesson 10.1：主頁版》（Note 1）。

02｜處理解析度較低不精緻的影像

有時作品若已無備份，僅剩畫質不佳的電子檔，這類的影像需透過修復，或套用特效，色彩或質感處理，掩蓋其缺點，避免以其原始樣貌呈現，請參考《Lesson 12.7.2：作品攝影或掃描》及《Lesson 12.8：作品修繕》（Note 2）。

03｜建立專案的專屬色票

每套作品集皆需有專屬的色票，這套色票是可相容色相、明度或彩度的協調性。可運用專屬色票的色彩，調整其透明度把不同來源的照片素材進行疊色，讓單元或整本書的色彩進行統整，請參考《Lesson 6.5：透明度》及《Lesson 7.5：單色調效果》，這套專屬色票也運用於版面文字，塊面及背景等《Lesson 7.3.3：主題色》（Note 3）。

04｜觀察圖片的構圖與文字編排呼應

觀察影像產生的明暗對比或影像的輪廓線，與文字排列相互呼應，版面的文字與圖案可產生具互動關係的韻律及動線進行編排（Note 4）。

05｜主頁版與圖層管理

用滿版的影像或色塊當作底圖，需在主頁板頁面運用圖層，管理主頁版項目：滿版底圖放置最底層，將圖片文字或頁碼放上圖層，版面元件才不會被背景所覆蓋，請參考《Lesson 6.6：圖層應用》及《Lesson 10.2.2：圖層於主頁版運用》；調整主頁版項目，請參考《Lesson 10.2.3：主頁版的進階應用》。

印前階段是作品集製作過程中最費時的階段，也勢必經歷多次討論與修改，在InDesign編排完成後，需將檔案透過檢視、修改連結、集檔輸出才算完成，請參考《Lesson 2.1.5：結束編輯：儲存／轉存／封裝》及《Lesson 11.1：檢視與封裝》。其實接下來的「印中（印刷或輸出）及印後製作階段」也會遇上不少問題呢，如集檔、檔案格式、色彩、字體等，印中及印後階段必須與印刷廠或輸出中心及裝訂廠不斷溝通，才能逐一解決問題（Note 5）。

12.11 印中製作及印後處理

本章分別以印中製作及印後處理兩部分說明。印中製作包含了「數位樣校稿」、「印刷或輸出」；而印後處理，則是介紹表面加工及裁切裝訂等內容。

12.11.1 數位樣校稿

目前打樣的主流是合乎成本的數位樣，方便設計者校稿、色彩確認，但因不是使用實際印刷用的油墨，而無法呈現出最接近的色彩效果。

校稿時，通常直接在數位樣上標註錯誤及修改事項，再回樣給印刷廠調整進行下一步驟（圖12-67）。當然，也可要求印刷廠根據回樣再提供修改後的第二次以上打樣，但每次打樣都有費用，增加成本需自行考量，可參考《Lesson 1.3：印中流程》。

除了印刷品（書冊、海報等）的打樣外，作品集若設計盒裝或硬殼書腰等特殊項目也可進行試做，利用割盒機及裱貼等技術製做樣本，主要是針對尺寸、結構及裱貼材質等進行試做（圖12-68），確認無誤後才進入正式製作。

圖12-67：數位樣校稿。

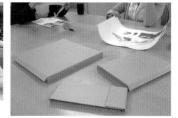

圖12-68：也可以請印刷廠針對作品製作白樣。

12.11.2 印刷或輸出

本書實作的五套作品集經過與印務討論後，皆選擇接近設計者期待的印製效果進行製作（而非以成本為優先考量），少量印製的成本本來就比較高，希望透過不同的製作方式提供讀者比較。每套作品集的印製數量皆以打樣的最少量（三套）製作。

打樣可分成數位打樣及傳統打樣。數位打樣較無數量限制（單本就可印），可依版面大小考量印製方式：小於A3尺寸適合用雷射輸出（碳粉）、較大尺寸的作品集就需選擇水性或油性油墨的大圖噴墨。相對的、數位打樣的紙材選擇較少、也無法處理特殊的印刷效果，但因其經濟實惠及快速的特質，還是多數作品集製作主要選擇。

傳統打樣有以下優點：一、用紙與印刷油墨皆近似印刷成品。二、可處理特殊效果（如金銀特殊色或燙金等）。但目前傳統印刷工廠不多，又因手工製作，在工時及品質的考量下，建議同時製作至少3-5套，可預防印後處理的失誤，所以相較之下，印製總價比數位打樣高出許多。A Person Alone的設計因有印金、銀等特殊色的需求，是本書唯一選擇用傳統打樣製作的一套作品集（圖12-69）。

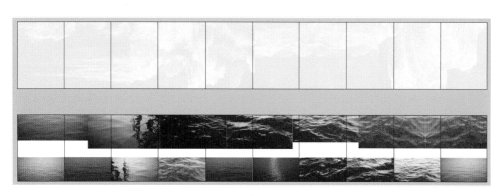

圖12-69：A Person Alone 的風琴折海報因有金色需求，以傳統CMYK四色印刷底圖、再加特色金一版共同印製。在InDesign中請將特殊色與四色畫面以圖層分開放置，並在印刷邊界上標註特殊色圖層，請參考《Lesson 6.6.1：InDesign圖層應用》。

+

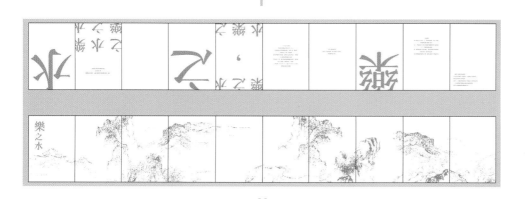

⇓

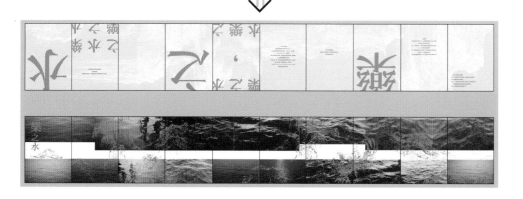

Portfolio 01

An Chen Portfolio印製方式：

封面：數位打樣：彩色雷射輸出，200磅雪韻紙。
內頁：數位打樣：彩色雷射輸出，120磅雪韻紙。

Portfolio 04

My Color Diary印製方式：

封面：手工絹印（自製），42oz灰紙板。
書衣：數位打樣：彩色雷射輸出，水蜜桃紙。
內頁：數位打樣：彩色雷射輸出（因版面在A3尺寸以內），150磅模造紙。

Portfolio 03

Simple/Life/ Heart印製方式：

全透片外殼（如同賽璐璐片的材質）：數位輸出-UV輸出（油性油墨）。
封面：數位輸出-UV輸出（油性油墨）；金銀卡（霧銀）。
內頁：數位打樣：彩色雷射輸出，180磅雪銅紙。

Portfolio 06

李勁毅作品集印製方式：

十字折海報（完成尺寸28x28cm、展開尺寸56x56cm）：數位輸出-雙面UV輸出
（油性油墨）加亮油（產生粗粒子質感），180磅超特銅。
圖文集封套：數位打樣：彩色雷射輸出，85磅日曬紙+0.3mm灰紙板。
圖文集封面：數位打樣：彩色雷射輸出，180磅羊毛紙。
圖文集內頁：數位打樣：彩色雷射輸出，75磅日曬紙。
仿黑膠唱盤可旋轉個人簡介：數位打樣彩色雷射輸出，200磅模造紙。

A Person Alone印製方式：

彈簧折海報（展開尺寸36x130cm）：傳統打樣：印刷正式樣（四色印刷＋特別色），120磅雪韻紙。
手冊（尺寸15x10cm）：數位打樣：彩色雷射輸出（因版面在A3尺寸以內），140磅亮麗細紋紙。
黑色裱卡（尺寸23x15.5cm）：孔版單色列印，205kg黑黑紙（雙面黑色的卡紙，RETRO JAM印製）。

總結印中流程注意事項：

01 | 版面尺寸若小於A3，建議選擇彩色雷射輸出，製作成本較為划算。

02 | 以影像為主的作品集，建議選用塗佈紙張或輕塗紙張，成色效果較佳，請參考《Lesson 1.3：印中流程》。

03 | 書衣材質可選擇含塑成份不易撕破的合成紙，或選擇布類如麻或天然絹，厚度與保護性較佳。

04 | 上光或燙金（金、銀）的效果雖然很精緻漂亮，但大面積的燙金，相對成本高不划算；打樣時可以考慮用四色印刷加特殊色之金或銀油墨印製，請參考《Lesson 12.12.5：作品集05》彈簧折海報），但金銀油墨確實無法像燙金效果呈現顯著的金屬亮感。

圖12-70：傳統打樣：四色CMYK版再加特殊色（銀）。傳統打樣：四色CMYK版加特殊色（Pantone871C金及Pantone872玫瑰金）的印刷過程。

12.11.3 表面加工及裁切裝訂

這一單元是五套實體作品集屬於印後處理的加工過程，又可分成
兩個範疇：表面加工（上光、燙金、打凸、壓紋等）及裁切裝訂（軋
型、摺紙、裝訂等），也可參考《Lesson 1.4：印後流程》。

Portfolio 01

An Chen Portfolio印後處理：

外封套（磁性腰封）：電腦切割（割盒機）48oz紙板，手工成型、裱貼120磅灰色觸感紙。
書冊裝訂方式：機器膠裝。

Portfolio 03

Simple/Life/ Heart印後處理：

裝訂：精裝本。
封面：電腦切割，蝴蝶頁黏貼。

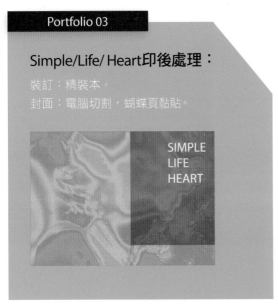

Portfolio 04

My Color Diary印後處理：

裝訂：車線裝訂。
手工扉頁：42oz灰紙板。

A Person Alone印後處理：

白色裱卡（尺寸23x15.5cm）：
表面加工→燙金300磅象牙卡。

彈簧折海報：摺紙 / 彈簧折

手冊裝訂：車線裝訂。

盒子（長24.5x寬17x高2cm）：
電腦切割400磅黑卡及手工成型。

表面加工：上絲絨膜、燙金。

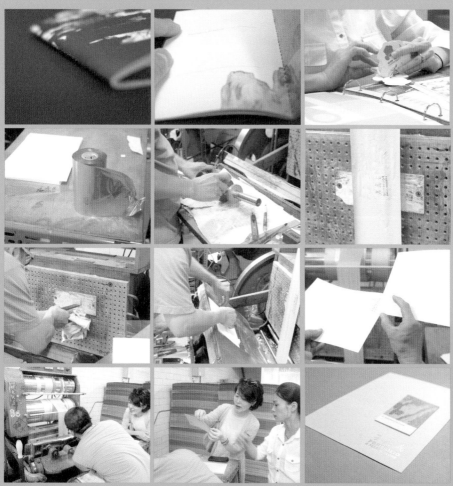

圖12-71：燙金的程序：挑選色膜、製作網片、製作鋅版、材料準備、固定色膜、固定鋅版於加熱版、測試、印製紙板定位、測試、壓力調整，即可完成。

Portfolio 06

李勁毅作品集印後處理：

外盒：電腦切割（割盒機）48oz灰紙板，手工成型、裱貼120磅咖啡色星幻紙。
立體字：雷雕，3mm密集板。
十字折海報：摺紙/十字折。
圖文集：裝訂：車線裝訂。

圖12-72：鏤空盒子割盒機的操作過程：紙板切割、上下蓋製作、裱貼紙切割、下蓋裱貼、上蓋裱貼、結構製作。

總結印後流程注意事項：

01 | 選擇精裝本裝訂的書籍，總厚度建議至少1cm（包含封面及內頁）較為美觀，若要用頁數換算的話，60頁左右，可選擇180磅的紙張；70-80頁，則選擇150磅的紙張。另外，軟面精裝（也稱平精裝）的封面不一定用磅數少的紙張，也可以選擇卡紙，請參考《Lesson 8.2.1：新增文件》的裝訂。

02 | 車線裝訂（包含封面及內頁）整本書厚度大約1cm以上較為美觀，可運用內頁紙張磅數、頁數及封面的灰卡厚度，相互考量進行調整，請參考《Lesson 8.2.2：封面製作》的書背算式。

03 | 燙金也可以處理類似打凹字效果，A Person Alone印製的白色裱卡及黑色盒子上的燙金處理，皆請師傅調整模版壓力製作出些微的打凹效果。

Are you ready?
請開始規劃及製作自己的作品集吧！

12.12 作品集成果

Protfolio | 01

Protfolio | 02

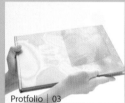

Protfolio | 03

Protfolio | 04

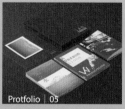

Protfolio | 05

Protfolio | 06

從作品準備、企劃、設計到製作完整階段，前後整理花了一年的時間，從《Lesson 1：設計工作流程》如企劃、設計、印前、印中，以及印後階段。這六套作品集也是照著設計的流程一步一步完成。從充滿創意與想像力的設、計畫性的整理修繕作品、色彩計畫、主頁版設定、樣式設定等，除了這些設計師熟悉的步驟外，還繼續延伸到印刷、印後處理，要設計一本漂亮的作品集也許不難，但要完成一本可表達自己並且清晰傳遞訊息的作品集就沒那麼容易了。

準備好了嗎？以下六套作品集皆依設計規劃的三階段：形式、架構及設計（版型及樣式）逐一介紹。

12.12.1 作品集│01

An Chen Portfolio

大學三年級（當時），主修電影，福建來台交流一學期陸生，主修電影及影片論述，定位：就業作品集及研究所備審資料。

│陳安

01│形式

因為主修電影，文字的創作論述比視覺作品多，所以考慮仿小說的編排形式作為個人特色。將作品內容分三個主題規劃，每個主題設計一本小冊，也方便日後新增創作主題延續套用這套設定好的主版、樣式即可；另外也設計方便整理又可輕易拆取的封套（磁性腰封）可放三冊彙整成套，系列性的展現，讓作品的思考脈絡更具完整性。

A│尺寸：A5 /148*210mm。

B│頁數：每冊24頁。

C│材質：封面/200磅雪韻紙，內頁/120磅雪韻紙，封套（設有磁扣的腰封）/48oz（2mm）灰紙板/裱貼灰色120磅感觸紙。

D│加工：印製/數位打樣/彩色雷射輸出、裝訂/右側膠裝（直式內字）

E│製作成本：一套三冊加封套（磁性腰封），每套製作成本約2000元（建議至少同時製作三套）。

圖12-73：三冊使用同形式但不同配色的書眉。

圖12-74：第一冊（藍色）：關於自己。第二冊（粉紅色）：《遇見・穆斯林》。第三冊（綠色）：《草園》。皆以直式右翻書的形式製作。

圖12-75：因作品集有三冊，設定以封面顏色來區隔。外封套（磁鐵腰封）可以將三冊套裝一起。封套上的鏤空圖形（Pin）是自己設計的Logo造型，以割盒機切割製作裱貼灰色觸感紙。腰封設計為開放結構，可用磁鐵快速打開及鈕上，輕易取出書冊。

圖12-76：封面顏色的選擇是依內容所定，左｜第二冊《遇見·穆斯林》色彩是從採訪影像中女性頭紗的粉色擷取出來，右｜第三冊《草園》選用綠色也是呼應主題名稱及海報中的綠色設定為封面色彩

02｜架構

每冊單一主題、共三冊。第一冊：關於自己，結合個人記號及簡介等相關設計理念。第二冊：在台第一部紀錄片《遇見·穆斯林》創作及過程錄像。第三冊：在台第二部劇情片《草園》創作、腳本、劇情介紹及手法解析。

03｜設計

版型：單頁以均分的四欄、兩列的對稱主頁版版型套用於左右跨頁，頁碼的設計根據每個分冊的主色配出三套配色線條進行變化，也與三個主色調封面呼應（圖12-73）。

段落樣式：大標/仿宋30pt、中標/儷中宋14pt、小標/Adobe繁黑粗12pt、內文/儷中宋10pt、圖說/華康明體6pt。

12.12.2 作品集｜02

Imaginary J

大學三年級（當時），視覺傳達設計系，喜歡手繪插畫及平面設計，赴英國就讀碩士，定位：插畫及平面作品集/英國大學雙學制申請必審資料。因作為國外學校申請使用，為本書唯一數位作品集。

｜ 林 婕婸

圖12-77：數位插畫作品集的頁面設計，橫式（Landscape）是較符合螢幕的比例，但因考慮也印紙本，所以將橫式仿照書本的跨頁編排。

01｜形式

主要為了申請國外學校所製作的作品集，所以採用數位PDF檔形式，但後來也輸出實體作品集面試備用。申請的兩個科系分別是插畫及平面設計主修，兩個領域對作品集內容的要求很不相同，所以一開始就朝兩個方向規劃製作分別送件。插畫系重視精細描寫能力及觀察力，作品以原創性的繪圖作品為主，請參考《Lesson 12.3.1：學生作品集》。當初規劃時從百張插畫作品中思考個人風格，作品皆為精選而非以量取勝。

平面設計系更重視的是多元性，例如字體設計、海報、編排設計或識別設計等媒材廣泛運用的能力，因此，在作品的分類上需謹慎思考，如何呈現有系統的脈絡及作品的比重皆很重要，可參考《Lesson 12.7：作品分類歸納整合》。

A｜尺寸：數位/PDF檔，實體/A5直式（A4橫式）。
B｜頁數：32頁兩本共64頁。
C｜材質：封面/200磅雪銅紙護膜，內頁/150磅雪銅紙。
D｜加工：印製/彩色雷射輸出，裝訂/一般膠裝。
E｜輸出成本：雪銅紙，每本約500元；德國棉紙，每本約800元。

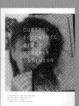

圖12-78：雖是線上作品集，平面作品的頁面設計，作品涵蓋符號設計、海報設計、封套設計及字體設計等，即使也可以放入插畫作品，但在平面作品集中插畫作品更求表現「應用」，所以將插畫作品應用於手提袋。

圖12-79：上｜平面作品集。中｜插畫作品集。下｜版型。兩本作品集風格設定很不相同。

02｜架構

插畫作品集：1/3內容設定為個人簡介及創作理念、創作脈絡介紹。篩選插畫作品時，發現平日最多的創作主題多以動物與人為主題，便將插畫作品集以「Animal's Salvation」命名，並以説故事的方式串連系列的插畫作品。

平面作品集：將大一至大三的設計作業，擷取適用的元素重新製作，或較成熟的成品加強應用，請參考《Lesson 12.8.3：原作的設計調整或重新製作》，依設計應用類別分：Typrography、Album Design、Visual Identity、Accessories四個單元。

03｜設計

版型：每一頁分成兩個欄位規劃。

段落樣式：大標/ Orator Std Medium 36pt/中標/ Gurmukhi Sangam MN 20pt、小標/ Bradley Hand Bold 12pt、內文/ Adobe Caslon Pro 12pt、圖説/ Orator Std Medium 9pt。

03

12.12.3 作品集 | 03

Simple/Life/Heart

大學四年級（當時），視覺傳達
設計系，愛好攝影、平面設計、
品牌設計及編排，定位：紙本作
品集/綜合性作品集/專業作品集
求職使用。

| 張 薰文

01 | 形式

開始準備作品集是大三，學校作業已累積
不少完整的設計專案，作品表現能力比較
成熟，所以規劃以成冊的精裝本做為作品
集形式。單冊作品集是最普遍推甄或求職
的製作格式，適用於擅長專案型作品的學
生。由於在學期間就已於設計公司實習，可
思考未來第二本作品集延續本作品集的主
版樣式結構，再收錄實習、專題製作及擔
任產學專案助理所累積的實務作品。

A | 尺寸：B5橫式。

B | 頁數：80頁。

C | 材質：書殼/全透片、封面封底/霧銀金銀
卡，內隔頁面/珠光描圖紙，內頁/180磅雪
銅紙。

D | 加工：印製/數位打樣/UV輸出/彩色雷射
輸出，裝訂/左側精裝本（橫式文字）。

E | 製作成本：輸出中心印製及裝訂，單冊80
頁，約4000元。

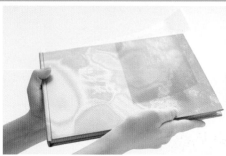

圖12-80：用全透
片製作保護性較佳
的書殼、封面封底
則用有金屬反光的
霧銀金銀卡油性油
墨印製。

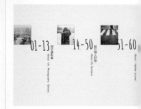

圖12-82：書封及內頁第一部
分：目錄、序。

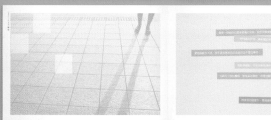

紅鶴的介紹 他的一生

大標 21 pt　　字體 華康圓體(w8)

中標 16 pt　　字體 華康圓體(w7)

小標 11 pt　　字體 華康圓體(w5)

圖12-81：段落樣式設定單。

圖12-83：章節二：關於攝影集內頁編排。

02｜架構

章節架構包含個人簡介、專業能力（攝影）及兩個設計專案內容。設計專案分別為大二上下學期兩件非常用心且相當完整的作品。本作品集分四個章節：關於我、關於攝影集、關於個人記號（大二作業）、關於文青日誌（大二作業）。將這四個章節編排整理後，頁數已達80頁，之後可再新增以畢業專題及實習作品為主的第二冊作品集。書冊的章節架構非常重要，可善用色彩、樣式及主頁版設定進行章節變化，並善用文字層次表現提升閱讀流暢性，請參考《Lesson 8：版面設定》、《Lesson 9：樣式設定》、《Lesson 10：主頁版設定》。

03｜設計

版型：寬的橫向頁面（Landscape），採用較多的7欄、5列製作接近方格子的版面結構，這個版型共用於封面（圖12-84之上圖）、單頁主頁版及跨頁主頁版。這本作品集特別運用動態表頭進行更快速及靈活的章節標記（圖12-84之下圖），請參考《Lesson 10.4.1：章節標記》。

段落樣式：大標/華康圓體（W8）21pt、中標/華康圓體（W7）16pt、小標/華康圓體（W5）11pt、內文/華康圓體（W3）9pt、圖說/華康圓體（W3）6pt、註解/華康圓體（W3）6pt。

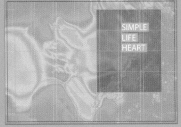

圖12-84：作品集的封面（上）、內頁（中）皆共用同樣的版面結構。也運用動態表頭設定章節標記，頁眉上的章節標題會跟著目錄上的章節內容改變而異動。

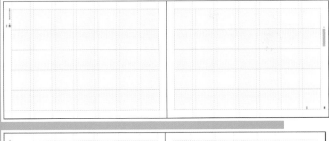

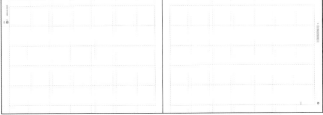

圖12-85：章節三：關於個人記號（大二作業）內頁編
排，《Lesson 12.7.3：專案流程圖片的紀錄與彙整》提
到流程紀錄的好處，這兩個範例就是最好的案例。

圖12-86：章節四：關於文青日誌
（大二作業）內頁編排。

12.12.4 作品集 | 04

My Color Diary

大學四年級（當時），視覺傳達設計系，喜歡手繪插畫，喜歡寫日記做卡片，作品集則以插畫為主的日誌形式呈現，定位：插畫作品集、專業作品集。

| 陳 蓓萱

01 | 形式

因喜歡的事物很多元，進行作品集花了較長時間摸索定位。若是碰到自我定位不明確的情況，鼓勵透過個人特質及思考未來發展志向進行自我探索，更可以先從自己的作品去尋找脈絡，再進行分類規劃整合，請參考《Lesson 12.7：作品分類歸納整合》。從大量的作品中、發掘不論是小品或設計作業皆擅常用手繪風格表現，加上作者也喜歡書寫塗鴉，日誌的形式就歸納出來，經過討論後定案以插畫日誌為本作品集表現形式。

A｜尺寸：A5直式。
B｜頁數：60頁。
C｜材質：封面/42oz灰紙版、書衣/290g羊毛紙、122g水蜜桃紙、內頁/150磅模造紙。
D｜加工：印製/手工絹印/UV輸出/彩色雷射輸出，裝訂/車線裝訂。
E｜製作成本：約3000元。

圖12-88：作品集的版型，運用彩色顏料與畫筆作為頁眉設計，呼應了本作品集之主題。

02 | 架構

在隨性的創作中也能找出定律！根據插畫作品將作品集章節分為:關於我、花、夢及朋友四大主題。各章節運用紅、黃、橙、綠、藍等五色貫穿整本書，並在章節的銜接跨頁，將結束章節的主色與新單元的主色以交織的方式佈局於同一跨頁，成為章節的引導。

圖12-87：運用PSD圖層在InDesign頁面重組插畫構圖，還加入實體物件讓書本更有層次。

03 | 設計

即使是以插畫為主的版面仍需設定主版及樣式設定,藉由規範找出韻律性。本作品集的書眉,運用顏料與畫筆呼應整本作品集主題(My Color Diary),如何不讓頁眉頁碼被滿版圖片覆蓋,請參考《Lesson 6.6:圖層運用》。另外繪製插畫時建議將物件、人物或背景(前、中及背景)分存於PSD不同圖層,在InDesign中在「置入」選單,選擇「顯示讀入選項」,則可分別匯入不同圖層的物件,即可在InDesign內重組元素,排列出新的畫面,請參考《Lesson 6.6.2:PSD的圖層支援》,InDesign也可以是執行繪本的好工具。

段落樣式:大標 / 凌慧體30pt、中標/凌慧體20pt、小標/凌慧體14pt、內文/凌慧體9pt、章節/凌慧體30pt、頁碼/Ashley 12pt。

圖12-89:上 | 作品集封面選用42oz灰紙版,並自己製作均印網版印製單色書名,再製作彩色書衣來包覆灰紙版。下 | 利用色彩漸變進行章節轉換,利用跨頁的色彩漸層的跨頁將章節轉換到下一章節。

圖12-90：作品集設計了三款書衣，書衣除了嘗試不同圖案設計，也印在不同的紙質，甚至嘗試不同的印後處理方式，例如上｜白底彩色字體的書衣版本，做了鏤空的開窗，襯出蝴蝶頁的鮮紅色。整本作品集展現自然手繪的風格，畫面中保留相當的空白處，可讓作者增加手寫或手繪的紀錄。

12.12.5 作品集 | 05

A Person Alone

大學三年級（當時），杭州來台交流一學期陸生，喜歡繪畫、攝影。定位：攝影作品集/升學備審資料，目前已申請赴英國就讀平面設計研究所。

| 王 嘉晟

圖12-91：彈簧折用InDesign的十頁跨頁主版設定，每個摺頁尺寸為12.7x17.8cm，是相片5×7的尺寸。

01 | 形式

開始構思本作品集時仍是大二學生，完整專案作品數量不多，考慮未來延伸性，因而選擇組合式盒裝取代書冊。作品選擇自大二的視傳作業及一組較完整的攝影作品，定調作為本作品集主軸。兩套作品剛好形成黑白攝影及色彩繽紛的繪畫的對比關係，但在版面構成上則採取同樣的主板與樣式設定。主要將這兩套作品各設計一張展開130cm橫軸海報（圖案連續排列），但可上下對折後再折成5x7相片尺寸的彈簧折，既是海報又是小札（單頁），未來新的創作即可延續此作品集的形式慢慢累積。最後也設計出可收納彈簧折跟其他形式作品（如介紹作者的小冊可直接黏貼攝影作品的裱卡）的盒子。

個人簡介的小冊子，沒有列印簡介文字，保留空白讓作者自行填寫（履歷或理念）。可裱貼原作的A5黑白兩款厚裱卡也分別嘗試兩種不同的印製方式製作。收納的黑盒也用燙金處理。盒裝的優點是可自由組合內容物，不論是應徵或申請學校皆可自行調整內容。

A | 尺寸：彈簧折海報（折疊尺寸12.7x17.8cm、展開尺寸36x130cm），手冊15x10cm，裱卡23x15.5cm。

B | 頁數：展開橫式海報可摺疊成十頁彈簧折2份，小冊子約20頁。

C | 材質：彈簧折海報/120磅雪韻紙，手冊/140磅亮麗細紋紙，白裱卡/300磅象牙卡，黑裱卡/255磅黑黑紙，黑盒/400磅黑卡上絲絨膜。

D | 加工：彈簧折海報：傳統四色印刷加特殊色/手冊：彩色雷射輸出/黑卡：孔版印刷/白卡：燙金/海報裝訂：對折+彈簧折/手冊：車線裝訂。

E | 製作成本：整套含盒子、兩份130 cm彈簧折、A5黑白裱版十張、手冊，每套約4500元（傳統打樣，至少印製3套）。

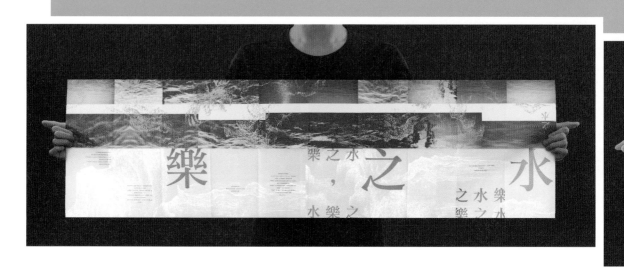

圖12-92：這套作品集包含燙金外盒、黑色及白色裱卡、彈簧折兩份，以及簡介小手冊。

02｜架構

彈簧折海報以兩個Project-based的系列作品：個人符號《A Person Alone》及攝影創作《樂之水》為主題。手冊則彙整繪畫小品（水墨、水彩、素描等）。

03｜設計

彈簧折海報的主版設定：方法一、計算展開最大尺寸設定為文件尺寸，或建立一個多頁的主版，再拉到文件頁面，請參考《Lesson 8.2.3：建立多頁跨頁》，本範例彈簧折設定是以誇頁主版的設定方式進行。折疊頁面的主版設定簡單2欄5列、欄間距5mm的結構（圖12-97）。

段落樣式：大標/Rod Regular 60pt，中標/微軟正黑體10pt，小標/微軟正黑體10pt，內文圖說/仿宋9pt。手冊：小標/American Typewriter Light 10pt。

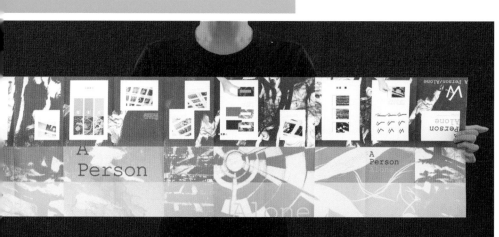

圖12-93：彈簧折的趣味在展開後呈現連續的海報畫面。在設計時，花較多時間在折疊與展開同時兼顧美感的呈現。橫幅海報主題是兩個較完整的系列作品，左｜樂之水攝影集，右｜A Person Alone個人形象設計。

圖12-94：小冊集結平時的繪畫習作，保留許多空白做為手寫使用，讓作者可以在不同階段調整個人簡介資訊。

圖12-95：左｜裱黑絲絨膜的黑色盒子加上燙金質感很細緻。右｜白卡運用燙金印製金色文字，黑卡是用孔版印刷印製金色點及文字，作者喜歡攝影或手繪，製作裱卡可以裱貼實作。

圖12-96：樂之水攝影集的設計正反面，因兩面皆為滿版設計，所以避開雙面印刷可能產生的油墨透色問題，將兩面海報同時印製在36x130cm120磅的單面雲韻紙上，利用上下對折做出兩面效果。

圖12-97：每個單頁採簡單的2欄5列的結構。

12.12.6 作品集 | 06

李勁毅作品集

李勁毅,大學三年級(當時),喜歡音樂相關主題的手繪及設計。
定位:平面作品集/學生作品集/實習就業作品集。

6

| 李 勁 毅

圖12-98:這套作品集的主要形式為盒裝,盒子上的文字是運用雷雕機切割5mm實木的手寫字。

圖12-99:除了圖文集外,作品集的內容包含海報、簡介、及展覽邀請卡等。

圖12-100:個人簡介是仿黑膠唱片的設計。運用盒裝的作品集形式,可自由組裝內容,除了作品集內容外,展覽海報或資訊等也可收納。

01 | 形式

作者熱愛音樂,因此作品集的發想就以黑膠唱片形式及尺寸進行設計。作品集含三張十字折大海報(單元作品)、可旋轉仿黑膠唱盤的個人簡介、仿日記本的圖文集(系列作品),最後製作磁性可自動扣合的盒子,將海報、簡介及圖文集收納整合。

本套作品集剛開始構思時也曾考慮用書冊形式規劃,但因學生開始構思作品集時是大二且固定持續新作品創作,延伸性與多元性成為本套作品集形式的主要考慮,未來新的創作主題也可繼續延續同樣的形式進行即可。

A | 尺寸:可旋轉仿黑膠唱盤個人簡介/280x280mm,圖文集/148x210mm,外盒/長285x寬285x高25mm。十字折海報(折疊尺寸280x280mm、展開尺寸560x560mm)。

B | 頁數:十字折海報3張,圖文集每冊48頁(共五冊)。

C | 材質:十字折海報/180磅超特銅、圖文集封套/85磅日曬紙+0.3mm灰紙板、圖文集封面/180磅羊毛紙、圖文集內頁/75磅日曬紙、外盒/48oz灰紙板裱咖啡色120磅星幻紙。

D | 加工:印製/雙面UV輸出/彩色雷射輸出/機器孔版印刷,海報裝訂/十字折,圖文集/線裝。

E | 製作成本:盒子、海報、簡介約4000元+圖文集(五冊)約1200元。

圖12-101：百日記是後續追加的作品，也是在華山展出的一百張插畫作品，再規劃為作品集中的圖文集，以二十天為一冊共五冊（100天），特別在製作一個輸出於85磅日曬紙的封套（背膠於0.3mm灰紙板），將五冊收納一起。

02 | 架構

可轉動仿黑膠唱盤設計的個人簡介是大二Project-based 的Personal Marks作品，十字折海報則以單元作品分別為：探討生命議題的《回存》、匯集自己最喜歡的幾件插畫作品，以及為自己喜歡的歌手製作出道二十周年的紀念專輯（Special album）等三個主題。分五小冊的圖文集，則是曾在華山展出的一百張插畫作品，用二十天規劃一冊，共五冊（百日記）的創作紀錄。

03 | 設計

版型：海報及仿黑膠唱片簡介之主版，是九宮格的結構設定，九宮格內再細分許多細小格點，是提供更多圖文排列的參考線。

段落樣式：章節標題/手寫，大標/蒙納繁長宋18pt，中標/蒙納繁長宋14pt，小標/蒙納繁長宋10pt，內文/複合字體（請參考《Lesson 9.5：複合字體》）中文/思源細黑體8pt、英文/數字/Century Gothic8pt，圖說/思源細黑體8pt。

圖12-102：左｜十字折海報的主題分別為：探討生命議題的《回存》、中｜自己喜歡的插畫作品（Illustration），右｜為出道二十周年的歌手製作的紀念專輯（Special album）。

12.13 設計師給予作品集建議

當作品集製作完成後，不妨聽聽來自專業設計師們的建議吧。在訪談每位設計師關於各自的工作流程時（請見《Lesson 1.5：設計師工作流程》），也同時詢問五位設計師對於作品集的看法，提供讀者思考。

Q1 給年輕人製作自己作品集的建議？應該注意的事項？

彭星凱

先思考作品集的本意為何，就如同為客戶設計產品前需釐清產品的本質，才會知道還有什麼創意可以附加上去。但在放上去之前，先想想這是自己「想放的」，還是自己「想看的」；假如是你想看的，那就成功一半了，再去搜集朋友的意見，哪些是他們會跳過的、哪些他們有興趣的，進一步斟酌的必要性的內容。

我認為求職用的作品集與推甄用的作品集有很大差異，後者重視個人成長脈絡與不同時期的哲學實踐，前者則是需針對雇主需求，提供必要的資訊，因此作品篩選非常重要。「擇優」是在向業主表現設計師的品味是否能掌握、控制自身對作品的私人情感，同時展現「藏拙」的技巧。對一位好的設計師來說，這兩項能力缺一不可。

張溥輝

比較喜歡網頁呈現作品集（數位）。

何婉君

少即是多，精選出重點代表作，如果作品不夠多，可以做一些練習的案例，把自己最好的一面展現出來。除了表現自己，也應多了解想應徵的品牌、公司或企業。

羅兆倫

放膽去做，由想法決定作法。通常在看面試者的作品集，第一眼會注意排版，一個好的平面設計師，不會只侷限在作品表現能力，整本作品集皆是展現編排能力最好的證明。接著，會注意的是Concept，每一件作品是否有原創性的發想來源及發想過程，這些都是決定這部作品集成功與否的關鍵。使用軟體其實並不難，有時太多的特效堆疊反而掩蓋作品的獨特性。最後，如果作品當中有加入手作的質感，個人也會特別加分。

周芳仔

前置設計規劃很重要，依自己的經歷去多方嘗試，並以自身興趣出發，再來企劃自己的作品，會讓設計經驗大幅提升。

所有的技法都是為了讓作品有更好的呈現，並非一昧地玩弄。如同製做書籍一樣，須了解其內容與故事方向。在包裝上，也必須了解內容物的特點，才能設計符合作品氣質。

規劃主題還有蒐集內容是需要時間的，既是作者又是設計者，需要謹慎考量內容與設計的平衡。

Q2 若是收到應徵者所寄來的作品集，
哪一部分是您最重視的要點？

彭星凱

我非常在意的是，品味與對設計的認知是否與我相投，並帶給工作室新的面貌與刺激。我也希望作者能用「自己的方式」來表現自己，而非遵循制式的規範，如放上個人照片、模擬網路上流行的作品陳列、學校裡的社團與幹部簡歷、學生競賽得獎經歷，若作品集裡有這些內容，我通常就不會考慮。並非它們不值一提，而是「用他人的肯定來驗證自己的作品」、「將自我形象看得太重」這些價值觀會從作品集中流露出來。

事實上，我並不在意「作品集」做得如何，只要用 email 附件三、四幅自己最滿意的作品、簡述求職的目的與目標，好的審閱者就能判斷這位求職者的技術水平。我們工作室只聘請過一位實習生，他並沒有準備作品集，我唯一知道的資訊只有他的年紀與學歷。看過他個人網站上的幾幅作品後，就主動邀請他來面試，這個經驗可提共給你們思考。

張溥輝

信件上措辭用語是否適當、錯字，以及收件人的名字是否寫錯（自己的「溥」字常令人寫錯字），這些都是態度的表現。在作品部分，會比較注意應徵者在中文漢字Typography的處理表現，英文Typography次之。還有會注意Credit是否有寫清楚，這樣才能清楚判斷對方在設計上是負責什麼部分。

何婉君

美感、謙虛且積極的態度。

羅兆倫

想法。作品背後的想法，勝過技法。

周芳伃

內容清楚、能表達自己的特點，這是同事、前輩、朋友討論過作品集該注意的最重要事情。

製作作品集應先了解自己的特長，「如何展現特長」和「如何包裝自己」是不一樣的。漂亮集冊，但重點零散，是很難說服對方的，如同攝影書只是漂亮，卻沒有內容。很多能力需慢慢學習吸收，多外出看展覽、閱讀相關讀物，所看所學的養分會內化到自己的腦袋。

感謝 Acknowledgement

美學學習的開端始於台藝大。

24歲赴美國波士頓進修平面設計碩士並輔修金工。

26歲創業Facade Design Studio。

28歲開啟在大學教書的生涯。

38歲與先生帶著當初三歲的女兒赴澳洲墨爾本進修博士。

51歲完成與我共生共存十幾年的博士學位。

Usher是西方電影院裡，穿著紅色正式套裝、拿著手電筒，為觀眾在黑暗中帶位的驗票員，48歲時與先生以「Usher」之名成立工作室，就是期許自己跟Usher一樣，為學習者打光引路。

「老師最棒的書，是學生」學生如各類別的書單，值得閱讀或收藏。築點設計總監兆倫，從引薦我擔任文化局講師，也為本書提供寶貴的人力資源。 韋辰、澐珩、蓓萱、玟慧、明哲都是本書美術設計功不可沒的助理。本書的採訪及攝影則放心的交給宗諭、昱鈞、宛以協助執行。

主要工作團隊：王昱均、李宗諭、作者、李玟慧、潘怡妏、陳宛以。

老師不是修正對錯的紅筆，更像標示重點的Marker。分佈在台灣、英國或中國的陳安、薰文、婕婌、蓓萱、嘉晟、勁毅，感謝一年多來克服時空限制，完成了六套highlight個人特質、形式及風格的作品集。玄瀚、怡妏、芷寧、隅果、皥皥、人人團隊感謝分享寶貴的作品，在校師生關係最多四年，但畢業後的交流恆久遠，記憶如底片重複曝光，堆疊出許多豐富層次的美好，凡走過必留下痕跡。

致老同事們，于第教授、國榮、春梅及雅秀，共事二十年間，給予我不間斷的支持、讚美及期待，是成就我前進的動力。

訪談印刷廠的回程與助理林韋辰合影。

感謝林品章校長、曾啟雄教授毫不猶豫答應撰寫推薦序，衷心敬仰您們對學術的執著及提攜後輩的寬懷。心中最優秀的學生如蕙及設計師賴佳韋，謝謝用年輕人的視角檢視本書並給予推薦。

悅知文化出版社的信任開啟了寫書之路，時間折騰了最辛苦的編輯小世，但漫漫等待讓結果值得，衷心謝謝。

最後，最大的感激仍獻給澳洲RMIT Dr. Laurene Vaughan院長及Dr. Linda Daley教授，十二年來，不斷給在博士旅程中迷路徘徊的我，用無限大的包容與指引，這種愛無比偉大。

三十年來，從設計的學習到設計的應用，至最後設計教育的實踐，這就是所謂的「設計的品格」。

設計的品格

一本作品集的誕生，體現 InDesign 的極致美學

作　　者｜邵昀如 Daphne Shao

發 行 人｜林隆奮 Frank Lin
社　　長｜蘇國林 Green Su

出版團隊
總 編 輯｜葉怡慧 Carol Yeh
企劃編輯｜鄭世佳 Josephine Cheng
封面裝幀｜張巖 CHANG YEN
版面設計｜蔚藍鯨 Blue Vergil
　　　　　邵昀如 Daphne Shao

行銷統籌
業務處長｜吳宗庭 Tim Wu
業務主任｜蘇倍生 Benson Su
業務專員｜鍾依娟 Irina Chung
業務秘書｜陳曉琪 Angel Chen、莊皓雯 Gia Chuang
行銷主任｜朱韻淑 Vina Ju

發行公司｜悅知文化 精誠資訊股份有限公司
地　　址｜105台北市松山區復興北路99號12樓
專　　線｜(02) 2719-8811
傳　　真｜(02) 2719-7980
悅知網址｜http://www.delightpress.com.tw
客服信箱｜cs@delightpress.com.tw
初版一刷｜2020年09月
建議售價｜新台幣680元

本書若有缺頁、破損或裝訂錯誤，請寄回更換
Printed in Taiwan

I S B N｜978-986-510-051-3

國家圖書館出版品預行編目資料

設計的品格：一本作品集的誕生,體現InDesign
的極致美學 / 邵昀如著. -- 初版. -- 臺北市：精
誠資訊, 2020.09
　　面；　公分
ISBN 978-986-510-051-3(平裝)

1.InDesign(電腦程式) 2.電腦排版 3.版面設計

477.22029　　　　　　　　　108022203

建議分類｜藝術設計

線上讀者問卷

閱讀時眼睛舒服嗎？拿久了會覺得手痠嗎？

想知道你喜歡哪些內容？

小小聲問，喜歡這本書的包裝與封面設計嗎？（我們很喜歡）

茫茫書海中，你能與這本書相遇，絕非偶然。

悅知夥伴們有好多個為什麼，
想請購買這本書的您來解答，
以提供我們關於閱讀的寶貴建議。

請拿出手機掃描以下 QRcode
或輸入以下網址，即可連結至本書讀者問卷

https://bit.ly/3mfcH9H

填寫完成後，按下「提交」送出表單，
我們就會收到您所填寫的內容，
謝謝撥空分享，
期待在下本書與您相遇。